高等学校电子信息类系列教材

应用型网络与信息安全工程技术人才培养系列教材

Java EE 程序设计教程

主　编　陈　丁

副主编　杨雪梅　吴雨芯　肖家钦

参　编　赵　军　何林波　陈珊如　林春蔷

西安电子科技大学出版社

内 容 简 介

本书主要讲述基于 Spring、Hibernate、FreeMarker 三大主流开源框架进行 Java EE 应用开发的相关技术。书中，由 Java EE 产生的背景和发展过程入手，逐章节展开，从 Java EE 开发运行环境的搭建到最基础的 JSP+Servlet 开发，再到通过组装三大开源框架进行 Web 应用开发，由浅入深，循序渐进，非常适合初学者学习。

本书作者有多年的 Java EE 系列课程教学经验，作者正是结合自己的 Java EE 教学和 Web 应用系统开发经验编写了本书，比较详细地介绍了 Java EE 平台的基础构架和相关技术。全书共分为 10 章，内容包括：Java EE 概述、Servlet 开发、JSP 程序开发、Ajax 和 JSON、Hibernate 基础、Hibernate 高级编程、Spring 框架基础、Spring MVC 应用开发、FreeMarker 模板引擎和博客系统的设计与实现。其中最后一章为一个完整的案例，可帮助读者掌握 Java EE 开发全流程。本书内容丰富、注重实用，在理论知识点介绍完毕后一般都给出了使用的示范代码，部分代码有一定的实际设计意义。另外，每章后面附有习题，引导读者进行有关知识点的回顾和进一步的学习。

本书可作为高等院校计算机类、信息类、工程类、电子商务类和管理类各专业本专科生的教材，也可作为普通程序开发人员的自学教材或参考书。

图书在版编目(CIP)数据

Java EE 程序设计教程 / 陈丁主编. —西安：西安电子科技大学出版社，2018.2(2024.1 重印)

ISBN 978-7-5606-4819-4

Ⅰ.①J…　Ⅱ.①陈…　Ⅲ.①JAVA 语言—程序设计　Ⅳ.①TP312.8

中国版本图书馆 CIP 数据核字(2018)第 000721 号

策　　划　李惠萍

责任编辑　王　斌　马武装

出版发行　西安电子科技大学出版社(西安市太白南路 2 号)

电　　话　(029)88202421　88201467　　邮　　编　710071

网　　址　www.xduph.com　　电子邮箱　xdupfxb001@163.com

经　　销　新华书店

印刷单位　陕西天意印务有限责任公司

版　　次　2018 年 2 月第 1 版　　2024 年 1 月第 4 次印刷

开　　本　787 毫米×1092 毫米　1/16　　印　张　21.75

字　　数　517 千字

定　　价　45.00 元

ISBN　978-7-5606-4819-4 / TP

XDUP　5121001-4

如有印装问题可调换

前 言

自 1999 年 Sun 公司首次发布 Java 企业版(Java EE，以前是 J2EE)以来，经过十多年的发展，Java EE 已经演变为当前企业的主流计算平台。目前，Java EE 的产业和技术链已经渗入到各行各业的企业信息系统中。尤其是随着整个 Java 平台的开源，越来越多的开源实体参与到 Java EE 许多重要的技术规范制定工作中，第三方开源框架如雨后春笋般地涌现出来，如 Struts、Spring、Hibernate、Mybatis、JBoss Seam、Tapestry、FreeMarker、Thymeleaf、Play 等。虽然层出不穷的框架能够有效地解决 Java EE 应用开发中的很多问题，但却让许多初学者不知所措、望而却步。为此，本书选择业内公认的三大主流框架 FreeMarker、Spring、Hibernate，提取每个框架中的常用功能进行了介绍，这样做的目的在于帮助读者在有限的时间内，尽快掌握基于这三大框架的在 Java EE 企业级的应用开发技术。

相对于 Java EE 规范中的 JNDI、EJB、JTA、JMS 而言，“FreeMarker+Spring+Hibernate”三大框架组合是一种轻量级的解决方案。每个框架各司其职，在不同的业务层面发挥作用。FreeMarker 框架作为前端网页的模板引擎，负责将网页模板和数据进行组装后呈现给用户；Hibernate 框架是一个 ORM 框架，负责对数据库的所有操作；Spring 框架是整个 Web 应用的核心框架，它既包含 Spring MVC(以前是用 Struts)，同时又把 FreeMarker 和 Hibernate 无缝整合在一起。这三者高效地组合，极大地降低了 Java EE 应用开发的难度，并在保证系统稳定性和扩展性的同时，大大提高了开发人员的工作效率。

本书在编写过程中，提倡“Learning by Doing”的学习方式，在讲解理论基础的同时，配合由浅入深的示例程序，希望读者亲自动手多加练习。全书面向有 Java 语言基础的读者，尽量用简单易懂的语言来描述相关的知识点，全部示例程序已在 Eclipse 上调试通过。由于 Struts 2 框架暴露出了较大的安全性漏洞，现在很多公司的 Web 项目的控制层技术框架已由 Struts 2 迁移到 Spring MVC，所以本书没有对 Struts 框架进行讲解，有这部分需求的读者可以参考其他教材。

在本书编写过程中，作者参考了互联网上一些技术文档和相关资源，在此向这些资料的作者深表谢意。同时，还要特别感谢笔者爱人的大力支持，她不仅承担了许多家务，还承包了书中第 7～10 章的绘图工作，正是在她的帮助和鼓励下才有这本书的出版。另外，作者也感谢西安电子科技大学出版社的编辑们，尤其是李惠萍女士的关心和建议，正是他们的努力才让本书得以顺利出版。

本书第 1、2、3 章由杨雪梅老师编写，第 4、5、6 章由吴雨芯老师编写，第 7、8、9、

10 章由陈丁、赵军、何林波、陈珊如、林春蕾、肖家钦老师编写。由于作者水平有限，书中难免存在不妥之处，请广大读者批评指正。作者的联系邮箱为：chending@cuit.edu.cn，我们将虚心接受广大读者的建议和意见。

陈　丁
2018 年 2 月

目　录

第 1 章　Java EE 概述

1.1　Java EE 的产生与发展

Java EE(Java Enterprise Edition)是建立在 Java 平台上的企业级应用的软件架构，同时是一种设计思想、一套规范、一种标准平台。Java EE 提供了一组可移植的、健壮的、可伸缩的、可靠的、安全的、快速的、可用于开发和运行服务器端应用程序的应用程序编程接口(Application Programming Interface，API)。

Sun 公司 1998 年 12 月发布了 JDK 1.2 版本，开始使用的名称为 Java 2 Platform，即 Java 2 平台，其平台包括标准版(Java 2 Standard Edition，J2SE)、企业版(Java 2 Enterprise Edition，J2EE)和微型版(Java 2 Micro Edition，J2ME)三个版本。J2SE 主要用于桌面应用软件的编程；J2ME 主要应用于嵌入式系统开发；J2EE 主要用于分布式网络程序的开发。2006 年 5 月，Sun 公司对 Java 的各种版本进行了更名，J2SE 更名为 Java SE，J2EE 更名为 Java EE，J2ME 更名为 Java ME。

1998 年 Sun 公司发布了 EJB 1.0 标准。EJB 为企业级应用中的数据封装、事务处理、交易控制等功能提供了良好的技术基础。至此，J2EE 平台的三大核心技术 JSP、Servlet 和 EJB 都已先后问世。1999 年，Sun 公司正式发布了 J2EE 的第一个版本。紧接着，遵循 J2EE 标准、为企业级应用提供支撑平台的各类应用服务软件相继涌现出来。IBM 的 WebSphere、BEA 的 WebLogic 都是这一领域里成功的商业软件平台。随着开源活动的兴起，JBoss 等开源的应用服务器软件也吸引了许多用户的注意力。2003 年，Sun 的 J2EE 版本已经升级到 1.4 版本，其中三个关键组件的版本也升级到了 JSP 2.0、Servlet 2.4 和 EJB 2.1。至此，J2EE 体系及相关的软件产品已经成为 Web 服务端开发的一个强有力的支撑环境。

但从 1999 年诞生的第一个 J2EE 版本一直到 J2EE 1.4 版本，J2EE 经常被人们所抱怨，即使实现一个简单的 J2EE 程序，都需要大量的配置文件，尽管有些配置文件并不是必需的。Sun 公司一直在试图改变此状况，但一直未能如愿。2002 年，J2EE 1.4 推出后，J2EE 的复杂程度达到顶点。尤其是 EJB 2.0，开发和调试的难度非常大。直到 2006 年 5 月，Sun 公司正式发布了 J2EE1.5 标准，并改名为 Java EE 5。Java EE 5 大大降低了开发难度。2009 年 12 月，Sun 公司正式发布了 Java EE 6 标准，同时 EJB 3.1 发布，进一步简化了使用，并改进了许多常见的开发模式。2013 年 6 月，甲骨文(Oracle)公司发布了 Java EE 7 标准，Java EE 7 扩展了 Java EE 6，加强了对 HTML 5 动态可伸缩应用程序的支持，提高了开发人员的生产力，更能满足苛刻的企业需求。

1.2　Java EE 应用模型

Java EE 使用多层的分布式应用模型，应用逻辑按功能划分为组件，各个应用组件根据它们所在的层分布在不同的机器上。事实上，Sun 设计 Java EE 的初衷正是为了解决两层模式(Client/Server)的弊端。在传统模式中，客户端担当了过多的角色而显得臃肿，在这种模式中，第一次部署时比较容易，但难于升级或改进，可伸展性也不理想，而且经常基于某种专有的协议，通常是某种数据库协议，使得重用业务逻辑和界面逻辑非常困难。现在 Java EE 的多层企业级应用模型将两层化模型中的不同层面切分成许多层。一个多层化应用能够为不同的每种服务提供一个独立的层，以下是 Java EE 典型的四层结构，如图 1-1 所示。

- 客户层——运行在客户端机器上的客户层组件。
- Web 层——运行在 J2EE 服务器上的 Web 层组件。
- 业务层——运行在 J2EE 服务器上的业务层组件。
- EIS 层——运行在 EIS 服务器上的企业信息系统(Enterprise Information System，EIS)层软件。

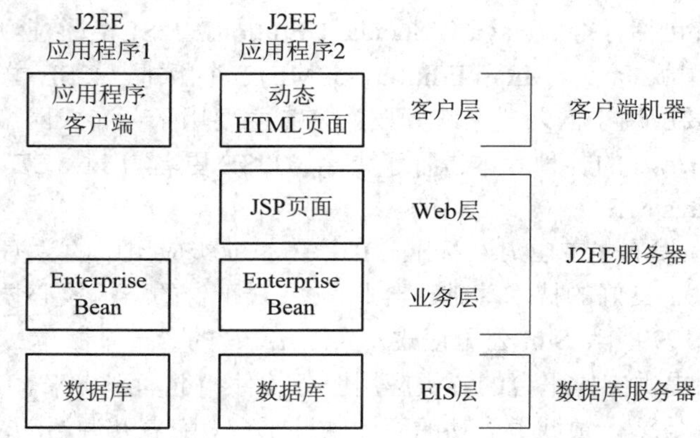

图 1-1　Java EE 的四层结构

1. Java EE 应用程序组件

Java EE 应用程序是由组件构成的。Java EE 组件是具有独立功能的软件单元，它们通过相关的类和文件组装成 Java EE 应用程序，并与其他组件交互。Java EE 说明书中定义了以下的 Java EE 组件：

(1) 应用程序客户端和 Applet 是客户层组件。

(2) Java Servlet 和 Java Server Page(JSP)是 Web 层组件。

(3) Enterprise Java Bean(EJB)是业务层组件。

2. 客户层组件

Java EE 应用程序可以是基于 Web 方式的，也可以是基于传统方式的。

3. Web 层组件

Java EE Web 层组件可以是 JSP 页面或 Servlet，按照 Java EE 规范，静态的 HTML 页面和 Applet 不算是 Web 层组件，如图 1-2 所示。

Web 层可能包含某些 JavaBean 对象，用来处理用户输入，并把输入发送给运行在业务层上的 Enterprise Bean 进行处理。

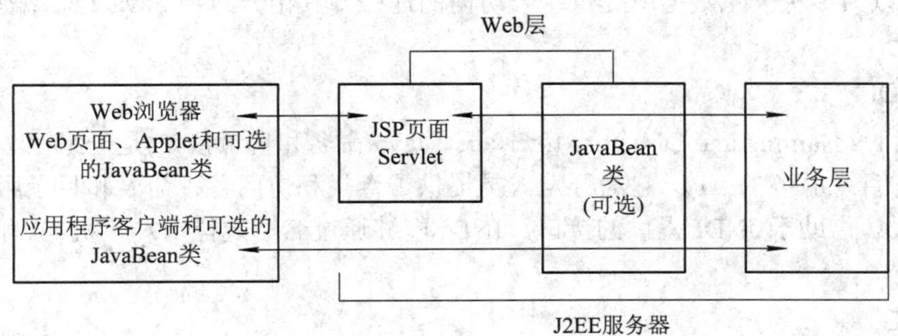

图 1-2　Web 层组件

4. 业务层组件

业务层组件代码用来满足银行、零售、金融等特殊商务领域的需要，由运行在业务层上的 Enterprise Bean 进行处理。图 1-3 表明了一个 Enterprise Bean 是如何从客户端程序接收数据，进行处理，并发送到 EIS 进行层储存的，这个过程也可以逆向进行。

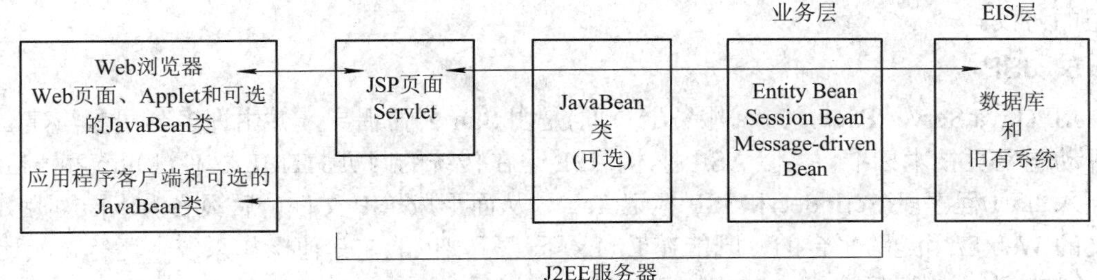

图 1-3　业务层组件

业务层有三种企业级的 Bean：会话(Session) Bean、实体(Entity) Bean 和消息驱动(Message-driven) Bean。会话 Bean 表示与客户端程序的临时交互，当客户端程序执行完后，会话 Bean 和相关数据就会消失；实体 Bean 表示数据库的表中一行永久的记录，当客户端程序中止或服务器关闭时，就会有潜在的服务保证实体 Bean 的数据得以保存；消息驱动 Bean 结合了会话 Bean 和 JMS 的消息监听器的特性，允许一个业务层组件异步接收 JMS 消息。

5. 企业信息系统层

企业信息系统层处理企业信息系统软件，包括企业基础建设系统(如企业资源计划(ERP))、大型机事务处理、数据库系统和其他的遗留信息系统。例如，Java EE 应用组件可能为了数据库连接需要访问企业信息系统。

1.3　Java EE 常用技术

1. JDBC

JDBC(Java Database Connectivity，Java 数据库连接)是一种用于执行 SQL 语句的 Java

API。它可以为多种关系数据库提供统一访问的途径，其由一组用 Java 语言编写的类和接口组成。

2. JNDI

JNDI(Java Naming and Directory Interface，Java 命名和目录接口)是一组在 Java 应用中访问命名和目录服务的 API，它为开发人员提供了查找和访问各种命名和目录服务的通用、统一的方式。借助于 JNDI 提供的接口，JNDI 能够通过名字定位用户、机器、网络、对象服务等。

3. EJB

EJB(Enterprise Java Bean)是 Java EE 的服务器端组件模型，用于部署分布式应用程序，即把已编写好的程序打包放在服务器上执行，客户端则以 C/S 形式对服务器上的程序进行调用。凭借 Java 跨平台的优势，用 EJB 技术部署的分布式系统可不限于特定的平台。

4. RMI

RMI(Remote Method Invocation，远程方法调用)定义了调用远程对象中的方法的标准接口，并通过使用连续序列方式在客户端和服务器端传递数据。RMI 是一种被 EJB 使用的更底层的协议。

5. JSP

JSP(Java Server Page，Java 服务器页面)是由 Sun 公司倡导，并由许多公司参与建立的一种动态网页技术标准。类似 ASP 技术，JSP 是在传统的网页 HTML 文件(*.htm 和 *.html)中插入 Java 程序段(Scriptlet)和 JSP 标记(Tag)，从而形成 JSP 文件，后缀名为 *.jsp。用 JSP 开发的 Web 应用是跨平台的，既能在 Linux 下运行，也能在其他操作系统上运行，相比传统的 ASP 脚本的解释方式，JSP 运行速度更快。

6. Servlet

Servlet(Server Applet)是用 Java 编写的服务器端程序，其主要功能在于交互式地浏览和修改数据，生成动态 Web 内容。Servlet 运行于支持 Java 的应用服务器中，当被请求时开始执行，常用来扩展基于 HTTP 协议的 Web 服务器。

7. JMS

JMS(Java Messaging Service)是用于和面向消息的中间件相互通信的应用程序接口(API)。它既支持点对点的消息模型，又支持发布/订阅(Publish/Subscribe)的消息模型，还提供对经认可的消息传递、事务型消息的传递、一致性消息和具有持久性的订阅者等消息类型的支持。

8. JTA

JTA(Java Transaction Architecture，Java 事务架构)定义了面向分布式事务服务的标准 API，应用系统由此可存取各种事务监控，如事务范围的界定、事务的提交和回滚。

9. JTS

JTS(Java Transaction Service)是 CORBA OTS(CORBA Object Transaction Service，CORBA 对象事务服务)事务监控的基本实现，它具体规定了事务管理器的实现方式。JTS 事务管理器是在高层支持 JTA 规范，并且在较低层实现 OMG OTS specification 的 Java 映

像。JTS 事务管理器为应用服务器、资源管理器、独立的应用及通信资源管理器提供了事务服务。

10. Java IDL/CORBA

在 Java IDL 的支持下，开发人员可将 Java 和 CORBA 集成在一起，这样既可创建 Java 对象并使之可在 CORBA ORB 中展开，还可创建 Java 类并作为和其他 ORB 一起展开的 CORBA 对象的客户。

11. Java Mail and JAF(JavaBean Activation Framework)

Java Mail 是用于存取邮件服务器的 API，它提供了一套邮件服务器的抽象类，不仅支持 SMTP 服务器，也支持 IMAP 服务器。Java Mail 利用 JAF 来处理 MIME 编码的邮件附件。MIME 的字节流可被转换成 Java 对象或转换自 Java 对象，故大多数应用不需要直接使用 JAF。

12. JSF

JSF(Java Server Face，Java 构建框架)是一种用于构建 Web 应用程序的 Java 框架。它是 Java EE 表示层的技术，其主旨是为了使 Java 开发人员能够快速地开发基于 Java 的 Web 应用程序。较之于其他 Java 表示层技术，其最大优势是采用的组件模型和事务驱动确保了应用程序具有更高的可维护性。

13. Web Service

Web Service 是一种通过 WWW 的 HTTP 进行交互和交流的方式，可使运行在不同的平台和框架的软件应用程序之间进行互操作。Web Service 可以以松耦合的方式完成复杂的操作，具有强大的互操作能力和可扩展能力。

14. Web Socket

Web Socket 协议是 HTML 5 一种新的协议。它实现了浏览器与服务器全双工通信(Full-duplex)。HTML 5 定义了 Web Socket 协议，能更好地节省服务器资源和带宽，并达到实时通信的要求。在 Java EE 7 中实现了 Web Socket 协议。

15. AJAX

AJAX(Asynchronous Javascript and XML，异步 JavaScript 和 XML)是一种创建快速动态网页的开发技术，通过在后台与服务器进行少量数据交换，AJAX 可以使网页实现异步更新。即在不重新加载整个网页的情况下，对网页的某部分进行更新。

16. JAX-RS

JAX-RS(Java API for RESTful Web Service)是一个 Java 编程语言的应用程序接口，支持按照表述性状态转移(REST)架构风格创建 Web 服务。它是 JAVA EE 6 引入的一个新技术。JAX-RS 使用了 Java SE 5 引入的 Java 标注来简化 Web 服务的客户端和服务端的开发和部署。它提供了一些标注，将一个资源类和一个 POJO Java 类封装为 Web 资源。

17. JSR

JSR(Java Specification Requests，Java 规范提案)指向 JCP(Java Community Process)，提出新增一个标准化技术规范的正式请求。任何人都可提交 JSR，以向 Java 平台增添新的 API 和服务。JSR 已成为 Java 界的一个重要标准，JSR 107 成为了 Java EE 7 的一部分。

18. XML

XML 是一种可用来定义其他标记语言的语言，它被用来在不同的商务过程中共享数据。XML 的发展和 Java 是相互独立的，但它和 Java 具有相同的目标，即平台独立性。通过将 Java 和 XML 组合，可得到一个完美的具有平台独立性的解决方案。

1.4 Java EE 7 新特性

Java EE 7 扩展了 Java EE 6，该版本的新特性主要集中在提高开发人员的生产力、加强对 HTML 5 动态可伸缩应用程序的支持和进一步满足苛刻的企业需求这三个方面。Java EE 7 使开发人员可以写更少的样板代码，通过丰富的组件来提供一个完整、全面、集成的堆栈以支持和构建最新的 Web 应用程序和框架，同时提供更具扩展性、丰富性和简易的功能。企业可以从 Java EE 7 的便捷式批处理、改进的扩展性等新功能中获益。下面通过对该版本中新增组件 WebSocket 1.0、JSON Processing 1.0、JAX-RS 2.0、JSF 2.2 和 JMS 2.0 的介绍对以上三个特性进行详细的剖析。

1. 减少冗余代码

Java EE 7 一直致力于减少在核心业务逻辑代码运行前必须执行的样板代码。减少样板代码的三大核心区域是默认资源、JMS 2.0 和 JAX-RS 客户端 API。默认资源是一个新的功能，要求平台提供商预配置一个默认的数据源和一个默认的 JMS 连接工厂。这可以让开发人员直接使用默认的资源而无需进行额外的定义。JMS 2.0 在可伸缩性和可移植性方面进行了重大的改进，减少了冗余代码。事实证明 JMS 2.0 是一个良好的规范，能够较好地满足企业的需求。

2. 更多带注释的 POJO

通过注释 Java EE 使开发人员更专注于 Java 对象的编程而无需关注繁琐的配置。现在 CDI 在默认情况下不需要使用“Bean.xml”文件就可直接使用。开发人员可以不需要任何配置而是简单地使用@Inject 来注入任何 Java 对象。新的资源注释@JMSDestination Definition 和@MailSessionDefinition，使得开发人员在源代码中就可以指定元数据资源，简化了 DevOps 体验。

3. 更紧密集成的平台

Java EE 6 引入了 Managed Beans 1.0 作为迈向 EJB、JSF Managed Bean 和 CDI Bean 方向发展的第一步。Java EE 7 继承了这一点，例如，对 JSF Managed Bean 进行了改进，以便更好地支持 CDI Bean。Java EE 7 为平台引入了易用的 EJB 容器管理事务，使用基于 CDI 拦截器的解决方案来保证事务在 CDI Managed Bean 和其他 Java EE 组件中的使用，并把注释@Transactional 应用到任何 CDI Bean 或者任何支持事务的方法中。

Bean Validation 在 Java EE 7 中使用广泛，并用可以应用于方法级别的验证，包括内置和自定义的约束。约束可被应用于方法的参数以及返回值。约束也可以使用灵活渲染和违反约束的字符串格式的 Java EE 的表达语言。

JAX-RS 2.0 也沿用了 Bean Validation。注释约束可以应用到公共构造函数的参数、方法参数、字段和 Bean 的属性。此外，它们还可以修饰资源类、实体参数和资源的方法。例如，约束可以通过@ POST 和@ PUT 应用于 JAX-RS 方法参数来验证表单提交的数据。

4. 通过精简现有技术简化 Java EE

Java EE 7 中增加了许多新的特性，有些老的特性和功能已经被更简单的特性所替代或直接弃用。Java EE 6 为过时技术的弃用和功能的修剪引入了一个正式的流程，以下的 API 在 Java EE 7 中已成可选，但在 Java EE 8 中将会被移除：

① Java EE Management (JSR-77)。该 API 原本是用于为应用服务器创建监控管理的 API，可各大供应商对此 API 热情并不高。

② Java EE Application Deployment (JSR-88)。JSR-88 是当初用于 J2EE 应用程序在应用服务器上进行配置和部署的标准 API，可是该 API 始终没有得到众多供应商的支持。

③ JAX-RPC。该模块是早期通过 RPC 调用和 SOAP Web Service 进行交互的编程模型。Web Service 成熟后从 RPC 模型中分离了出来，被更加健壮和具备更多特性的 JAX-WS API 所替代。

④ EJB 2.x Entity Bean CMP。笨重、过度复杂的 EJB2.*的 Entity Bean 模型已经被 Java EE 5 的基于 POJO 的流行轻量级 JPA 持久层模型所代替。

5. 对 HTML 5 动态可伸缩应用程序的支持

HTML 5 是包括 HTML、JavaScript 和 CSS3 在内的一套技术组合，它加快了开发人员创建高度互动的应用程序的步伐。开发出的应用程序都可以高度互动的方式提供实时的数据，如聊天应用程序、比赛实况报道等，并且这些应用程序只需要编写一次，就可以应用在桌面、移动客户端等不同设备上，具有非常好的跨平台性。这些高度动态的应用程序，允许用户可以在任何地点任何时间进行访问，从而对服务器端向客户端传送数据的规模提出了更高的要求。Java EE 7 在更新现有技术如 JAX-RS 2.0、Java Server Face 2.2 和 Servlet 3.1 NIO 的基础上，又借助新的应用技术 WebSocket 和 JSON 处理为支持动态应用程序 HTML 5 奠定了坚实的基础。

6. 低延迟数据交换——Java API for WebSocket 1.0

越来越多的 Web 应用程序依赖于从中央服务器及时获取并更新数据。基于 HTTP 的 WebSocket 为解决低延迟和双向通信提供了一种解决方案。在 WebSocket API 的最基层是一个带注释的 Java 对象(POJO)，诸如客户端连接、接收消息和客户端断开这样的回调函数都可以用注释来指定。WebSocket API 的最基层支持发送和接收简单文本与二进制信息。API 的简单性使得开发人员可以快速入门。

当然，功能丰富的应用拥有更复杂的需求，因此需要支持对最基础的网络协议进行控制和自定义，WebSocket API 正好能够满足以上需求。另外，WebSocket 可利用现有 Web 容器的安全特性，开发人员只需付出较少的代价就可以建立良好的保密通信。

7. 简化应用数据分析和处理——Java API for JSON Processing 1.0

JSON 作为一个轻量级的数据交换格式被应用在许多流行的 Web 服务中，用来调用和返回数据。许多流行的在线服务都是使用基于 JSON 的 RESTful 服务。在 Java EE 7 之前，Java 应用程序使用了不同的类库去生成和解析 RESTful 服务中的 JSON 对象。然而，现在这个功能已被标准化。

通过 Java API 中的 JSON Processing 1.0，JSON 处理过程标准化为一个单一的 API，应

用程序不需要使用第三方的类库。如此使得应用程序更小更简便。同时，API 包括了支持任何转换器和生成器实现的插件，使得开发人员可以选择最好的实现方式去完成工作。

8. 可扩展的 RESTful 服务——JAX-RS 2.0

JAX-RS 2.0 增加了异步响应处理，这对于支持对数据有着高要求的 HTML 5 客户端的扩展是至关重要的。异步处理是一种更好且更有效利用线程处理的技术。在服务器端，处理请求的线程在等待外部任务去完成时应该避免阻塞，从而保证在这一时间段内到达的其他请求能够得到响应。

同样地，在客户端，一个发出请求的线程在等待响应的时候也会发生阻塞，这影响了应用程序的性能。新的 JAX-RS 2.0 异步客户端 API 使得客户端调用 RESTful 可以和其他客户端活动并行执行。异步的好处是使得一个客户端可以同时调用多个后台服务，对于使用者来说，这可以减少总体的延迟时间。

同时为了增强 RESTful 服务，JAX-RS 2.0 开发人员可以使用过滤器和实体拦截器。这样开发人员就可以使用标准的 API 来实现过滤和拦截功能，使开发过程变得更加便捷和高效。

9. 增强开发的易用性——JSF 2.2

JSF 是一种用于构建 Web 应用程序的 Java 新标准框架。它提供了一种以组件为中心来开发 Java Web 用户界面的方法，从而简化了开发。JSF 2.2 增加了对 HTML 5 的支持，并且增加了一个被称为“pass-through elements”的新功能，还为现有的元素增加了一系列的新属性，如输入元素“tel”、“range”和“date”等。遗憾的是，现有的 JSF 组件不能识别这些新的属性，因此 JSF 应用程序会忽略这些属性，不能进行使用，直到创建专有的解决方案。对于“pass-through elements”，JSF 渲染器将会忽略这些元素，只是把它们传给支持 HTML 5 的浏览器，这使得可以利用现有的 JSF 组件来利用 HTML 5 的特性正常进行渲染。

JSF 引入了一个新的 pass-through 命名空间“http://xmlns.jcp.org/jsf/passthrough”映射到“p:”，任何组件的“name/value”对都可以以“p:”开始，然后传给浏览器。HTML 5 的动态性使得服务器端处理信息更新的请求不断增多。在 Java EE 6，Servlet 异步 I/O 清除了“一个请求需要一个线程”的限制，使一个线程可以处理多个并发请求。这可以使 HTML 5 客户端快速得到响应。但是，如果服务器端读取数据的速度比客户端发送的速度要快，那么可能会由于客户端连接缓慢而不能提供更多的数据，导致线程阻塞，这样就限制了扩展性。在 Java EE 7 中使用新的事件驱动 API Servlet 3.1 从客户端读取数据将不会造成阻塞。如果有数据可用时，Servlet 线程将会读取和处理这些数据，否则就去处理其他请求。

10. 满足苛刻的企业需求

Java EE 十几年来一直努力满足企业的需求，如使用 Java 连接器连接到企业服务端、使用 Java 事务支持事务处理、使用 Java 消息服务让系统之间可以进行相互通信等。现在企业希望利用开发人员的 Java 技能编写基于标准的 API 并能够跨平台运行的批处理应用程序。企业也需要构建高度可扩展的应用来满足更高的服务要求并提高现有资产的利用率。Concurrency Utilities 使得 Java EE 开发人员编写可扩展的应用程序成为可能。

11. 提高批处理应用程序的效率使开发过程变得更加便捷和高效

绝大部分的 Java EE 应用都是在线用户驱动的系统，但同时有一些需要进行批处理的服务器端应用程序，尤其是离线分析和 ETL 等。这些面向批处理的应用程序是非交互式的、需要长时间运行，这些任务通常需要大量计算，同时可以按顺序或者并行执行，并可以通过特定的事件启动或者定时调度。批处理较适合选择闲置的时间进行处理，这样可以有效利用计算机资源。

以前，对于批处理程序没有标准的 Java 编程模型。现在，批处理应用程序为 Java 平台提供了非常容易理解的模型。批处理过程包括任务、步骤、存储库、读取—处理—写入模式和工作流等。

1.5　Java EE 7 应用服务器介绍

实现了 Java EE 规范的服务器软件称为 Java EE 应用服务器软件，运行于 Java EE 应用服务器软件之上的应用软件称为 Java EE 应用软件。由于所有厂商开发的 Java EE 应用服务器软件都支持统一的 Java EE 规范，因此在某个 Java EE 应用服务器软件上运行的 Java EE 应用软件可以不加修改地移植到另外一个 Java EE 应用服务器软件上，从而实现“一次开发，到处运行”的目标。

目前，市场上主流的 Java EE 应用服务器软件有如下几种。

1. GlassFish

GlassFish 是用于构建 Java EE 5 应用服务器的开源开发项目的名称。它基于 Sun Microsystems 提供的 Sun Java System Application Server PE 9 的源代码以及 Oracle 贡献的 TopLink 持久性代码。该项目提供了开发高质量应用服务器的结构化过程，以前所未有的速度提供新的功能。该项目旨在促进 Sun 和 Oracle 工程师与社区之间的交流，它将使得所有开发者都能够参与到应用服务器的开发过程中来。

2. Payara

Payara 是一款 Java EE 7 应用服务器。Payara 是从 GlassFish 4.1 衍生出的，是一个对开源版 GlassFish 应用服务器提供 7×24 小时支持的软件。Payara 以 GlassFish 作为上游，为其提供支持，解决缺陷，增强功能后，作为开源的 Payara 服务器公开发布。

3. WebSphere Application Server

WebSphere Application Server 是一种功能完善的 Web 应用程序服务器。它具有开放性，WebSphere 全面且 100%地支持业界的开放性标准，包括 Java/Java EE、XML、LDAP、CORBA、WML、Web Service 等，具有良好的跨平台性、安全性、高可用性和扩展性，还具有集成的、基于开放标准的开发环境。目前，IBM 已更新 WebSphere Application Server 至 8.5 版。

4. Jetty

Jetty 是一个开源的 Servlet 容器，也是基于 Java 的 Web 容器，可为 JSP 和 Servlet 提供运行环境。Jetty 是使用 Java 语言编写的，其 API 以一组 jar 包的形式发布。开发人员可将 Jetty 容器实例化成一个对象，可迅速为一些独立运行的 Java 应用提供网络和 Web 连接。

5. Resin

Resin 是 CAUCHO 公司的产品。它是一个非常流行的 Application Server，对 Servlet 和 JSP 提供了良好的支持，性能也较优良，其自身采用 Java 语言开发而成。Resin 本身包含了一个支持 HTTP/1.1 的 Web 服务器，不仅可显示动态内容且显示静态内容的能力也非常强，速度直逼 Apache Server，许多站点都是使用该 Web 服务器构建的。Resin 也可和许多其他的 Web 服务器一起工作，如 Apache Server 和 IIS 等。Resin 支持 Servlet 2.3 标准和 JSP 1.2 标准，并且支持负载平衡(Load Balancing)，可以增加 Web 站点的可靠性。

6. WildFly

WildFly 是 Redhat 公司给 JBoss Application Server(JBoss AS)的新名称。更名后的首个版本为 WildFly 8，可接替 JBoss AS 7。RedHat 公司表示，新版本不仅在名称上发生了变化，还进行了诸多改进：启动速度更快，模块化设计，非常轻量，内存占用更少，更优雅的配置、管理方式，严格遵守 Java EE 7 和 OSGi 规范。

7. JFox

JFox 是源自中国灰狐开源社区的开放源码 Java EE 应用服务器，其开始于 2002 年。作为国人在开源 Java EE 应用服务器领域的首次尝试，JFox 经历了从模仿到自主研发再到创新的过程，最新版本的是 3.1。与 EJB 3 规范相对于之前的版本一样，JFox 3.x 有一些革命性的变化，JFox 3 被设计为轻量的、嵌入式的 Java EE 应用服务器，除了提供 EJB3 容器、JPA 容器，还提供支持模块化功能的 MVC 框架，成为完整的 Java EE 开发平台，可以简化 EJB 及 Web 应用的开发，满足企业对基于 EJB 架构快速开发的需要。

8. WebLogic

WebLogic 是美国 Oracle 公司出品的用于开发、集成、部署和管理大型分布式 Web 应用、网络应用和数据库应用的 Java 应用服务器。它将 Java 的动态功能和 Java Enterprise 标准的安全性引入大型网络应用的开发、集成、部署和管理之中。目前已推出到 WebLogic Server 12c(12.1.3) 版。而此产品也延伸出 WebLogic Portal、WebLogic Integration 等企业用的中间件以及 OEPE(Oracle Enterprise Pack for Eclipse)开发工具。

9. Tomcat

Tomcat 是 Apache 软件基金会(Apache Software Foundation)的 Jakarta 项目中的一个核心项目，由 Apache、Sun 和其他一些公司及个人共同开发而成。由于有了 Sun 的参与和支持，最新的 Servlet 和 JSP 规范总是能在 Tomcat 中得到体现，可支持最新的 Servlet 2.4 和 JSP 2.0 规范。因为 Tomcat 技术先进、性能稳定，并且免费，因而深受 Java 爱好者的喜爱并得到了部分软件开发商的认可，成为目前比较流行的 Web 应用服务器。目前 Tomcat 的最新版本为 9.0。

10. Apusic

Apusic 应用服务器是金蝶中间件有限公司开发的基于 Java EE 规范并获得 Java EE 国际认证的 Java 应用服务器软件，是为数不多的国产 Java EE 应用服务器软件的优秀代表之一。Apusic 应用服务器基于各种现有的被广泛接受的工业标准，为企业应用提供了一个可靠、高效的开发、部署和维护的平台。

1.6 Java EE 开发环境的配置

本节关于 Java EE 开发环境的配置以 32 位 Windows 7 操作系统为例。

1.6.1　JDK 7 的安装与配置

(1) 在 Oracle 官方网站下载 JDK7 安装包，下载地址为“http://www.oracle.com/technetwork/java/javase/downloads/index.html”，如图 1-4 所示。根据使用的操作系统下载相应的版本。

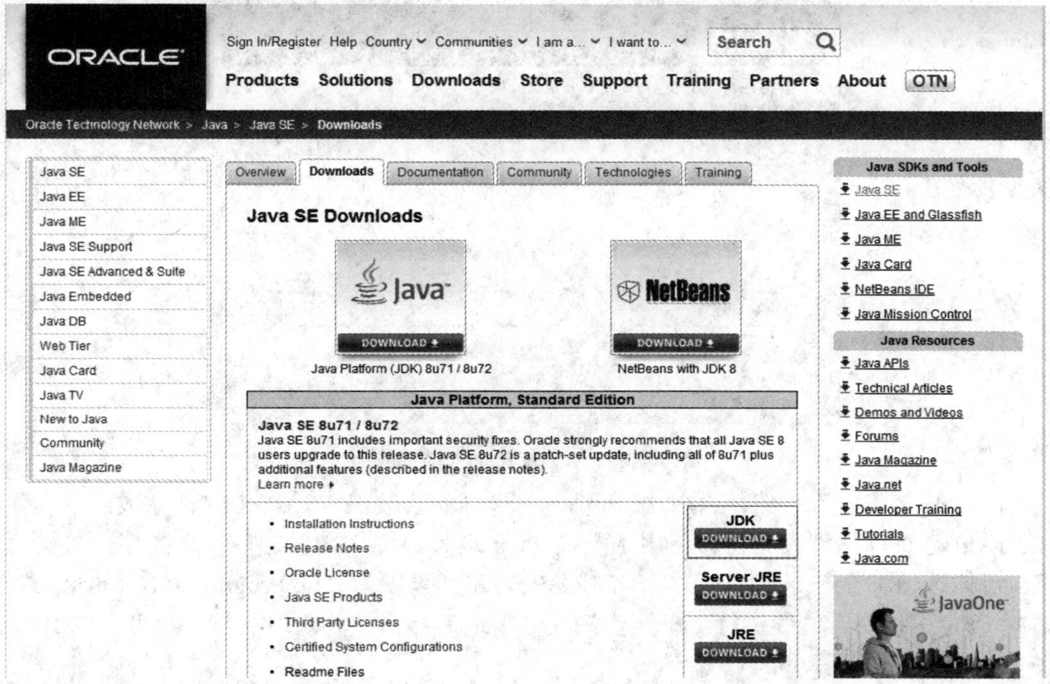

图 1-4　下载 JDK 7

(2) 点击“jdk-7u51-windows-i586 .exe”准备安装，如图 1-5 所示。

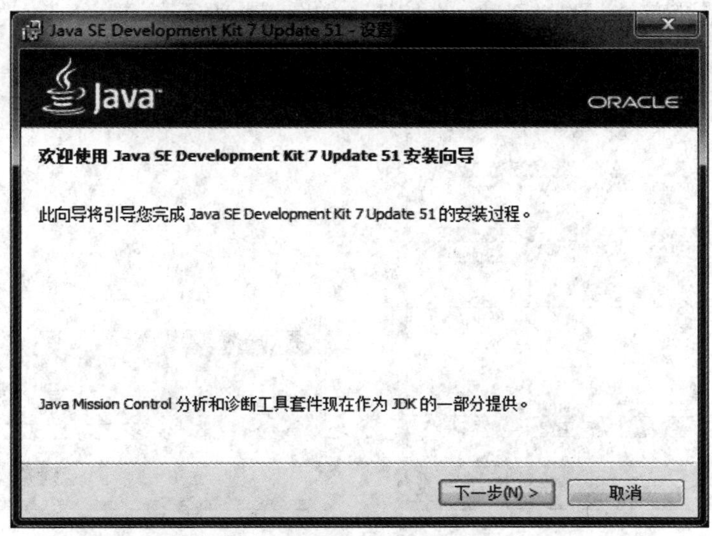

图 1-5　安装 JDK 7 步骤

(3) 点击“下一步”继续安装，弹出“Java SE Development Kit 7 Update 51-自定义安装”窗口，单击“更改”，弹出“Java SE Development Kit 7 Update 51-更改文件夹”窗口，其中可修改安装路径；设置 JDK 的安装路径为“D:\Program Files\Java\jdk1.7.0_51\”，如图 1-6 所示。

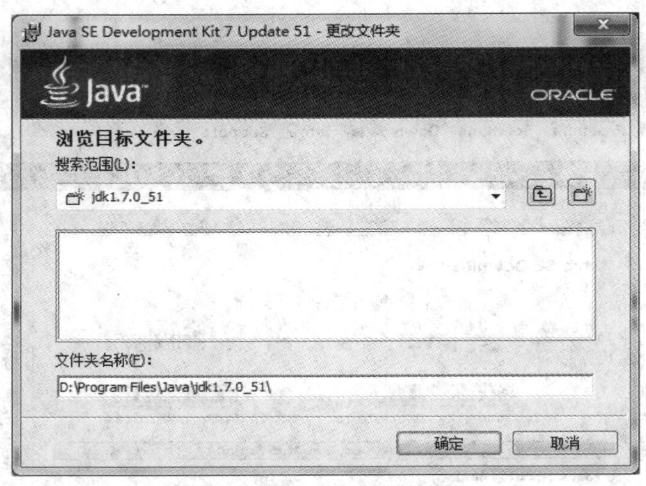

图 1-6　更改 JDK 的安装路径

(4) 单击“确定”按钮，再单击“下一步”，开始安装 JDK。JDK 安装完成后，会弹出“Java 安装-目标文件夹”窗口，用于安装 Java 运行环境 JRE；与前一步类似，单击“更改”，可修改 JRE 的安装路径，本节将 JRE 安装路径设置为“D:\Program Files\Java\jre7\”，单击“确定”按钮，继续进行“下一步”安装，最后点击“关闭”按钮，即可完成 JDK 和 JRE 的全部安装过程。

(5) 设置系统变量。右键单击“计算机”→“属性”→“高级系统设置”→“高级”→“环境变量”，弹出环境变量设置界面，如图 1-7 所示。

① 单击“系统变量”的“新建...”按钮，如图 1-8 所示。

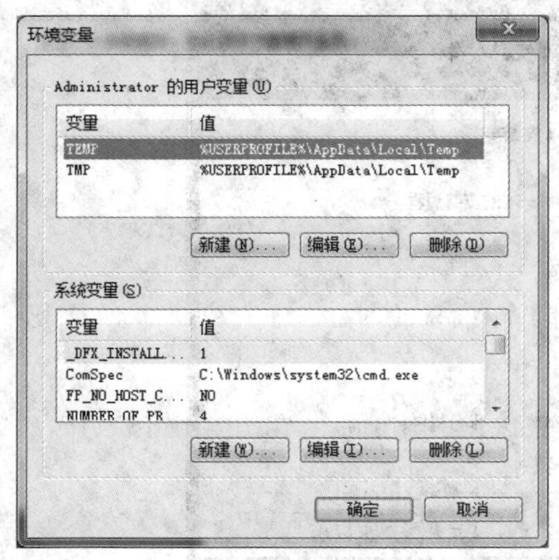

图 1-7　Win7 设置环境变量界面

图 1-8　设置 JAVA_HOME 环境变量

在“变量名”中填入“JAVA_HOME”，在“变量值”中填入 JDK 的安装路径“D:\Program Files\Java\jdk1.7.0_51”，然后单击“确定”按钮。

② 继续单击“系统变量”中的“新建...”按钮，在“变量名”中填入“CLASSPATH”，在“变量值”中填入“.;%JAVA_HOME%\lib;”，然后单击“确定”按钮，如图 1-9 所示。

③ 设置 PATH 环境变量，可按照以上步骤设置 PATH 变量名和将“D:\Program Files\Java\jdk1.7.0_51\bin”目录添加到其变量值中，也可直接在“系统变量”中找到 PATH 变量名，添加以上目录到 PATH 变量中即可，如图 1-10 所示。

图 1-9　设置 CLASSPATH 环境变量

图 1-10　设置 PATH 环境变量

1.6.2　Eclipse IDE 的安装

Eclipse 是一个免费的 Java 开发平台，Eclipse 以其代码开源、使用免费、界面美观，功能强大、插件丰富等特性成为 Java 开发平台中使用最广泛的开发平台。

(1) 安装 Eclipse 之前，应确保已安装 JDK 且已正确配置环境变量。

(2) 下载“Eclipse IDE for java EE Developers”。其下载地址为“http://www.eclipse.org/downloads/”，下载页面如图 1-11 所示。注意选择自身操作系统对应位数的版本，本书中使用的是 32 位版，点击链接“32 bit”，出现如图 1-12 所示的下载页面，单击“DOWNLOAD”按钮开始下载，下载后的文件名为“eclipse-jee-mars-2-win32.zip”。

(3) Eclipse 是一个典型的绿色软件，不需安装，将压缩包直接解压到任意文件夹并启动 Eclipse.exe 即可。

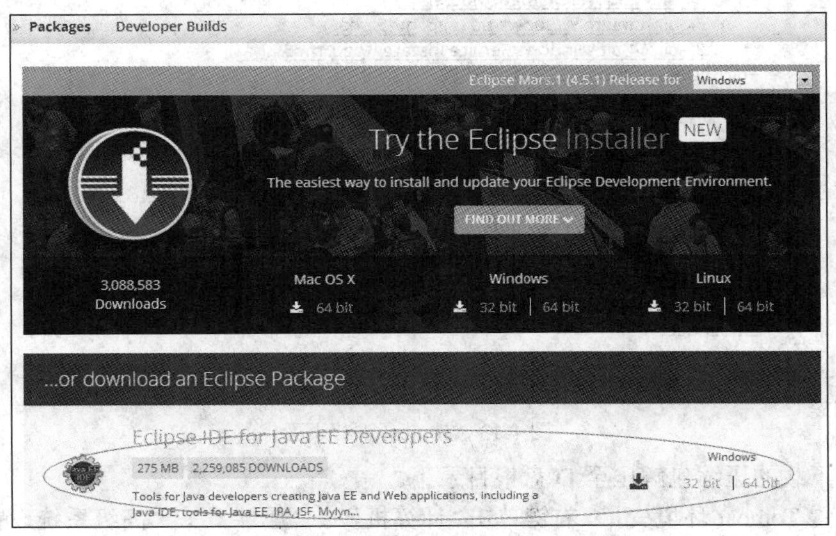

图 1-11　Eclipse IDE 下载步骤(1)

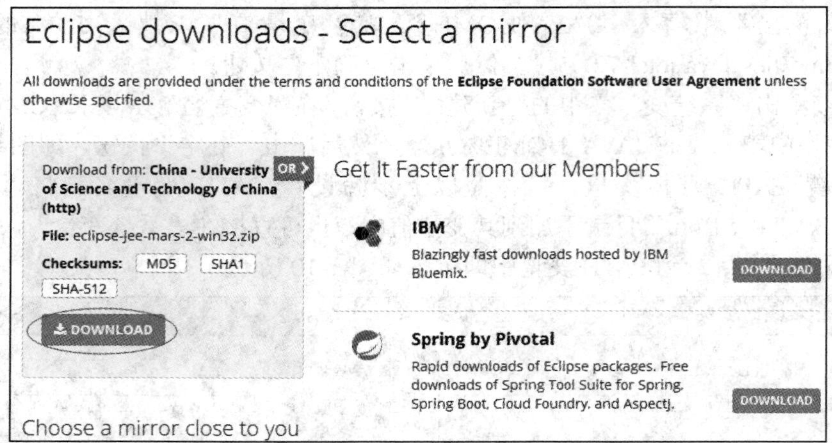

图 1-12　Eclipse IDE 下载步骤(2)

1.6.3　Tomcat 的安装与配置

(1) 下载 Tomcat 7.0。其下载地址为“http://tomcat.apache.org/download-70.cgi”，下载页面如图 1-13 所示。根据自己的系统下载相应的版本，下载后的文件名为“apache-tomcat-7.0.68-windows-x86.zip”。

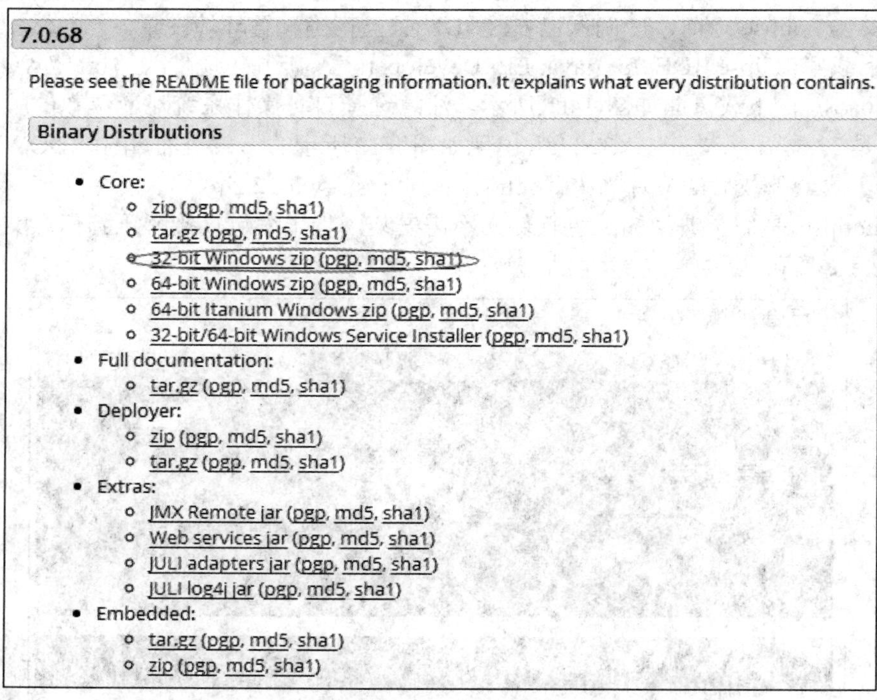

图 1-13　Tomcat 下载页面

(2) 将下载的压缩包解压至 D 盘根目录下。

(3) 配置 Tomcat 环境变量。右键单击“计算机”→“属性”→“高级系统设置”→“高级”→“环境变量”。

① 新建用户变量名为“CATALINA_BASE”，变量值为“D:\apache-tomcat-7.0.68”，如图 1-14 所示。

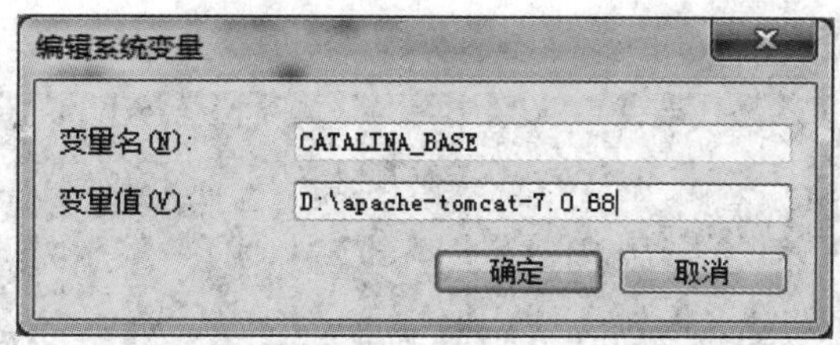

图 1-14　配置 CATALINA_BASE 环境变量

② 新建用户变量名为“CATALINA_HOME”，变量值为“D:\apache-tomcat-7.0.68”，如图 1-15 所示。

图 1-15　配置 CATALINA_HOME 环境变量

③ 打开 PATH，添加变量值“%CATALINA_HOME%\lib;%CATALINA_HOME%\bin”，如图 1-16 所示。

图 1-16　配置 PATH 环境变量

(4) 启动 Tomcat 服务。有以下两种启动方法：

① 在 CMD 命令下输入命令“startup”，出现如图 1-17 所示的对话框，表明服务启动成功。

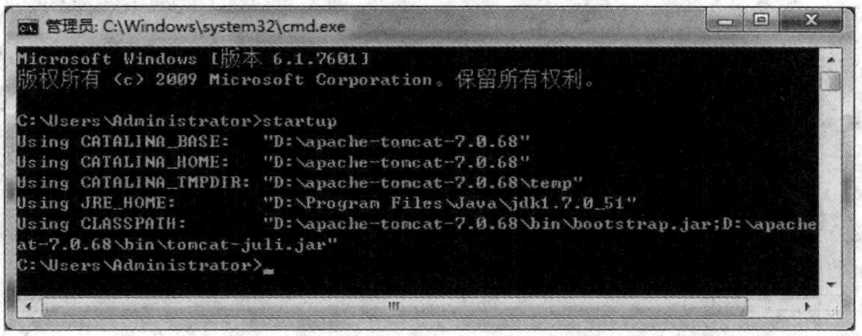

```
管理员: C:\Windows\system32\cmd.exe
Microsoft Windows [版本 6.1.7601]
版权所有 (c) 2009 Microsoft Corporation。保留所有权利。

C:\Users\Administrator>startup
Using CATALINA_BASE:   "D:\apache-tomcat-7.0.68"
Using CATALINA_HOME:   "D:\apache-tomcat-7.0.68"
Using CATALINA_TMPDIR: "D:\apache-tomcat-7.0.68\temp"
Using JRE_HOME:        "D:\Program Files\Java\jdk1.7.0_51"
Using CLASSPATH:       "D:\apache-tomcat-7.0.68\bin\bootstrap.jar;D:\apache
at-7.0.68\bin\tomcat-juli.jar"
C:\Users\Administrator>_
```

图 1-17　成功启动 Tomcat 服务的信息

② 在 CMD 命令下输入命令“catalina run”，出现如图 1-18 所示的对话框，表明服务启动成功。

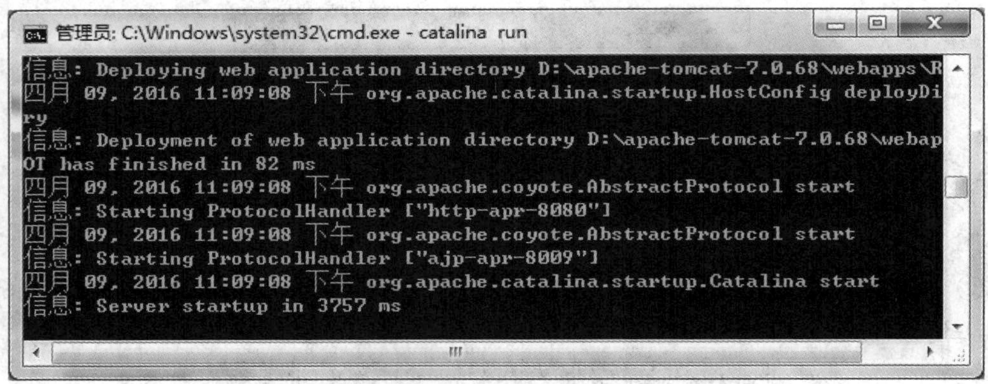

图 1-18　成功启动 Tomcat 服务的信息

(5) 测试 Tomcat。打开浏览器，在地址栏中输入“http://localhost:8080”，按“回车”键，如果出现如图 1-19 所示的页面，则说明 Tomcat 搭建成功。

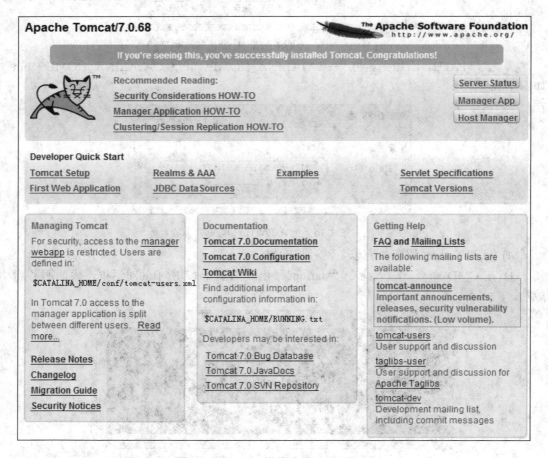

图 1-19　Tomcat 搭建成功后页面显示

1.6.4　MySQL 的安装与配置

MySQL 是一个关系型数据库管理系统，广泛用于 Web 应用中。由于其体积小、速度快、总体拥有成本低以及具有开放源码等特点，一般中小型网站的开发都选择 MySQL 作为网站数据库。

下载 MySQL 步骤如下：

(1) 下载 MySQL。其下载地址为“http://www.mysql.com/downloads/”，下载页面如图 1-20 所示。

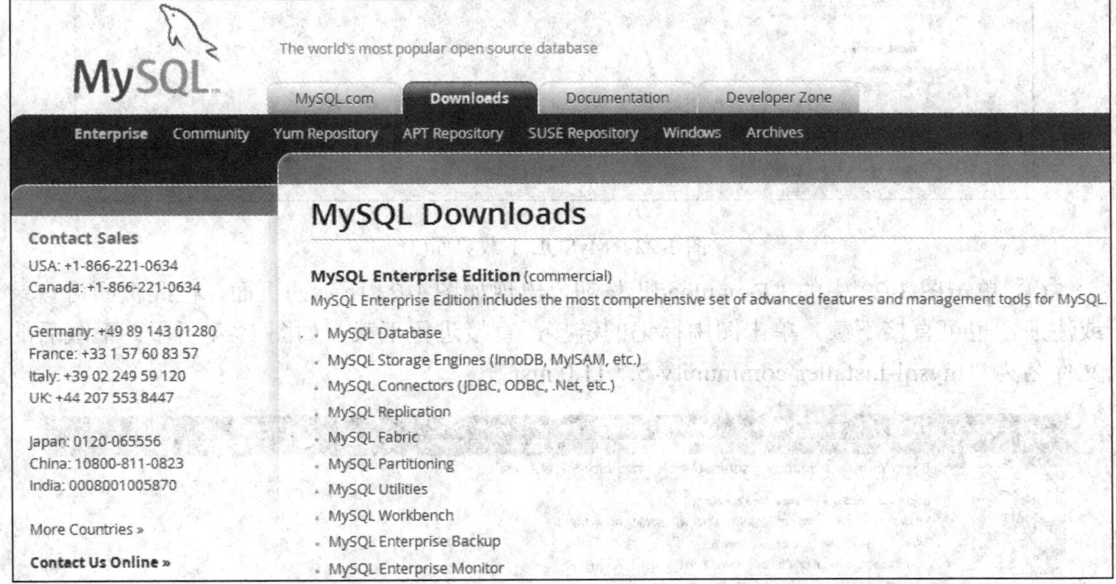

图 1-20　MySQL 下载界面(1)

(2) 单击链接“Windows”，出现如图 1-21 所示的页面。

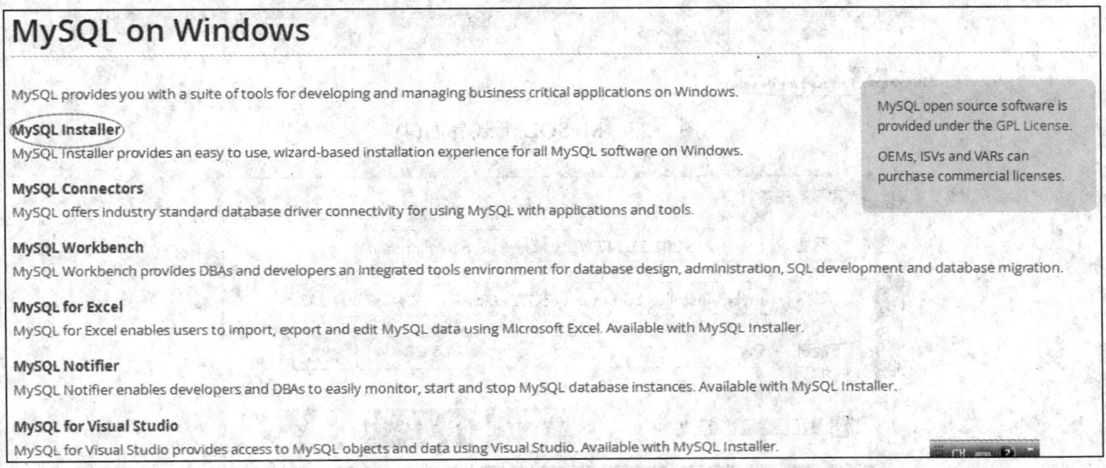

图 1-21　MySQL 下载界面(2)

(3) 继续单击链接“MySQL Installer”，出现如图 1-22 所示的页面。

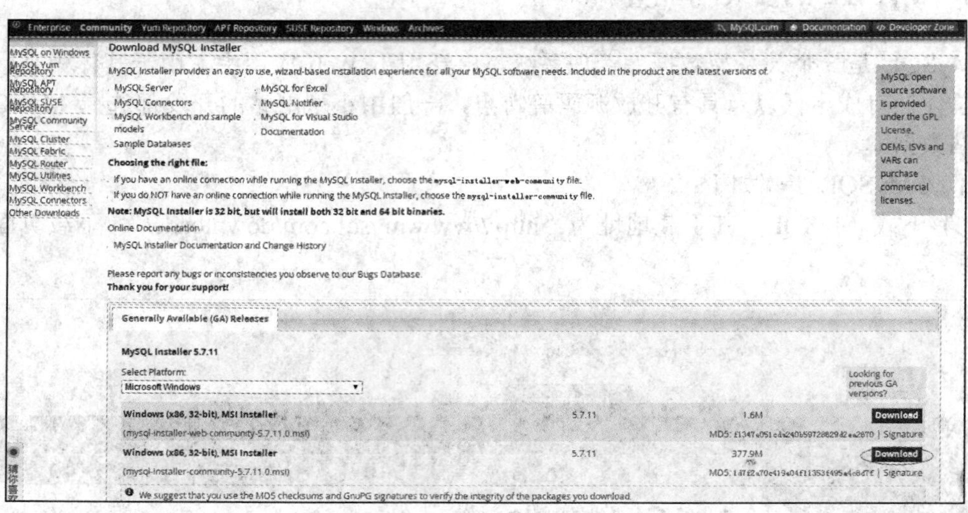

图 1-22　MySQL 下载界面(3)

(4) 单击图 1-22 中的“Download”按钮，出现如图 1-23 所示的页面，在此页面可登录或注册，也可直接下载。单击图中标记的链接，直接进行下载，如图 1-24 所示。下载后的文件名为“mysql-installer-community-5.7.11.0.msi”。

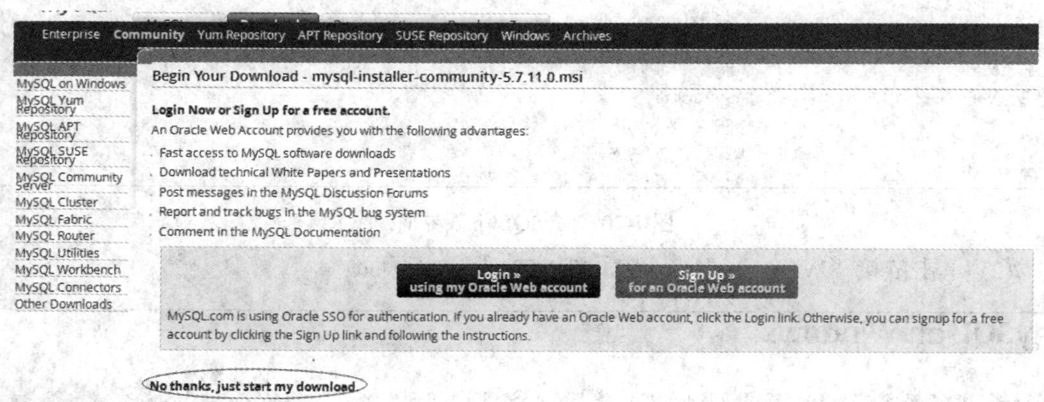

图 1-23　MySQL 下载界面(4)

图 1-24　MySQL 下载界面(5)

MySQL 安装与配置步骤如下：

(1) 双击下载的安装文件，出现如图 1-25 所示的页面。

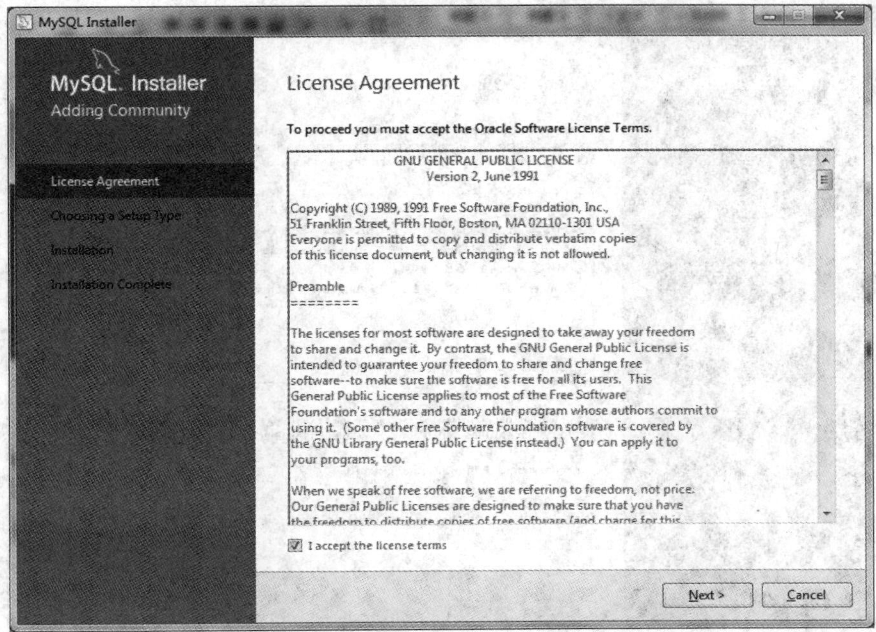

图 1-25　MySQL 安装界面(1)

(2) 在勾选“I accept the license terms”后，点击“Next”按钮，出现如图 1-26 所示的页面，根据右侧安装类型描述文件的内容选择适合自己的安装类型，点击“Next”按钮。

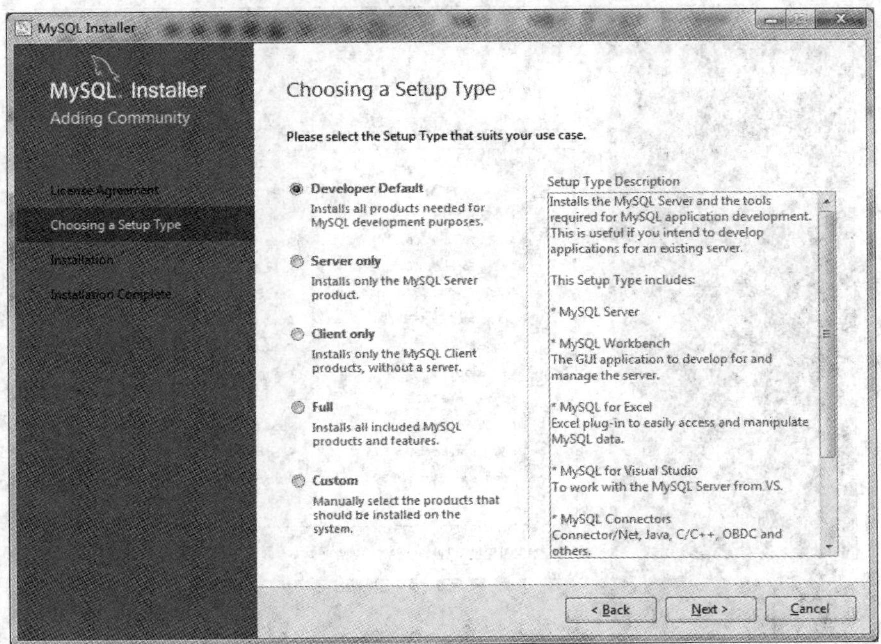

图 1-26　MySQL 安装界面(2)

(3) 根据所选择的安装类型，需要核对一些 Requirements，点击“Check”按钮进行核对，如图 1-27 所示。

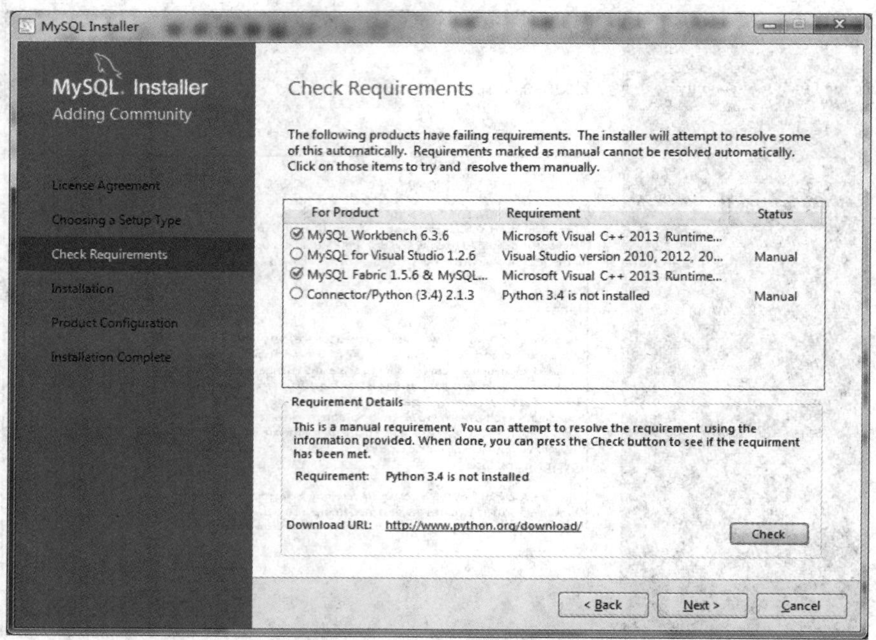

图 1-27　MySQL 安装界面(3)

(4) 点击“Next”按钮，出现如图 1-28 所示的页面，再点击“Execute”按钮，开始安装。

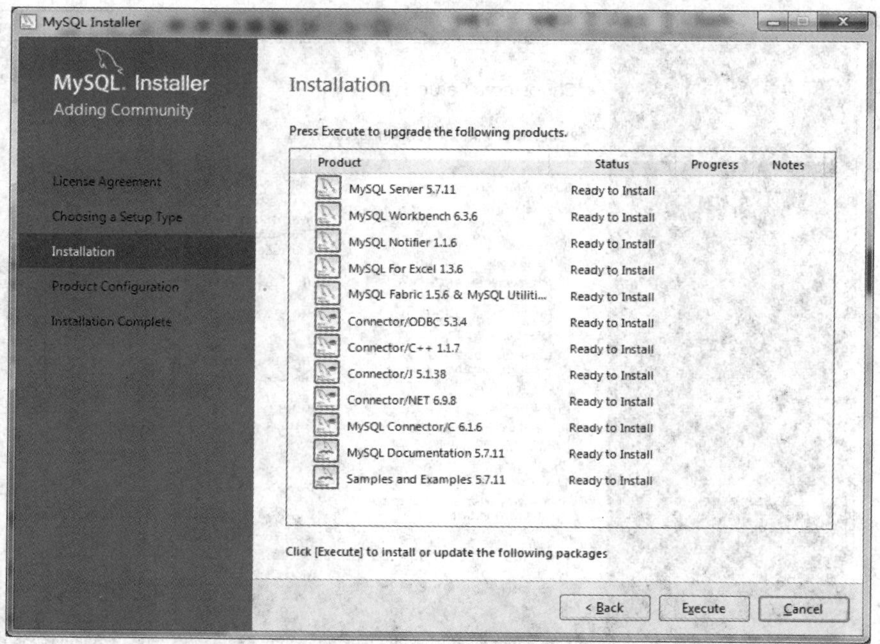

图 1-28　MySQL 安装界面(4)

(5) 安装完成，如图 1-29 所示。

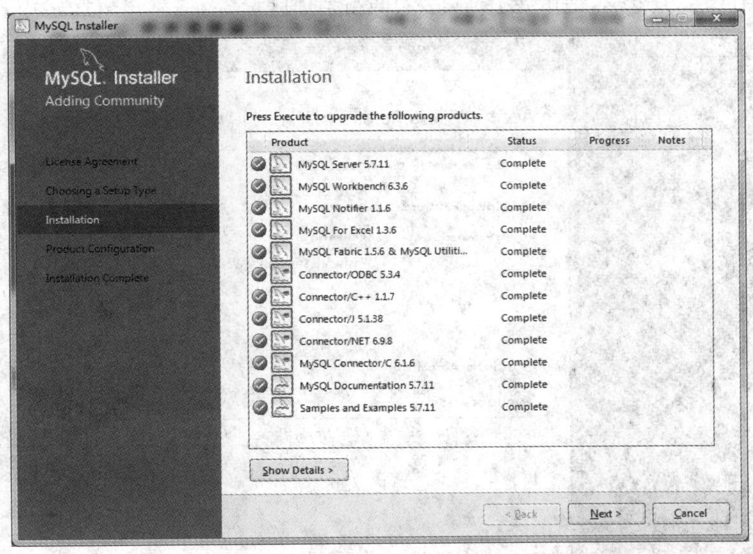

图 1-29　MySQL 安装界面(5)

(6) 点击“Next”按钮，进入配置页面。继续点击“Next”按钮，出现如图 1-30 所示的页面，在该页面中可进行服务器配置类型选择：Development Machine(意为“安装的 MySQL 服务器作为开发机器”)，在三种类型中，此选项占用内存最少；Server Machine(意为“安装的 MySQL 服务器作为服务器机器”)，此选项占用内存在三种类型中居中；Dedicated Machine(意为“安装专用 MySQL 数据库服务器”)，此选项占用机器全部有效的内存。服务器配置、端口配置等可采用默认配置类型。

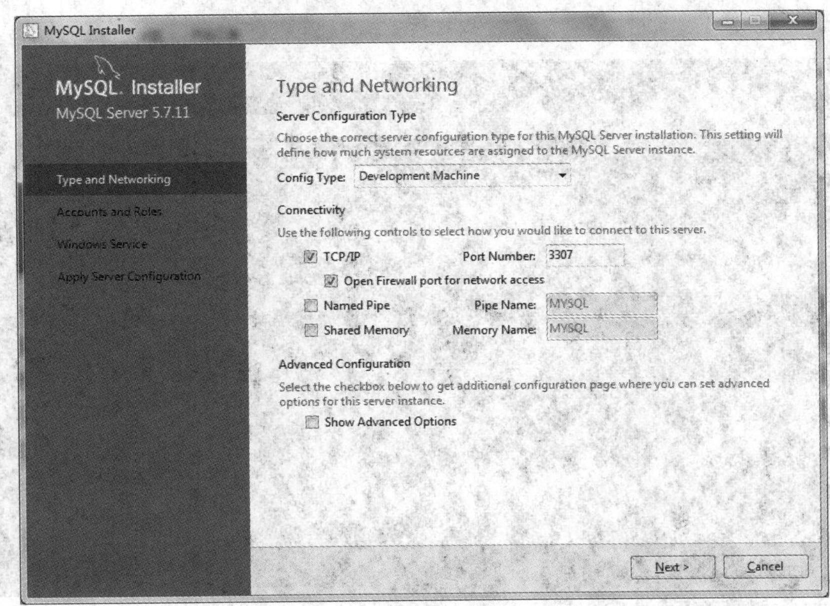

图 1-30　MySQL 安装界面(6)

(7) 点击“Next”按钮，进入如图 1-31 所示的页面。设置管理员密码，点击“Add User”按钮，可创建用户，从安全角度考虑最好不要创建用户。

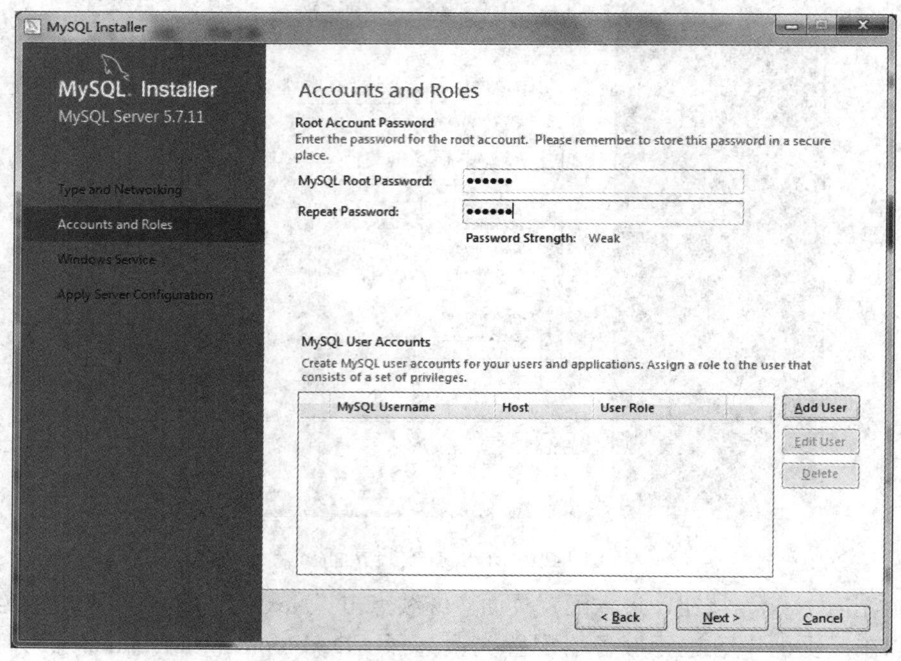

图 1-31　MySQL 安装界面(7)

(8) 点击“Next”按钮，采用默认设置，再点击“Execute”按钮，开始配置。确认配置完成后，勾选“Start MySQL Workbench after Setup”，可对是否成功安装与配置进行测试。点击“Finish”按钮，若出现 MySQL Workbench 界面，如图 1-32 所示，则表明安装并配置成功。

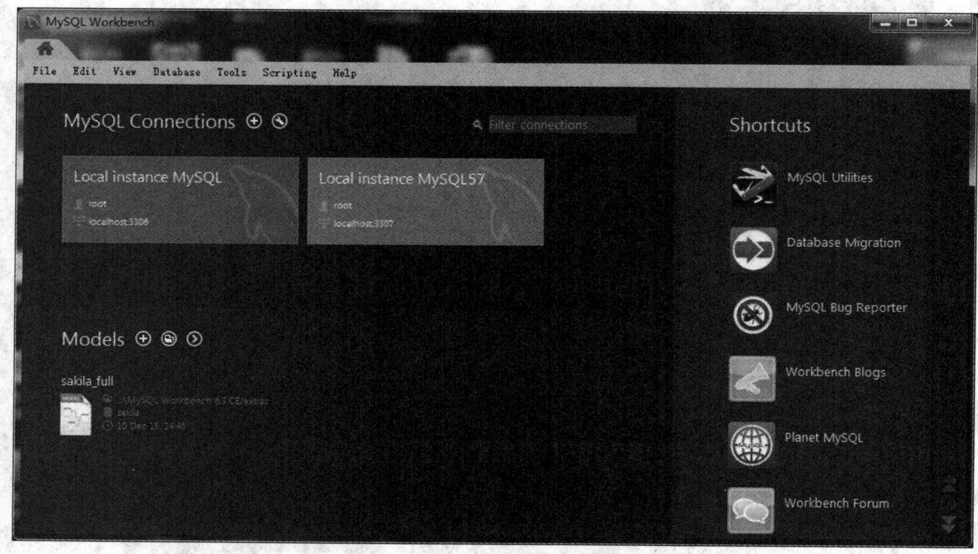

图 1-32　MySQL 安装界面(8)

1.6.5　Maven 的安装和使用

Maven 是一个项目管理工具，它包含了一个项目对象模型 (Project Object Model)、一组标准集合、一个项目生命周期(Project Lifecycle)、一个依赖管理系统(Dependency Management System)以及用来运行定义在生命周期阶段(Phase)中插件(Plug-in)目标(Goal)的逻辑。通过它可以便捷地管理项目的生命周期，即项目的 jar 包依赖、开发、测试以及发布打包。Maven 的安装步骤如下：

(1) 确保系统已安装 JDK 7 以上版本且已正确配置 JDK 环境变量。

(2) 下载 Maven。其下载地址为“http://maven.apache.org/download.cgi”，下载页面如图 1-33 所示。下载后的文件名为“apache-maven-3.3.9-bin.zip”。

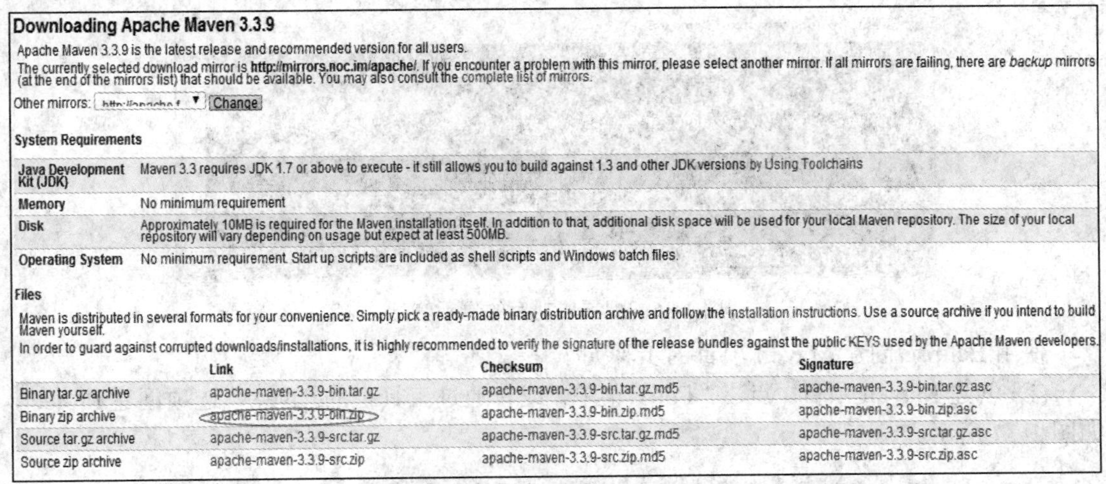

图 1-33　Maven 下载页面

(3) 将安装包解压至某目录，在此解压到“D:\Java\ apache-maven-3.3.9”。

(4) 配置系统变量。右键单击“计算机”→“属性”→“高级系统设置”→“高级”→“环境变量”。

① 新建系统变量。设置变量名“MAVEN_HOME”，添加变量值“D:\Java\apache-maven-3.3.9”，如图 1-34 所示。

图 1-34　配置 MAVEN_HOME 环境变量

② 编辑系统变量。设置变量名“PATH”，添加变量值“;%MAVEN_HOME%\bin”，如图 1-35 所示。

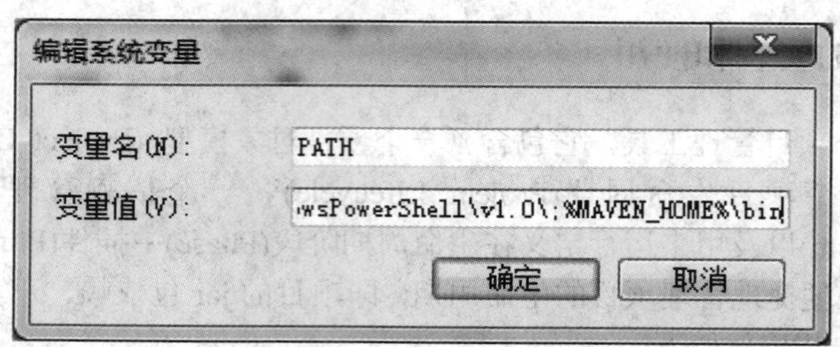

图 1-35　配置 PATH 环境变量

(5) 检验配置是否成功。打开命令行提示符窗口(可使用快捷键“Win+R”，然后输入“cmd”)，输入命令“mvn --version”，若出现如图 1-36 所示的结果则说明配置成功。

图 1-36　配置成功后的显示信息

使用 Eclipse 创建 Maven 项目的步骤如下：

(1) 创建 Maven 项目。点击“File”菜单，或者通过工具栏的“New”选项创建 Project，如图 1-37 所示。

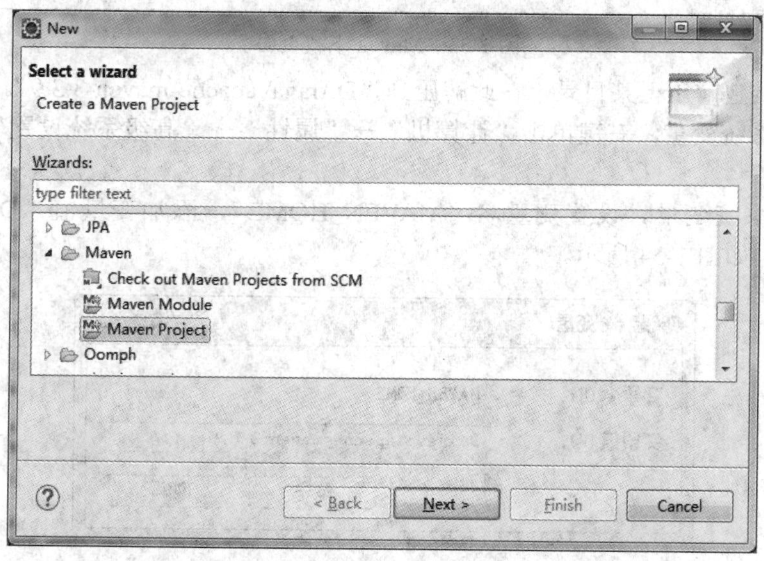

图 1-37　创建 Project

(2) 选择“Maven”→“Maven Project”，弹出向导对话框，选中“Create a simple project…”复选框，其他的设置采用默认方式，如图 1-38 所示。

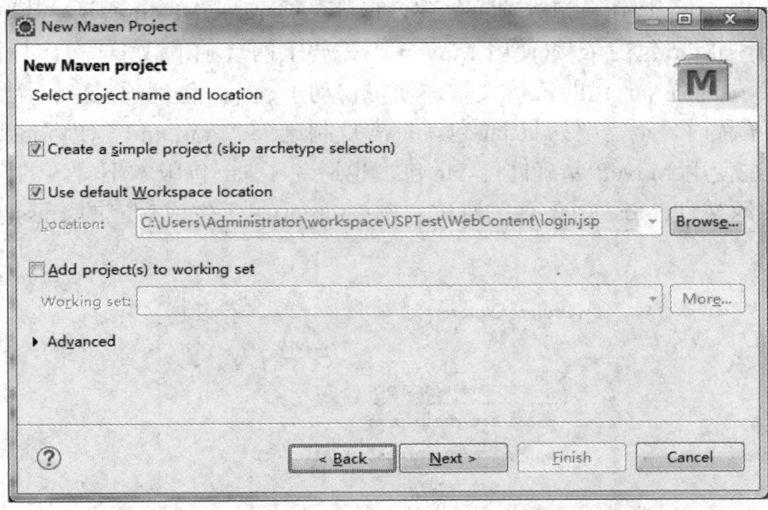

图 1-38　Maven Project 向导对话框

(3) 点击"Next"按钮，输入 Maven 项目相关的信息，如图 1-39 所示。其中，Group Id 为 Java 包的名称，Artifact Id 为项目的名称，Version 为版本号，Packaging 为包的类型，Name 为 Maven 的名称。这里 Packaging 选择 war 类型，因为是 Web 项目。

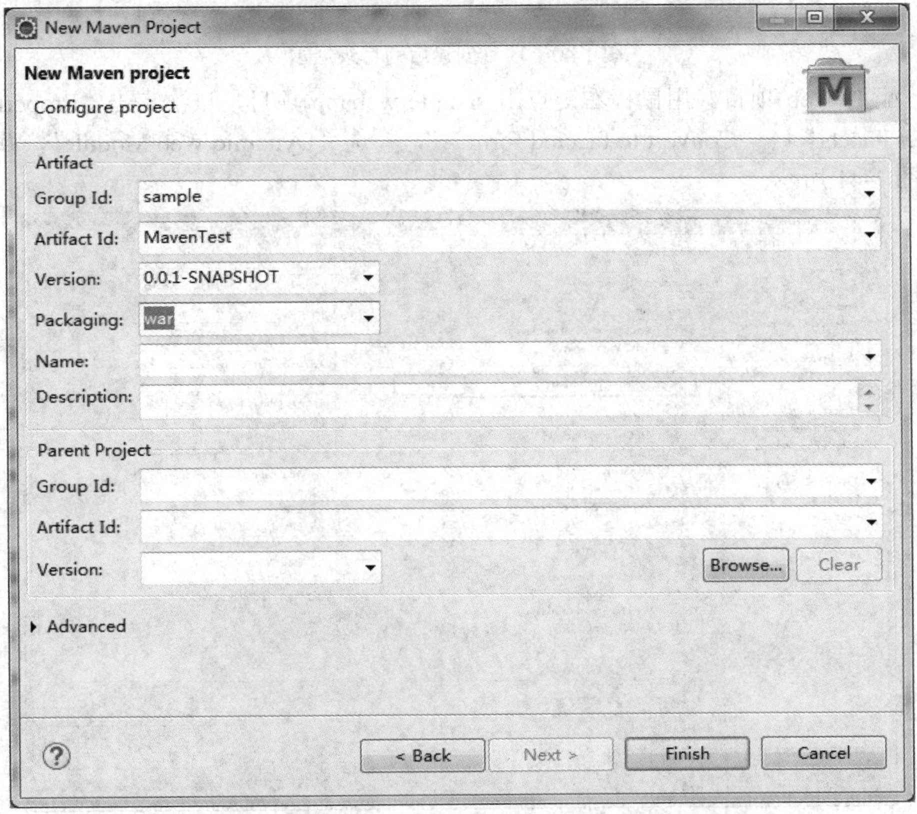

图 1-39　Maven 项目相关的信息

(4) 点击“Finish”按钮，完成项目创建，其目录展示如图 1-40 所示。其中，“Pom.xml”用于定义或者添加 jar 包的依赖(使用 Maven 不需要上网单独下载 jar 包，只需要在配置文件“Pom.xml”中配置 jar 包的依赖关系，便可自动下载 jar 包到项目中。因此，他人开发或者使用这个工程时，不需要拷贝 jar 包，只需复制这个“Pom.xml”便可自动下载这些 jar 包。另外，通过使用 Maven 精确匹配 jar 包，也避免了 jar 包版本不一致的问题。)；main 用于存放 Java 源文件；test 用于存放测试用例；target 用于生成对应的 class 文件或发布的 jar 包。

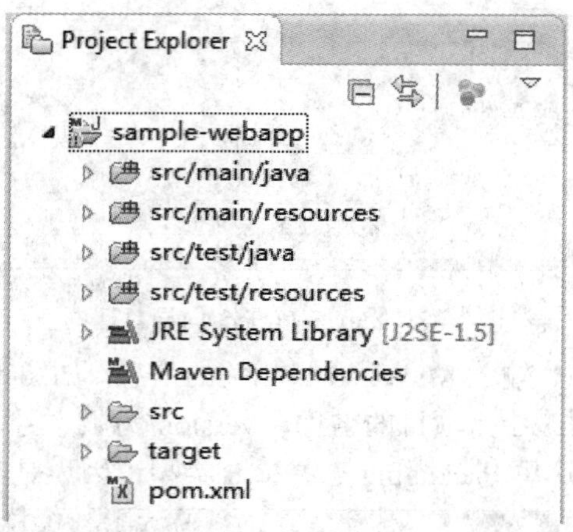

图 1-40　项目创建后的目录展示

(5) 配置 Web 项目。用鼠标右键点击 sample-webapp 项目，依次点击“Properties”→“Project Facets”→“Convert to faceted form…”，勾选“Dynamic Web Module”，并选择版本，如图 1-41 所示。

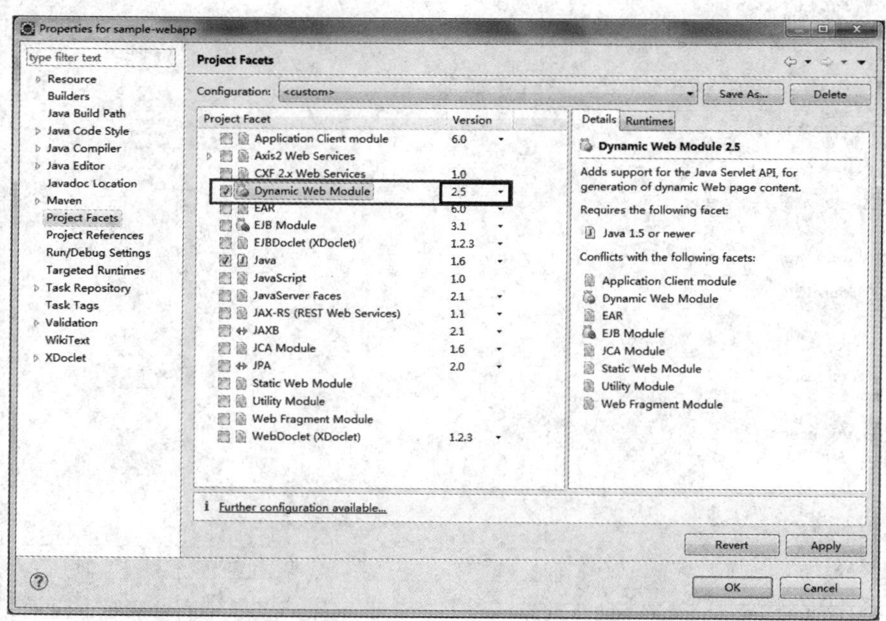

图 1-41　Web 项目配置

(6) 点击“OK”按钮，项目结构树增加了 WebContent 文件夹，如图 1-42 所示。将 WebContent 下的 WEB-INF、META-INF 文件夹拷贝到“src/main/webapp”目录下，并且删除 WebContent 目录，如图 1-43 所示。

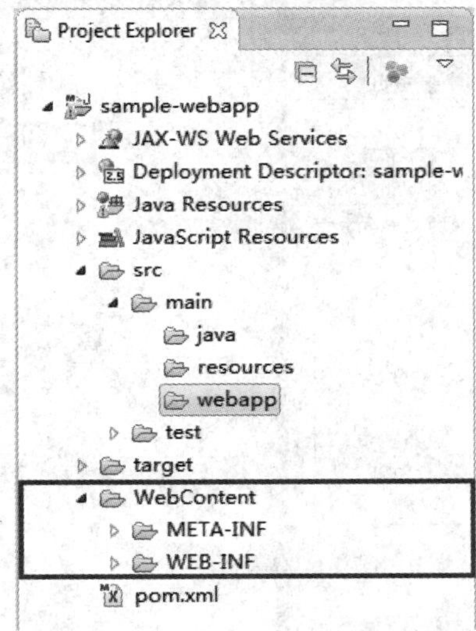

图 1-42　WebContent 文件夹展示

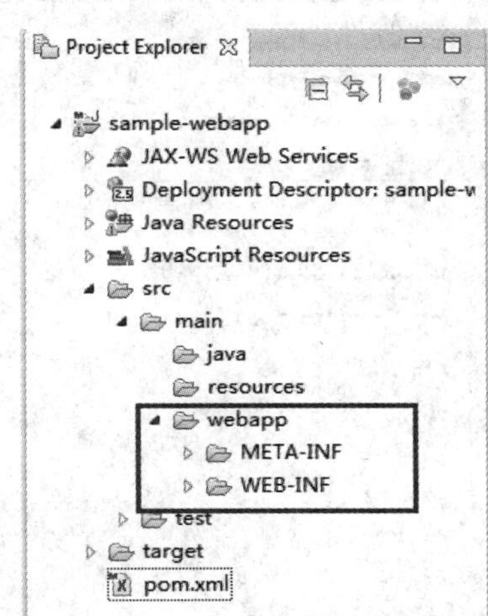

图 1-43　WEB-INF 与 META-INF 文件夹拷贝展示

(7) 用鼠标右键点击 sample-webapp 项目，依次点击“Properties”→“Deployment Assembly”，如图 1-44 所示。

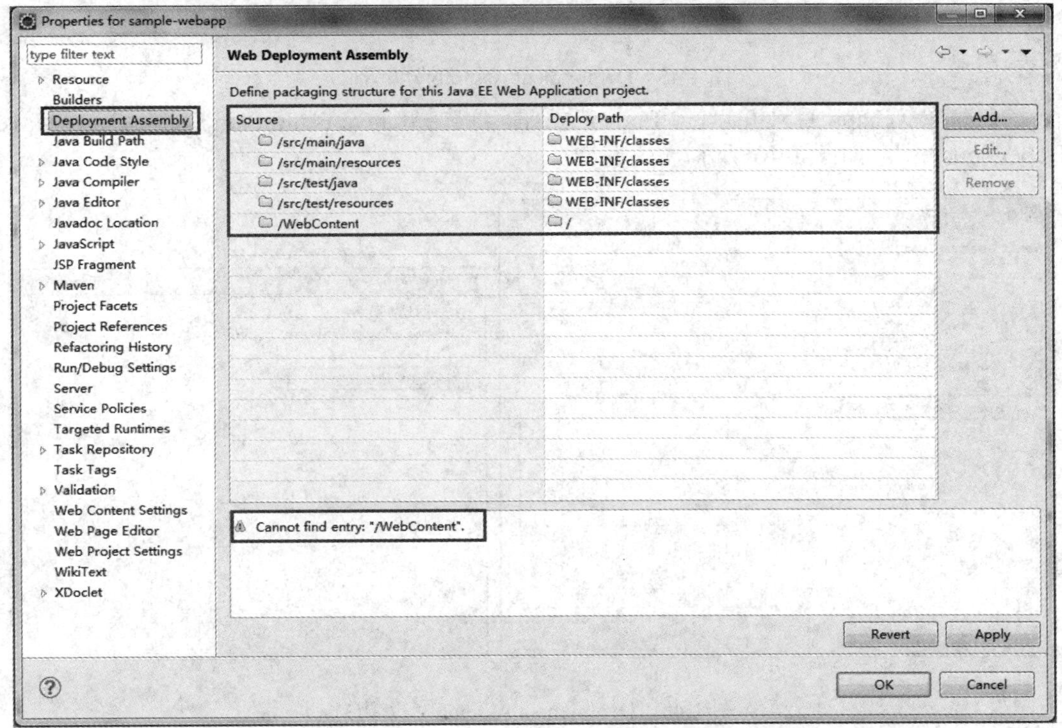

图 1-44　Deployment Assembly 设置(1)

(8) 通过“Remove”按钮删除“/src/test/java”、“/src/test/resources”、“/WebContent”，并且通过“Add”按钮添加 webapp 与 Maven 依赖，依次点击“Add”→“Folder”，如图 1-45 所示。

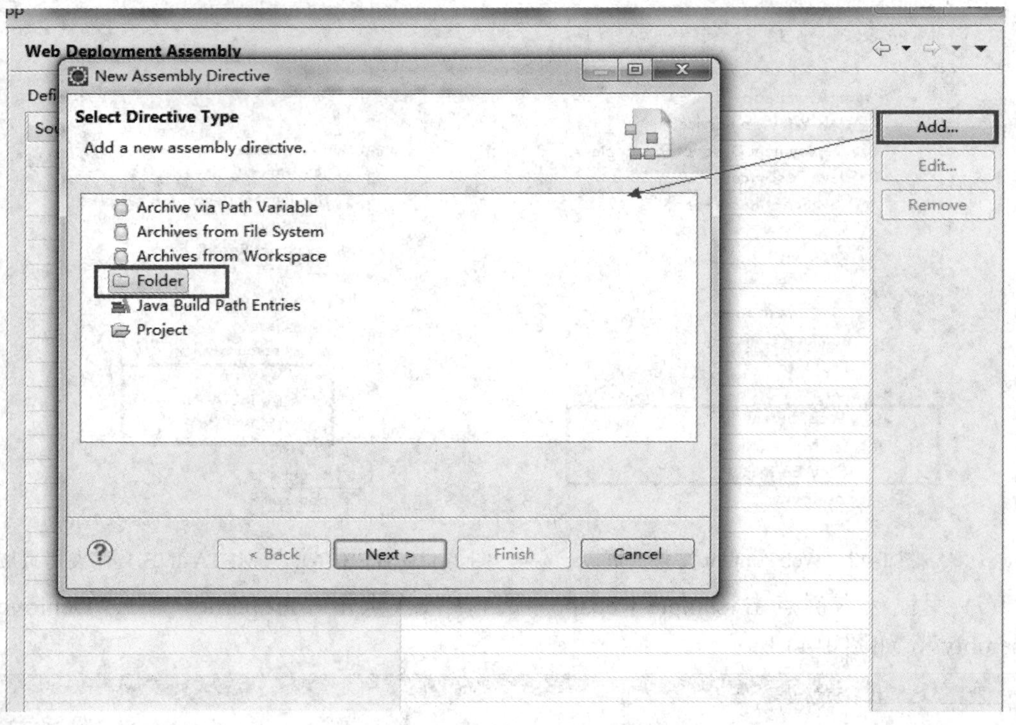

图 1-45　Deployment Assembly 设置(2)

(9) 选择 webapp 目录并点击“Finish”按钮，再选择“Java Build Path Entries”→“Maven Dependencies”，如图 1-46 所示。

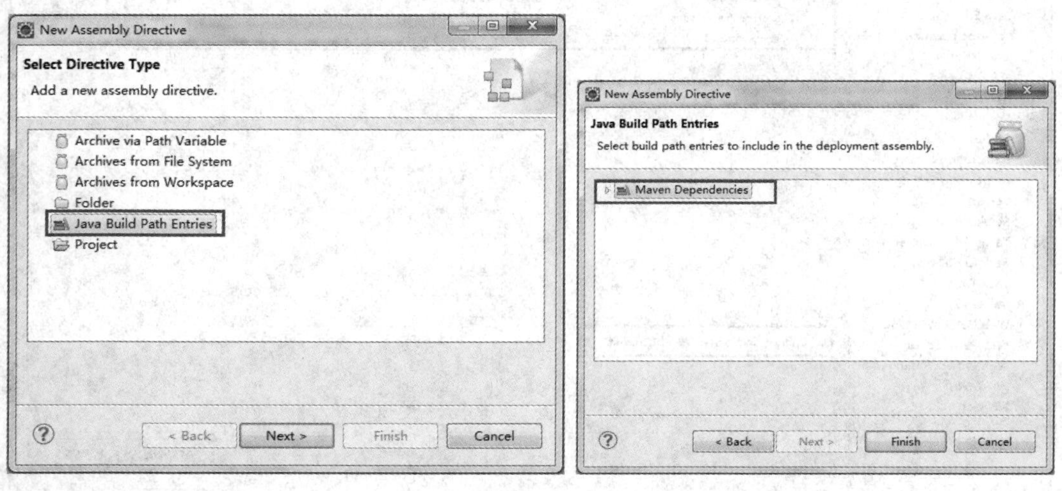

图 1-46　Deployment Assembly 设置(3)

(10) 设置完成之后，出现如图 1-47 所示的界面。

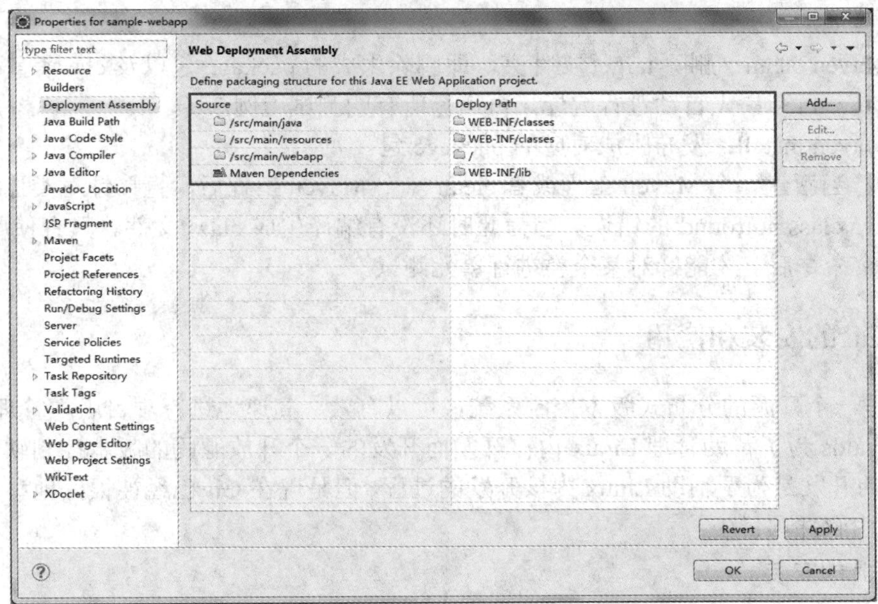

图 1-47　设置完成后的界面展示

(11) 部署 Web 项目。添加 tomcat server，并部署 Web 项目，详见 2.4.1 节。

(12) 测试。右击“webapp”→“New”→“JSP File”，创建“index.jsp”文件，执行该文件，如图 1-48 所示。

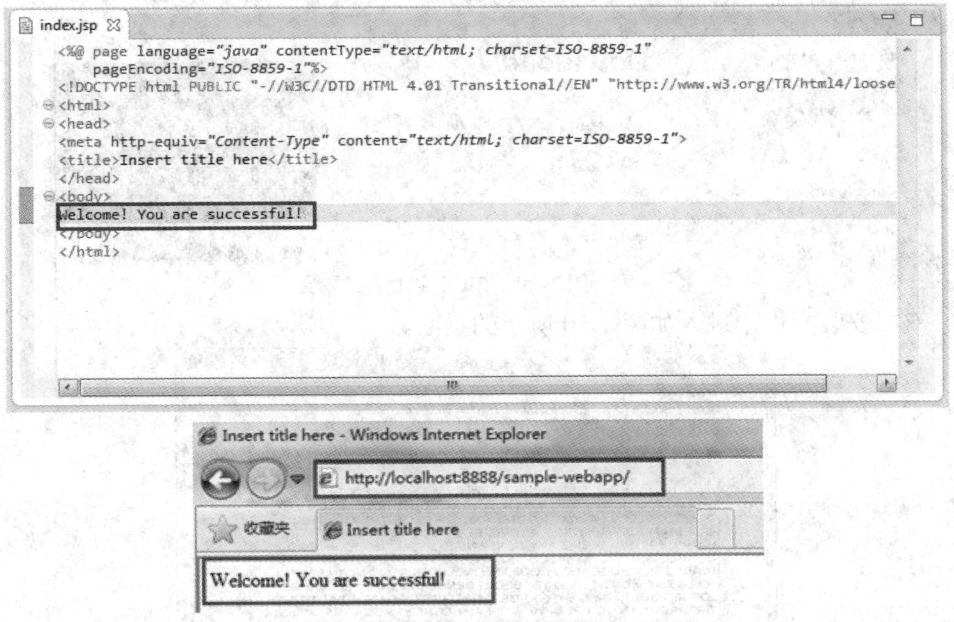

图 1-48　测试页面

Eclipse 中 Maven 的常用命令如下：

右击 Maven 工程，点击“Run As”按钮，可以使用以下 Maven 的常用命令：

- Maven build：用于编译 Maven 工程，执行命令后会在 target 文件夹中的 classes 中

生成对应的 class 文件。

- Maven clean：删除 target 文件夹，即删除生成的 package 包以及 class 等文件。
- Maven test：先自动进行编译，再运行所有的测试用例。
- Maven install：发布生成对应的 package 包。

注意：当新建一个 Maven 工程或者 clean 一个 Maven 工程后，直接针对类进行测试，会抛出 java.class.notfound 的错误。因为此时还没有编译生成 class 文件。只有使用了 build 和 test 两个命令后，才能针对某个类进行单元测试。

1.6.6 Git 的安装和使用

Git 是一个开源的分布式版本控制系统，可以有效、高速地进行项目版本管理。Git 是 Linus Torvalds 为了帮助管理 Linux 内核开发而开发的一个开放源码的版本控制软件。尽管最初 Git 的开发是为了辅助 Linux 内核开发的过程，但是现在 Git 已经被很好地移植到了很多其他自由软件项目中。

1. Git 的安装

(1) 下载 Git。下载地址为"https://git-scm.com/download/"，输入后进入如图 1-49 所示的下载界面。单击"Downloads for Windows"按钮进行下载，下载后的文件名为"Git-2.8.1-32-bit.exe"。

图 1-49　Git 下载页面

(2) 双击安装文件，进入如图 1-50 所示的页面。

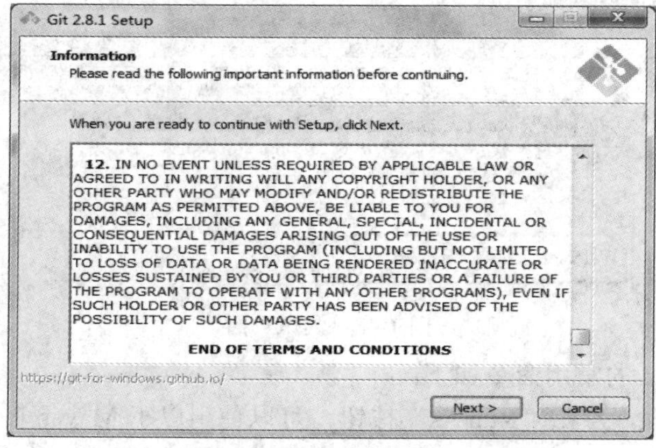

图 1-50　Git 安装页面(1)

(3) 点击“Next”按钮，设置安装路径，继续点击“Next”按钮，出现如图 1-51 所示的选择组件页面。在此采用默认设置即可。

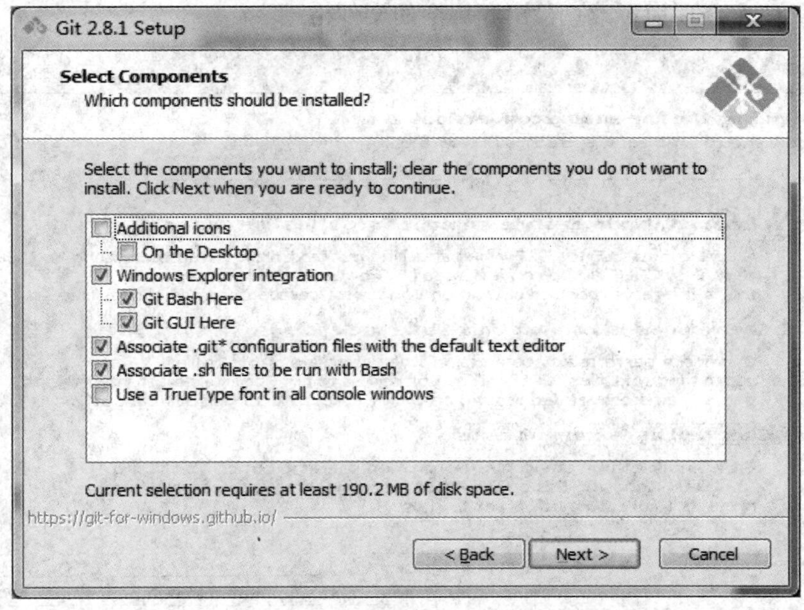

图 1-51　Git 安装页面(2)

(4) 点击“Next”按钮，直到出现如图 1-52 所示的页面。该页面的功能是调整 PATH 环境变量，建议选择“Use Git from Git Bash only”选项，这种方式不需要修改环境变量，可以在 Git Bash 环境下直接使用 Git 命令行。

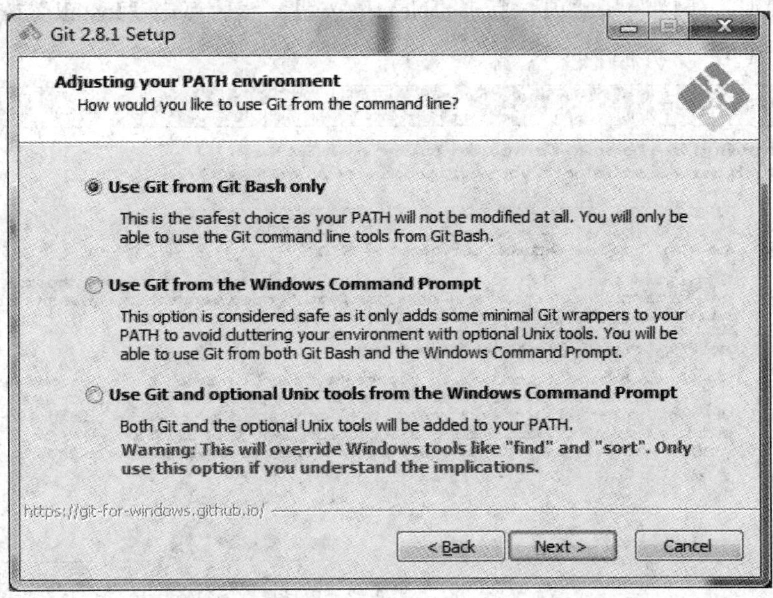

图 1-52　Git 安装页面(3)

(5) 点击“Next”按钮，出现如图 1-53 所示的页面。该页面有三个选项：第一个选项为以 Windows 格式检出文件，以 Unix 格式提交文件。建议检出、提交文档类文件选择此选项。第二个选项为不改变检出文件格式，提交文件时会转换为 Unix 格式。代码类建议选择此选项。第三个选项为不改变检出和提交的文件格式。

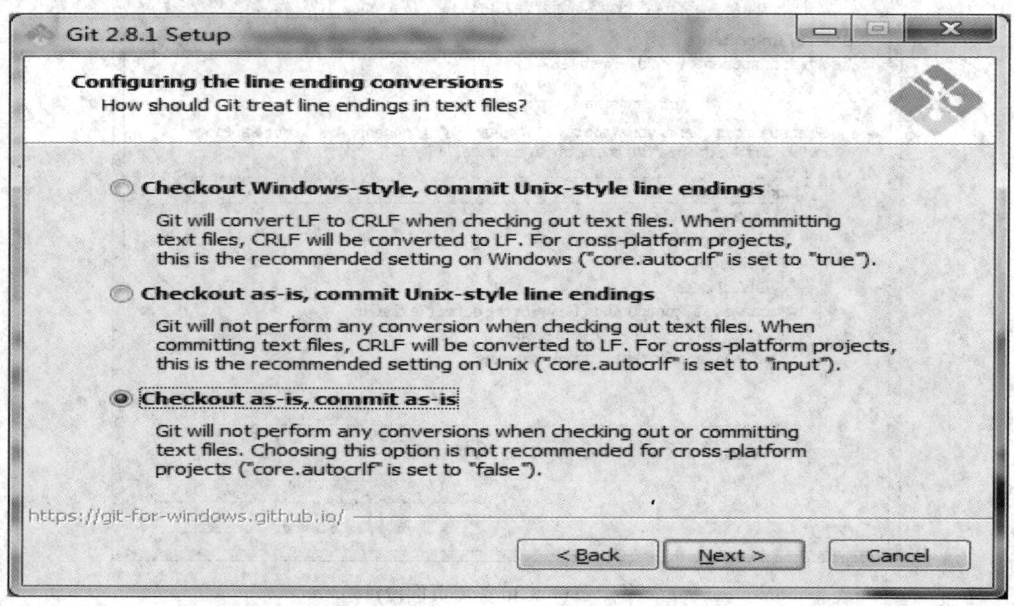

图 1-53　Git 安装页面(4)

(6) 选择完毕后点击“Next”按钮，进入如图 1-54 所示的页面，该页面的功能是选择所使用的终端：第一项是使用 MinTTY 虚拟终端，第二项是使用 Windows 的默认控制台。前者更方便直观，建议选择此项。点击“Next”按钮，然后点击“Install”按钮开始安装，最后点击“Finish”按钮完成安装。

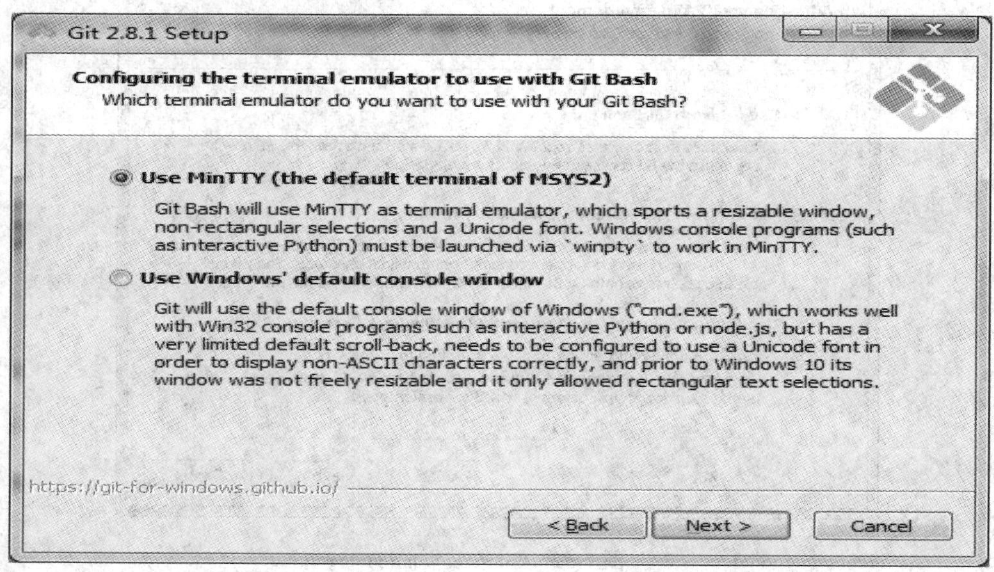

图 1-54　Git 安装页面(5)

2. Git 的常用命令介绍

1) 获取与创建仓库

仓库是 Git 保存的快照数据的地方。必须先拥有 Git 仓库，才能用它进行各种操作。拥有一个 Git 仓库的途径有两种：其一，在已有的目录中，初始化一个新的仓库，如一个新的或已存在的项目，但该项目尚未有版本控制。其二，若想复制一份别人的项目，或者与别人合作某个项目，则可从一个公开的 Git 仓库克隆。具体步骤如下：

(1) 创建新仓库。首先创建新文件夹，单击鼠标右键，选择“Git Bash Here”进入 Git 命令窗口，然后执行命令“git init”，当目录中有个“.git”的子目录时，则说明创建成功。

(2) 克隆仓库。执行命令“git clone [url]”，“[url]”为需要复制的仓库。即实现克隆一个 Git 仓库到本地，让自己能够查看或修改该仓库。

2) 配置本地用户和邮箱

我们需要设置一个用户名和邮箱，用来上传本地仓库到 GitHub 中，以便在 GitHub 中显示代码上传者。配置步骤如下：

(1) 设置用户名：

```
git config --global user.name "myname"
```

(2) 设置邮箱：

```
git config --global user.email "email@163.com"
```

3) 添加与提交

关于 Git 维护的一些概念：第一个是工作目录，它持有实际文件；第二个是缓存区(Index)，它临时保存用户的改动；最后是本地仓库的 HEAD，指向最近一次提交后的结果。

Git 的基本流程：添加需要追踪的新文件和待提交的改动至 Index 中；然后可使用命令查看有何改动，即状态；再提交至本地仓库的 HEAD 中，最后提交至远端仓库。

(1) 将计划改动的内容添加到缓存区，使用如下命令：

```
git add filename
git add *
```

(2) 查看文件在工作目录与缓存中的状态：

```
git status
```

(3) 查看文件已写入缓存与已修改但尚未写入缓存的改动的区别：

```
git diff
```

(3) 实际提交改动至 HEAD 中：

```
git commit -m "代码提交信息"
```

(4) 提交改动到远端仓库：

```
git push origin master
```

可以把 master 换成想要推送的任何分支。

4) 分支、更新与合并

分支是用来将特性开发分离开来的。在创建仓库时，master 是“默认的“主分支。使用过程：创建分支，然后切换到该分支，在该分支中提交改动等，之后可以方便地来回切换。当切换分支时，Git 会用该分支最后提交的改动替换用户的工作目录的内容，因此多个分支不需要多个目录。另外，可以合并分支。可以多次合并到同一分支，也可以选择在合并之后直接删除被并入的分支。

(1) 创建一个名为“feature_x“的分支，并切换至该分支：

```
git checkout -b feature_x
```

(2) 切换回主分支：

```
git checkout master
```

(3) 删除新建的分支：

```
git branch -d feature_x
```

(4) 将分支推送到远端仓库：

```
git push origin <branch>
```

(5) 更新本地仓库至最新改动，以在工作目录中获取并合并远端的改动。

```
git pull
```

(6) 合并其他分支到当前分支：

```
git merge <branch>
```

(7) 合并冲突。在两种情况下，Git 都会尝试自动合并改动。遗憾的是，自动合并有时可能导致冲突。此时则需要手动合并冲突，改动完之后，需要执行如下命令以将它们标记为合并成功：

```
git add <filename>
```

在合并改动之前，也可以使用如下命令查看变化：

```
git diff <source_branch> <target_branch>
```

(8) 给历史记录中的某处创建标签。创建一个称为 1.0.0 的标签：“git tag 1.0.0 1b2e1d63ff”。其中，1b2e1d63ff 是用户想要标记的提交 ID 的前 10 位字符。使用如下命令获取提交 ID：

```
git log
```

注意：在创建标签时，可以取更少的 ID 位数，但必须保证它是唯一的。

5) 替换本地改动

替换掉本地改动，即使用 HEAD 中的最新内容替换掉工作目录中的文件。已添加到缓存区的改动以及新文件，都不受影响。命令如下：

```
git checkout -- <filename>
```

假如用户想要丢弃所有本地改动与提交，可以到服务器上获取最新的版本并将本地主分支指向它。命令如下：

```
git fetch origin
git reset --hard origin/master
```

6) 其他命令

(1) 内建的图形化 Git：“gitk”。

(2) 彩色的 Git 输出：“git config color.ui true”。

(3) 显示历史记录时，只显示一行注释信息：“git config format.pretty oneline”。

(4) 交互地添加文件至缓存区：“git add –i”。

本章小结

本章首先介绍了Java EE的产生与发展过程、Java EE应用模型、常用技术、Java EE 7新特性以及Java EE 7应用服务器。然后对本书将要使用的开发环境(包括JDK 7、Eclipse IDE、Tomcat、MySQL)的安装进行了详细的介绍，而后对项目管理工具Maven以及分布式版本控制系统Git的安装与使用进行了详细的讲述，为后续章节的基于Java EE架构的软件开发打下了良好的基础。

习 题

1. Java EE架构中的应用模型有哪些？请简要进行介绍。
2. Java EE架构中的常用技术有哪些？请简要进行介绍。
3. Java EE 7架构中的新特性有哪些？请简要进行介绍。
4. 支持Java EE架构的服务器有哪些？请简要进行介绍。

第 2 章　Servlet 开发

2.1　Servlet 概述

“Servlet = Service + Applet”表示小服务程序，是使用 Java 语言编写的服务器端程序。它主要运行在服务器端，并由服务器调用执行，是一种按照 Servlet 标准开发的类。Servlet 是在 JSP 之前就存在的运行在服务器端的一种 Java 技术，它被广泛地应用于开发动态的 Web 应用程序。

Servlet 接收客户端浏览器发送过来的请求，为这些请求完成相应的处理、产生相应的响应结果并送回到客户端的浏览器上显示。

2.2　第一个 Servlet 实例

下面是一个简单的 Servlet 例子：

```
//完成该 Servlet 功能需要导入的 Java 类
import java.io.IOException;
import java.io.PrintWriter;
import javax.servlet.ServletException;
import javax.servlet.http.HttpServlet;
import javax.servlet.http.HttpServletRequest;
import javax.servlet.http.HttpServletResponse;
public class HelloWorldServlet extends HttpServlet {
//实现 doGet 方法
        protected void doGet(HttpServletRequest request, HttpServletResponse response) throws
 ServletException, IOException {
//让输出页面支持中文显示
        response.setContentType("text/html; charset = UTF-8");
//获得输出对象 out
            PrintWriter out = response.getWriter();
//向请求端输出 Hello World
            out.print("Hello World !");
    }
}
```

该示例实际上就是一个名为 HelloWorldServlet 的 Java 类，该类继承了 HttpServlet 类，实现了其中的 doGet()方法。

doGet()方法中定义了该 Servlet 完成的功能，即向 Web 页面输出“Hello World!”。该方法有两个参数：request 和 response。request 包含了调用这个 Servlet 时的输入信息，response 用来存放输出信息。

2.3 Servlet 工作原理

2.3.1 Servlet 的调用过程

Servlet 是运行在服务器端的 Java 应用程序，我们可以在客户端的浏览器中像访问 Web 页面一样对 Servlet 进行访问。

Servlet 的运行需要 Servlet 容器的支持，Servlet 容器即 Servlet 运行时所需的运行环境。Servlet 容器接收客户的 Servlet 调用请求，调用相应的 Servlet 并执行，然后把执行结果返回给客户。Servlet 容器一般由 Java Web Server 进行实现，市面上常见的 Java Web Server，如 Tomcat、JFox、WebLogic、Apusic、WildFly 等都提供了对 Servlet 的支持，可以作为 Servlet 容器。

Servlet 调用过程如图 2-1 所示。首先 Web 服务器在启动时会启动 Servlet 容器。用户通过浏览器向 Web 服务器发送 Servlet 访问请求，Web 服务器接到访问请求之后判断该请求如果为 Servlet 访问请求就将该请求发送给 Servlet 容器进行处理，Servlet 容器首先判断是否是第一次访问该 Servlet，如果是第一次访问就对 Servlet 进行加载、实例化和初始化等操作，并将 Servlet 实例添加到 Servlet 容器中，如果不是第一次访问，那么直接根据 Servlet 请求的方式调用 Servlet 实例的 doGet 或 doPost 方法完成 Servlet 功能，并将返回结果保存到 response 参数中交给 Servlet 容器进行处理。Servlet 容器将返回结果从 response 参数中提取出来交给 Web 服务器，Web 服务器将返回结果通过 HTTP 协议发回给请求的浏览器，最后浏览器对返回结果进行显示。

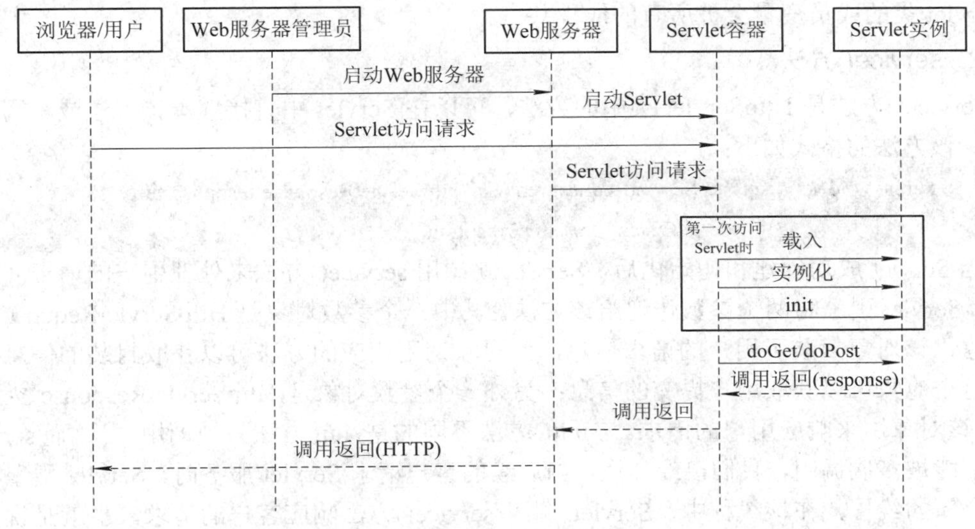

图 2-1　Servlet 调用过程

2.3.2 Servlet 的生命周期

学习过 Java 语言的人对 Java Applet 都很熟悉，一个 Java Applet 是 Java.applet.Applet 类的子类，该子类的对象由客户端的浏览器负责初始化和运行。Servlet 的运行机制和 Applet 类似，只不过它运行在服务器端。还有一个 Servlet 是 javax.servlet 包中 HttpServlet 类的子类，由支持 Servlet 的服务器完成该子类的对象，即 Servlet 的初始化。

Servlet 生命周期分为以下三个阶段：

(1) 初始化 Servlet。Servlet 第一次被请求加载时，服务器初始化这个 Servlet，即创建一个 Servlet 对象，该对象调用 init()方法进行初始化操作。

(2) 创建的 Servlet 对象调用 service()方法来响应客户请求。

(3) 当服务器关闭时，Servlet 对象调用 destroy()方法，销毁 Servlet 对象。

init()方法只被调用一次，即在 Servlet 第一次被请求加载时调用该方法。当后续客户请求 Servlet 服务时，Web 服务将启动一个新的线程，在该线程中，Servlet 调用 service()方法响应客户的请求，也就是说，每个客户的每次请求都导致 service()方法被调用执行。

1. init()方法

init()方法是 HttpServlet 类中的方法，我们可以在 Servlet 中重写这个方法。该方法的格式如下：

```
public void init(ServletConfig config) throws ServletException
```

Servlet 第一次被请求加载时，服务器初始化一个 Servlet，即创建一个 Servlet 对象，这个方法调用 init()方法完成初始化工作。该方法在执行时，Servlet 引擎会把一个 ServletConfig 类型的对象传递给 init()方法，这个对象就被保存在 Servlet 对象中，直到 Servlet 对象被销毁。这个 ServletConfig 对象负责向 Servlet 传递服务设置信息，如果传递失败就会发生 ServletException 类型的异常，Servlet 将不能正常工作。

我们已经知道，当多个客户请求一个 Servlet 时，引擎会为每个客户启动一次线程，那么 Servlet 类的成员变量会被所有的线程共享。

2. service()方法

service()方法是 HttpServlet 类中的方法，可以在 Servlet 中直接继承该方法或重写这个方法。该方法的格式如下：

```
public void service (HttpServletRequest request, HttpServletResponse response)throws
                    ServletException,   IOException
```

当 Servlet 成功创建和初始化后，Servlet 就调用 service()方法来处理用户的请求并返回响应。Servlet 引擎将两个参数传递给该方法，其中一个参数对象是 HttpServletRequest 类型的对象，该对象封装了用户的请求信息，此对象调用相应的方法可以获取封装的信息，即使用这个对象可以获取用户提交的信息；另外一个参数对象是 HttpServletResponse 类型的对象，该对象用来响应用户的请求。与 init()方法不同的是，init 方法只被调用一次，而 service()方法可能被多次调用，我们已经知道，当后续的客户请求 Servlet 服务时，Servlet 引擎将启动一个新的线程，在该线程中，Servlet 调用 service()方法响应客户的请求，也就是说，每个客户的每次请求都导致 service()方法被调用执行，调用过程运行在不同的线程中，互不干扰。

3．destroy()方法

destroy()方法是 HttpServlet 类中的方法。Servlet 可直接继承这个方法，一般不需要重写。该方法的格式如下：

```
public destroy( )
```

当 Servlet 引擎终止服务(如关闭服务器)时，destroy()方法会被执行，销毁 Servlet 对象。

2.4　使用 Eclipse 开发 Servlet

使用 Eclipse 开发 Servlet 的步骤是：在 Eclipse 中配置 Tomcat、创建工程、创建 Servlet 类、配置 Servlet 类、发布 Servlet 和调用 Servlet。

2.4.1　在 Eclipse 中配置 Tomcat

由于后续工程运行环境为 Tomcat 7.0，首先确保计算机已正确安装 Tomcat 7.0，然后在 Eclipse 中配置 Tomcat。

(1) 在 Eclipse 菜单栏中依次单击“Window”→“Preferences”，打开“Preferences”对话框，单击“Server”下的“Runtime Environment”，单击右方的“Add”按钮，如图 2-2 所示。

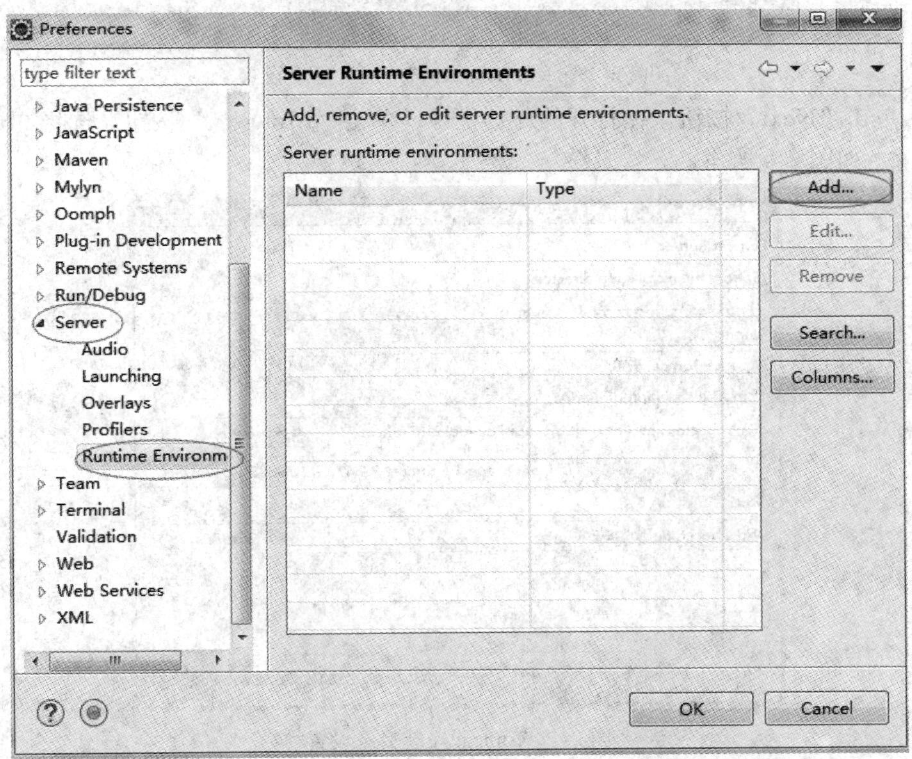

图 2-2　Server Runtime Environment 设置

(2) 打开“New Server Runtime Environment”对话框，选择已成功安装的“Apache Tomcat v7.0”版本，如图 2-3 所示。

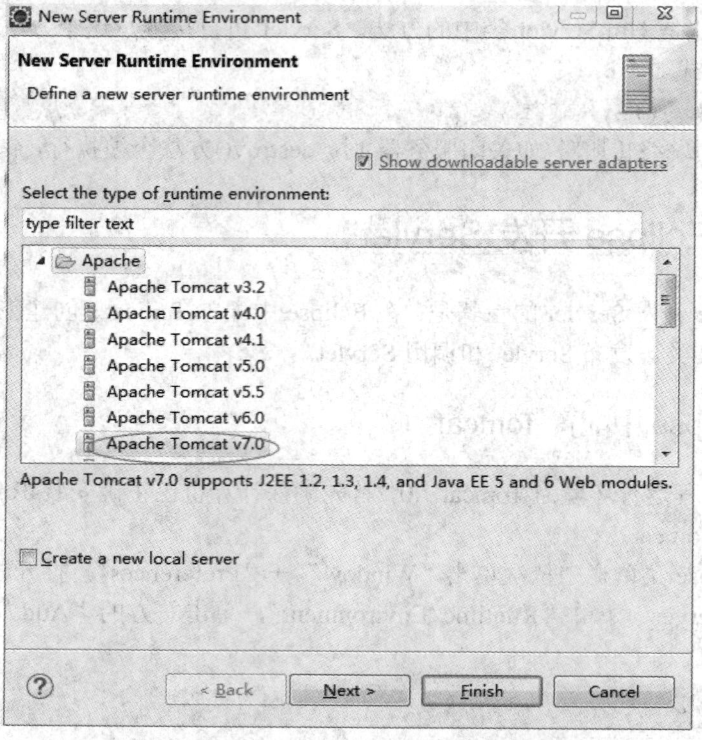

图 2-3　Apache Tomcat v7.0 运行环境设置

(3) 单击“Next”按钮，在打开的对话框中，单击“Browse...”按钮，选择 Tomcat 的安装目录，如图 2-4 所示。

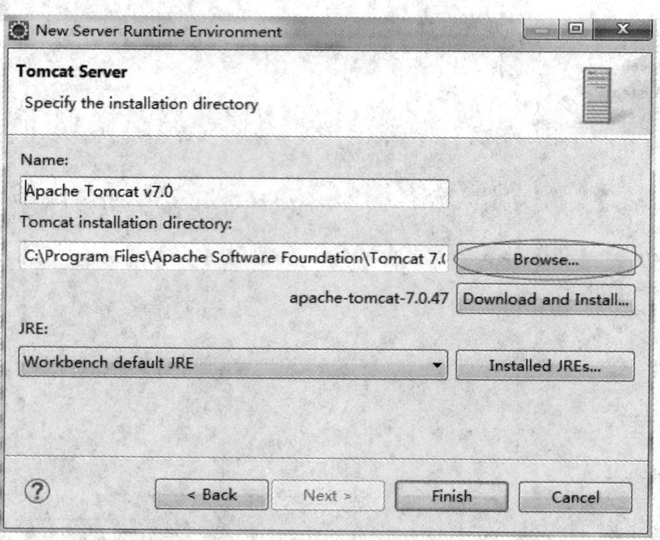

图 2-4　Tomcat 安装目录设置

(4) 单击“Finish”按钮，出现如图 2-5 所示的界面，单击“OK”按钮即可完成配置。

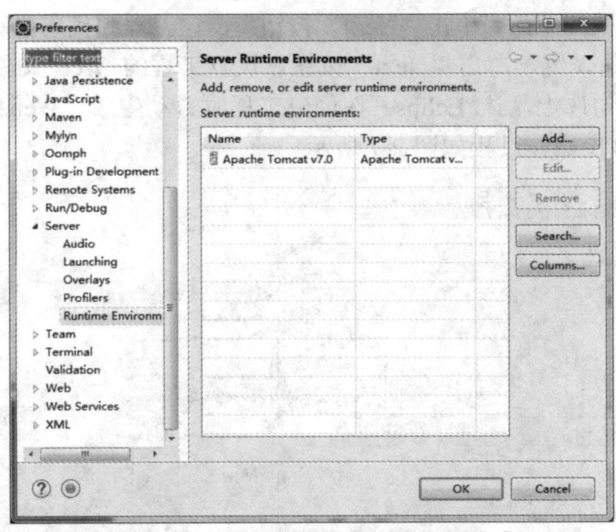

图 2-5　运行环境设置完成页面

2.4.2　创建工程

(1) 在 Eclipse 菜单栏中依次单击“File”→“New”→“Dynamic Web Project”，打开创建 Web 动态工程对话框。

(2) 接下来对工程参数进行配置，包括工程名称设置(“Project name”)、选择工程放置位置(“Project location”)、工程运行环境(“Target runtime”和“Configuration”)等。将工程名设置为“testServlet”，工程的存放路径使用默认的位置，默认位置是在 Eclipse 的 workspace 中创建的一个与工程名相同的文件夹，此文件夹用来存放工程代码，工程运行环境设置为“Apache Tomcat v7.0”，“Dynamic web module version”设置为“3.0”，如图 2-6 所示。

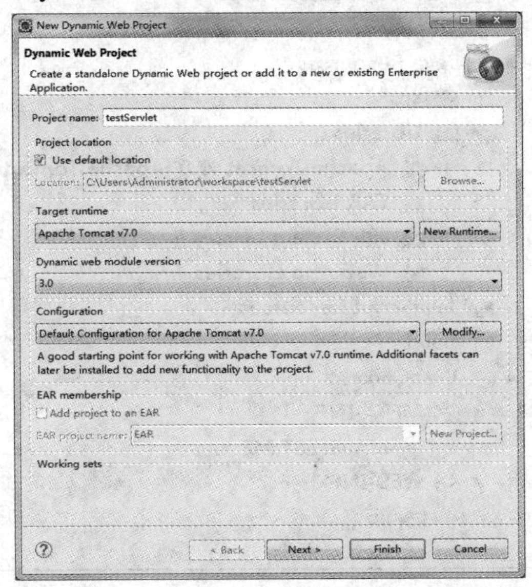

图 2-6　工程参数配置页面

(3) 完成工程参数配置后，单击“Next”按钮，设置工程源代码放置的文件夹，常采用 Eclipse 提供的默认值，继续单击“Next”按钮，设置工程的 Web 文件结构，通常将产生“Web.xml”的选项勾选上，让 Eclipse 在创建工程时自动生成“Web.xml”配置文件，其他采用默认方式。该步操作过程如图 2-7 所示。

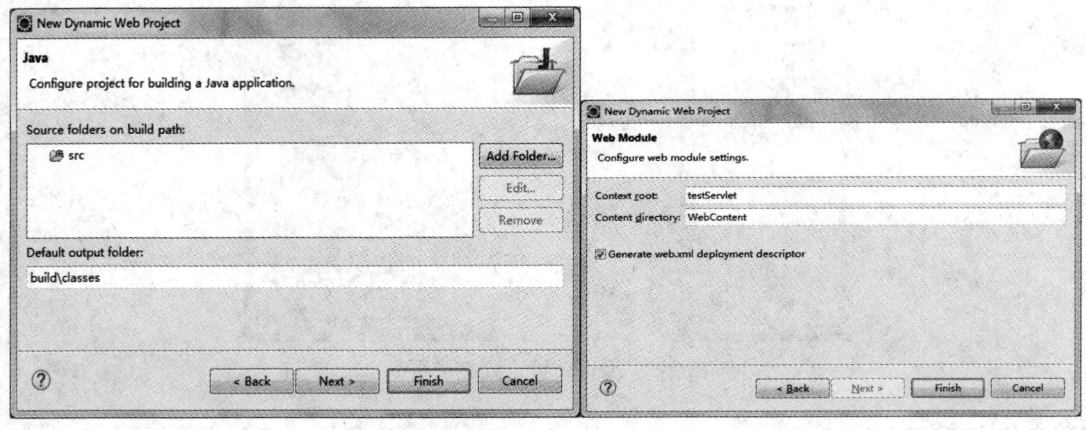

图 2-7　工程目录结构设置页面

(4) 最后单击“Finish”按钮，Eclipse 将创建工程，我们可以在 Project Explorer 视图中看到创建好的工程文件及其组织结构，如图 2-8 所示。Java Resources 目录下存放的是 Java 源代码(src 文件夹中)以及在编译 Java 源代码时需要用到的类库的引用说明(Libraries 目录下)，WebContent 文件夹中存放的是 Web 工程的所有配置文件、页面文件及资源文件。

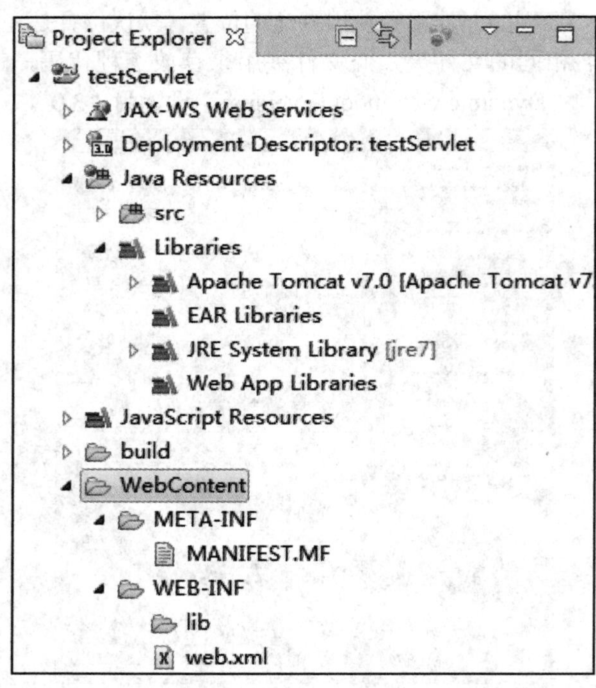

图 2-8　工程文件及其组织结构

2.4.3　创建 Servlet 类

在 Web 应用中，一般开发者定义的 Servlet 类都扩展 HttpServlet。HttpServlet 中最常用的是 doGet 和 doPost 方法，它们都有一个 HttpServletRequest 类型和 HttpServletResponse 类型的参数，前者封装客户端提交的请求，后者封装处理结果，并返回给客户端进行响应。doGet 方法用于处理 GET 类型的请求，这类请求一般在使用 Web 浏览器通过 HTML、JSP 直接访问 Servlet 的 URL 时出现。doPost 方法用于处理 POST 类型的请求，这类请求通常发生在提交表单的情况。

从 HttpServlet 派生的 Servlet 类需要在 doGet 或 doPost 方法中加入对客户端请求的响应处理逻辑，并将处理结果封装到 response 中返回给客户端进行显示。通常是在 src 目录中创建实现 Servlet 类的 Java 文件。下面是一个简单的 Servlet 类的示例。

```
FirstSimpleServlet.java
package testServlet;
import java.io.IOException;
import java.io.PrintWriter;
import javax.servlet.ServletException;
import javax.servlet.http.HttpServlet;
import javax.servlet.http.HttpServletRequest;
import javax.servlet.http.HttpServletResponse;

public class FirstSimpleServlet extends HttpServlet {
        public FirstSimpleServlet() {
                super();
        }
        // 处理 HTTP GET 类型的请求
        protected void doGet(HttpServletRequest req, HttpServletResponse resp) throws
 ServletException, IOException {
                // 设置输出页面支持中文显示
                resp.setContentType("text/html;charset = UTF-8");
                // 获得输出对象
                PrintWriter out = resp.getWriter();
                // 向请求端输出信息
                out.println("This is a simple servlet" + "<br>");
                // 显示请求是以 GET 方式还是 POST 方式提交的
                out.println(req.getMethod());
        }
        // 处理 HTTP POST 类型的请求
```

```
        protected void doPost(HttpServletRequest req, HttpServletResponse resp) throws
    ServletException, IOException {
            // 当收到 HTTP POST 类型的请求时，直接调用 doPost 方法进行相同的处理
            super.doPost(req, resp);
        }
    }
```

2.4.4 配置 Servlet 类

定义了 Servlet 类之后，还需要对其进行配置，使得 Servlet 容器发现并找到 Servlet 类，从而使其发挥作用。

通常使用 xml 文件配置 Servlet 类，其配置方法是在 WebContent 中 WEB-INF 文件夹下的“Web.xml”文件的<web-app>与</web-app>元素之间添加相应的内容。以配置上节中的 FirstSimpleServlet 类为例，其对应的配置文件代码如下：

```
<web-app>
    <display-name>testServlet</display-name>
    <!-- 说明 Servlet 类 -->
    <servlet>
        <!-- Servlet 类的别名 -->
        <servlet-name>FirstSimpleServlet</servlet-name>
        <!--Servlet 类的全名，包括所属的包名 -->
        <servlet-class>testServlet.FirstSimpleServlet</servlet-class>
    </servlet>
    <!-- 说明 Servlet 类与访问地址的映射 -->
    <servlet-mapping>
        <!-- Servlet 类的别名，该别名与<servlet>元素中定义的 Servlet 类的别名一致 -->
        <servlet-name>FirstSimpleServlet</servlet-name>
        <!--访问 Servlet 类的地址 -->
        <url-pattern>/myurl</url-pattern>
    </servlet-mapping>
</web-app>
```

2.4.5 发布 Servlet

Servlet 类编写和配置完成之后还需要将其发布到 Web 服务器上，Servlet 类的发布是与该 Servlet 类所在的 Web 应用一起进行的。其具体发布过程如下：

(1) 在 Eclipse 开发界面的工程视图中，右键单击 Servlet 类所在的工程名，选择“Run As→Run on Server”，如图 2-9 所示。或者直接在 Servers 视图上，单击如图 2-10 所示的链接。

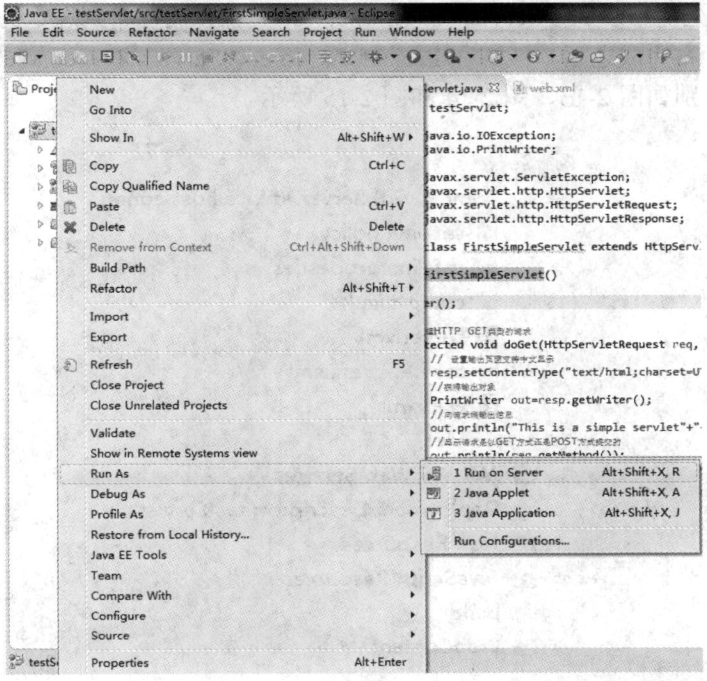

图 2-9　发布 Servlet 图 1

图 2-10　创建服务器

(2) 在弹出的“Run on Server”对话框中选择已配置的 Apache Tomcat v7.0 服务器，然后单击“Next”按钮，将 Servlet 类所在的工程添加到右侧的列表框中，最后单击“Finish”按钮。步骤显示分别如图 2-11 和图 2-12 所示。

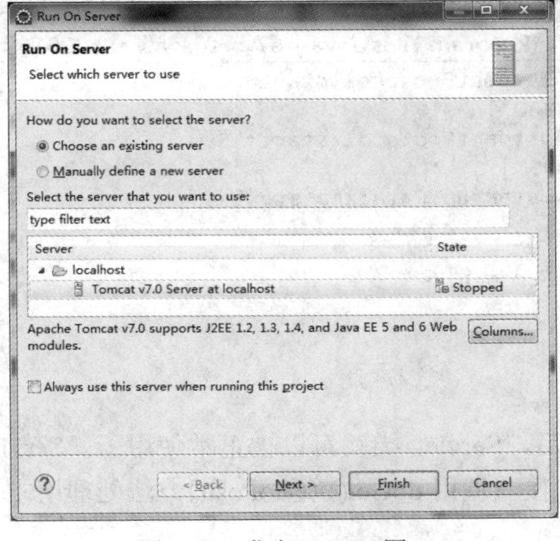

图 2-11　发布 Servlet 图 2

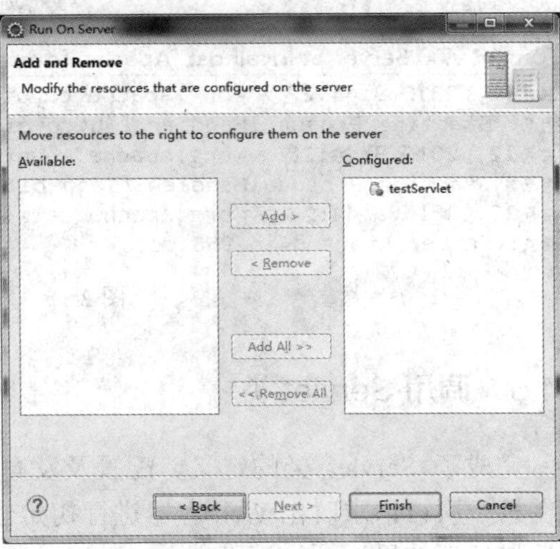

图 2-12　发布 Servlet 图 3

(3) 经过以上两个步骤，Servlet 工程和 Servlet 类就会被发布到选定的服务器上，等待用户的访问。发布完成之后，能够在 Project Explorer、Servers 和 Console 视图中看到发布成功的信息，分别如图 2-13、图 2-14 和图 2-15 所示。

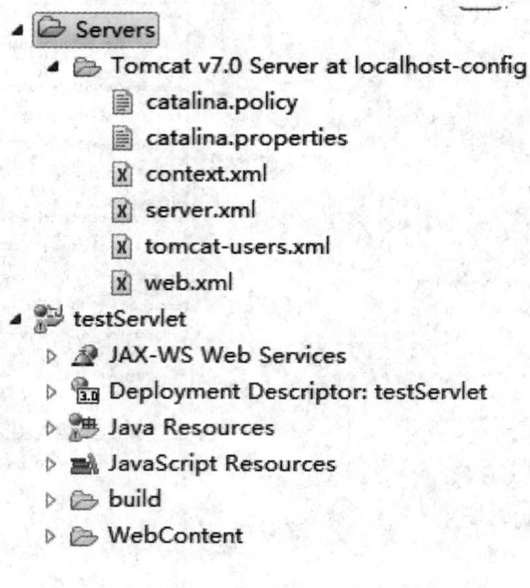

图 2-13　发布 Servlet 图 4

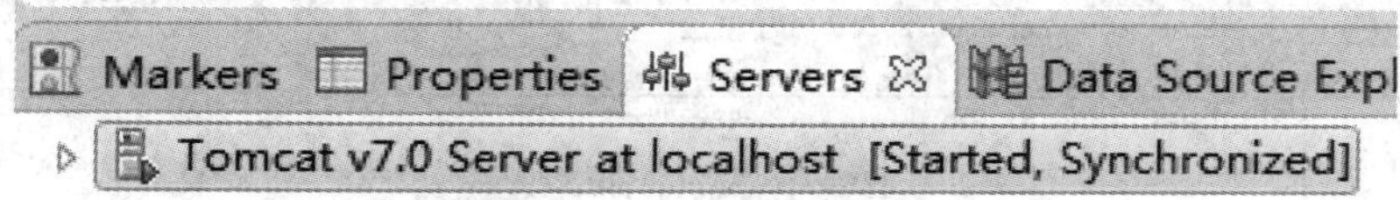

图 2-14　发布 Servlet 图 5

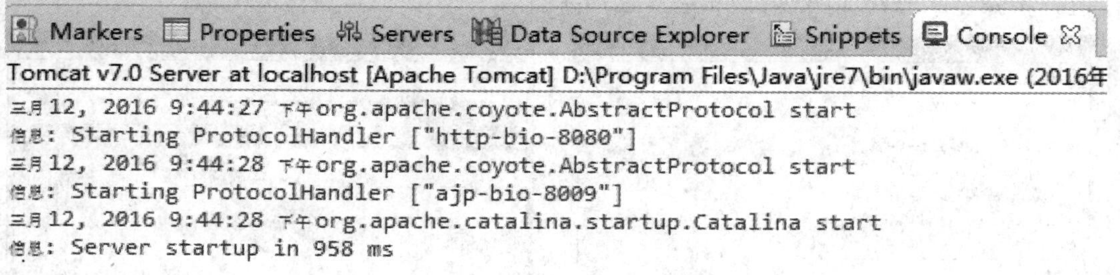

图 2-15　发布 Servlet 图 6

2.4.6　调用 Servlet 类

完成了 Servlet 类的定义、配置及发布之后，Servlet 类就可以被正常使用了。Servlet 类在第一次被请求时由 Web 容器进行初始化，接着调用 doGet()或 doPost()方法处理请求，最后将处理结果返回给请求端。

在浏览器地址栏中输入地址，即可调用 Servlet 类，如图 2-16 所示。

This is a simple servlet
GET

图 2-16　调用 FirstSimpleServlet 类

2.5　在 Servlet 中读取参数

2.5.1　设置参数

在“Web.xml”文件中，可以定义以下两种类型的参数：

(1) 设置全局参数，即 application 范围内的参数，该参数所有 Servlet 都可以访问，存放在 ServletContext 中，在“Web.xml”中配置如下：

```
<context-param>
    <param-name>参数名<param-name>
    <param-value>参数值<param-value>
</context-param>
```

注意：上述代码的位置必须在“Web.xml”文件的最上面。

(2) 设置局部参数，即 Servlet 范围内的参数，该参数仅在该 Servlet 中有效，并且只能在 Servlet 的 init()方法中取得，在“Web.xml”中配置如下：

```
<servlet>
    <servlet-name>Servlet 名称</servlet-name>
    <servlet-value>Servlet 类路径</servlet-value>
     <init-param>
         <param-name>参数名<param-name>
         <param-value>参数值<param-value>
     </init-param>
</servlet>
```

2.5.2　获取参数

针对以上两种类型参数的设置，对应以下两种获取参数的方法：

(1) 获取全局参数，方法如下：

```
ServletContext context = this.getServletContext();
context.getInitParameter("参数名");
```

(2) 获取局部参数，方法如下：

```
this.getInitParameter("参数名");
```

注意：此处的 this 是指 Servlet 本身。

下面是一个在 Servlet 中获取两种参数的例子：

```
import javax.servlet.ServletException;
import javax.servlet.http.HttpServlet;
public class MainServlet extends HttpServlet {
  public MainServlet() {
      super();
  }
  public void init() throws ServletException {
    System.out.println(this.getInitParameter("参数名"));                    //获取局部参数
    System.out.println(getServletContext().getInitParameter("参数名"));   //获取全局参数
  }
}
```

2.6　使用和配置过滤器 Filter

1．过滤器 Filter 简介

Servlet 过滤器是在 Java Servlet 规范 2.3 中定义的，它能够对 Servlet 容器的请求和响应对象进行检查和修改，主要对 Servlet、JSP 和 HTML 文件进行过滤。Filter 不是一个 Servlet，它本身并不生成请求和响应对象，它只提供过滤作用。Filter 主要用于对 HttpServletRequest 进行预处理，也可以对 HttpServletResponse 进行后处理。

过滤器的作用如下所述：

(1) 在 HttpServletRequest 到达 Servlet 之前，拦截客户的 HttpServletRequest。

(2) 根据需要检查 HttpServletRequest，也可以修改 HttpServletRequest 头和数据。

(3) 在 HttpServletResponse 到达客户端之前，拦截 HttpServletResponse。

(4) 根据需要检查 HttpServletResponse，可以修改 HttpServletResponse 头和数据。

Servlet 过滤器的过滤过程如图 2-17 所示。

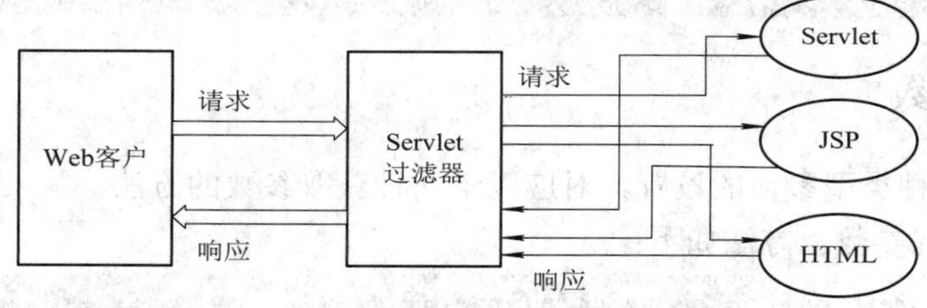

图 2-17　Servlet 过滤器的过滤过程

过滤器的处理过程是一个链式过滤过程，即多个过滤器组成一个链，依次处理，最后交给过滤器之后的资源。其中，链式过滤过程中也可以直接给出响应，即返回，而不是向后传递。

以下是一些需要过滤器的情况：

- 认证 Filter。
- 日志和审核 Filter。
- 图片转换 Filter。
- 数据压缩 Filter。
- 密码 Filter。
- 令牌 Filter。
- 触发资源访问事件的 Filter。
- XSLT Filter。
- 媒体类型链 Filter。

2. 过滤器的使用和配置

实现 Servlet 过滤器的功能，必须实现 javax.servlet.Filter 接口，该接口包含三个过滤器类必须实现的方法：

(1) init(FilterConfig cfg)方法，这是 Servlet 过滤器的初始化方法，其在 Filter 的生命周期中仅执行一次，即 Web 容器在调用 init 方法时执行。

(2) doFilter(ServletRequest req，ServletResponse res，FilterChain chain)，该方法完成实际的过滤操作，当请求访问过滤器关联的 URL 时，Servlet 容器将先调用过滤器的 doFilter 方法。其中，FilterChain 参数用于访问后续过滤器。

(3) destory()，Servlet 容器在销毁过滤器实例前调用该方法，该方法可释放 Servlet 过滤器占用的资源，其在 Filter 的生命周期中仅执行一次。

Servlet 过滤器的创建步骤如下：

(1) 实现 javax.servlet.Filter 接口的 Servlet 类。

(2) 实现 init 方法，读取过滤器的初始化函数。

(3) 实现 doFilter 方法，完成对请求或过滤的响应。

(4) 调用 FilterChain 接口对象的 doFilter 方法，向后续的过滤器传递请求或响应。

(5) 实现一个过滤器后，需要在“Web.xml”文件中对过滤器进行配置，即在“Web.xml”文件中使用<filter>和<filter-mapping>元素对编写的 Filter 类进行注册，并设置它所能拦截的资源。

下面是过滤器使用与配置的一个完整的例子。

编码过滤器：

```
public class EncodingFilter implements Filter {
    private String encoding;
    private Map<String, String> params = new HashMap<String, String>();
    // 实现 Filter 接口的 destroy 方法，项目结束时就已经进行销毁
    public void destroy() {
        System.out.println("end do the encoding filter!");
```

```
            params = null;
            encoding = null;
        }
        //实现 Filter 接口的 doFilter 方法
        public void doFilter(ServletRequest req, ServletResponse resp,
                FilterChain chain) throws IOException, ServletException {
                    System.out.println("before encoding " + encoding + " filter！ ");
            req.setCharacterEncoding(encoding);
            chain.doFilter(req, resp);
            System.out.println("after encoding " + encoding + " filter！ ");
            System.err.println("----------------------------------------");
        }

        // 实现 Filter 接口的 init 方法，项目启动时就已经进行读取
        public void init(FilterConfig config) throws ServletException {
            System.out.println("begin do the encoding filter!");
            encoding = config.getInitParameter("encoding");
            for (Enumeration e = config.getInitParameterNames(); e.hasMoreElements();)
            {
                String name = (String) e.nextElement();
                String value = config.getInitParameter(name);
                params.put(name, value);
            }
        }
    }
```

编码过滤器配置：

```
    <!-- 编码过滤器 -->
        <filter>
            <filter-name>setCharacterEncoding</filter-name>
            <filter-class>com.company.strutstudy.web.servletstudy.filter.EncodingFilter</filter-class>
            <init-param>
                <param-name>encoding</param-name>
                <param-value>utf-8</param-value>
            </init-param>
        </filter>
        <filter-mapping>
            <filter-name>setCharacterEncoding</filter-name>
            <url-pattern>/*</url-pattern>
        </filter-mapping>
```

其中：

(1) <filter-name>元素用于为过滤器指定一个名字，该元素的内容不能为空。

(2) <filter-class>元素用于指定过滤器的完整的限定类名。

(3) <init-param>元素用于为过滤器指定初始化参数，它的子元素<param-name>指定参数的名字，<param-value>指定参数的值。在过滤器中，可以使用 FilterConfig 接口对象来访问初始化参数。

(4) <filter-mapping>元素用于设置一个过滤器所负责拦截的资源。

2.7　使用和配置监听器 Listener

1. 监听器 Listener 简介

监听器就是一个实现特定接口的普通 Java 程序，这个程序专门用于监听另一个 Java 对象的方法调用或属性改变的情况，当被监听对象发生上述事件后，监听器的某个方法将立即被执行。

监听机制如下：

(1) Java 的事件监听机制涉及三个组件：事件源、事件监听器和事件对象。

(2) 当事件源上发生操作时，它将会调用事件监听器的一个方法，并在调用这个方法时，会传递事件对象过来。

(3) 事件监听器由开发人员编写，开发人员在事件监听器中，通过事件对象可以拿到事件源，从而对事件源上的操作进行处理。

在 Servlet 规范中定义了多种类型的监听器，它们用于监听的事件源分别为 ServletContext、HttpSession 和 ServletRequest 这三个域对象。Servlet 规范针对这三个对象上的操作，又把多种类型的监听器划分为以下三种类型：

- 监听三个域对象创建和销毁的事件监听器。
- 监听域对象中属性的增加和删除的事件监听器。
- 监听绑定到 HttpSession 域中的某个对象的状态的时间监听器。

对应以上三个事件源的监听器接口分别是 ServletContextAttributeListener、HttpSessionAttributeListener 和 ServletRequestAttributeListener，这三个接口中都定义了三个方法来处理被监听对象中的属性的增加、删除和替换的事件，同一个事件在这三个接口中对应的方法名称完全相同，只是接受的参数类型不同。表 2-1、表 2-2 和表 2-3 分别是 ServletContext、HttpSession 和 ServletRequest 事件的事件类型、实现接口和调用方法。

表 2-1　ServletContext 事件的事件类型、实现接口和调用方法

事件类型	实现接口	调用方法
Context 被创建	javax.servlet.ServletContextListener	contextInitialized()
Context 被注销	javax.servlet.ServletContextListener	contextDestroyed()
增加属性	javax.servlet.ServletContextAttributeListener	attributeAdded()
删除属性	javax.servlet.ServletContextAttributeListener	attributeRemoved()
属性被替换	javax.servlet.ServletContextAttributeListener	attributeReplaced()

表 2-2　HttpSession 事件的事件类型、实现接口和调用方法

事件类型	实现接口	调用方法
Session 激活	javax.servlet.http.HttpSessionListener	sessionCreated()
Session 删除	javax.servlet.http.HttpSessionListener	sessionDestroyed()
增加属性	javax.servlet.http.HttpSessionAttributeListener	attributeAdded()
删除属性	javax.servlet.http.HttpSessionAttributeListener	attributeRemoved()
属性被替换	javax.servlet.http.HttpSessionAttributeListener	attributeReplaced()

表 2-3　ServletRequest 事件的事件类型、实现接口和调用方法

事件类型	实现接口	调用方法
Request 初始化	javax.servlet.ServletRequestListener	requestInitialized()
Request 销毁	javax.servlet.ServletRequestListener	requestDestroyed()
增加属性	javax.servlet.ServletRequestAttributeListener	attributeAdded()
删除属性	javax.servlet.ServletRequestAttributeListener	attributeRemoved()
属性被替换	javax.servlet.ServletRequestAttributeListener	attributeReplaced()

2. 使用和配置监听器

定义监听器类的步骤如下：

(1) 创建新的类并实现事件对应的接口。

(2) 定义不接受参数、访问属性为 public 的构造函数。

(3) 实现接口的方法。

(4) 编译并拷贝到对应 Web 应用的“WEB-INF/classes”目录下，或者打包成 jar 文件(jar 包)拷贝到“WEB-INF/lib”目录下。

下面是监控 Session 创建和销毁的示例代码：

```
import javax.servlet.http.HttpSessionEvent;
import javax.servlet.http.HttpSessionListener;
import com.puckasoft.video.util.InfoWebService;
public class TestSessionListener implements
HttpSessionListener {
public void sessionCreated(HttpSessionEvent arg0) {
System.out.println("系统创建了一个 HttpSession 对象");
InfoWebService.addSessionNum();
}
public void sessionDestroyed(HttpSessionEvent arg0) {
// TODO Auto-generated method stub
System.out.println("系统销毁了一个 HttpSession 对象");
InfoWebService.decreaseSessionNum();
}}
```

注意：

(1) 属性监听器中可以通过 event.getName()和 event.getValue()方法获得所创建属性的名称和属性值。

(2) 在使用监听器时，不仅需要配置“Web.xml”，还需要在使用监听器的页面里添加：

```
<%@ page language = "java" import = "java.util.*,com.suppervideo.listener.UserAttrList
ener,com.suppervideo.listener.UserListener" pageEncoding = "gbk"%>内容;
```

定义完一个监听器类后，下一步就需要配置监听器。配置监听器的步骤如下：

(1) 打开 Web 应用的部署描述文件“Web.xml”。

(2) 增加事件声明标记<listener>。事件声明定义的事件监听器类在事件发生时被调用。<listener>标记必须在<filter>标记和<servlet>标记之间。可以为每种事件定义多个事件监听类，Apusic 应用服务器按照它们在部署描述文件中声明的顺序调用。例如：

```
<listener>
<listener-class>
com.puckasoft.video.servlet.TestSessionListener
</listener-class>
</listener>
```

2.8　Servlet 开发实例

下面给出一个使用 Servlet 访问数据库的实例。

1. Servlet 访问数据库过程

该实例使用 JDBC 提供的接口来完成数据库的连接以及数据库的相关操作，具体实现过程如下：

首先建立与数据库的连接，由数据库驱动类(com.mysql.jdbc.Driver)和数据库驱动管理类(java.sql.DriverManager)来完成。因此，在编程开发之前，开发者需要下载所用数据库的数据驱动 jar 包，并将其放到项目的“WEB-INF/lib”目录下。然后根据数据库驱动的名字创建数据库驱动类的对象，并配置好数据库的地址、用户名和密码。最后使用 DriverManager 的 getConnection 方法建立并获得数据库连接。

在获得数据库连接之后，开发者就能通过 JDBC 提供的接口来完成数据库的存取操作了。其中，常用到的类有 Connection 类、Statement 类和 ResultSet 类。Connection 类用于数据库的连接，获得该类的对象；Statement 类封装了使用 SQL 语句访问数据库的方法，该类的对象是通过调用 Connection 类的 createStatement 方法获得的，该类提供了三个执行 SQL 语句的方法：executeQuery()、executeUpdate()和 execute()；ResultSet 类用于保存 SQL 查询返回的结果集。

2. 数据库设计

该实例使用 MYSQL 数据库，数据库名为“servlet”，用户名为“root”，密码为“123456”。该库有学生基本信息表 student，其表结构如图 2-18 所示。

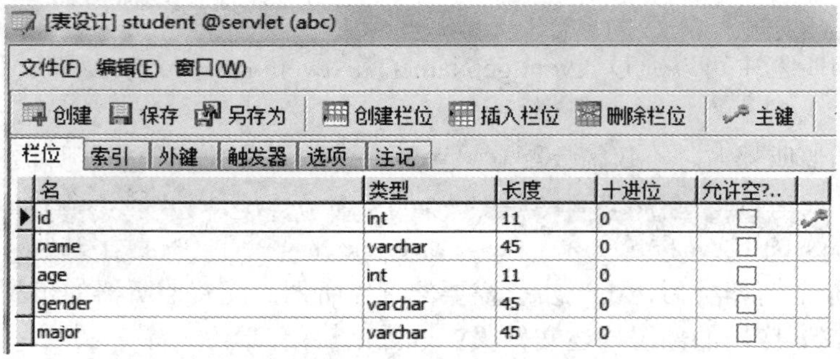

[表设计] student @servlet (abc)

文件(F)　编辑(E)　窗口(W)

创建　保存　另存为　创建栏位　插入栏位　删除栏位　主键

栏位　索引　外键　触发器　选项　注记

名	类型	长度	十进位	允许空?..
id	int	11	0	☐
name	varchar	45	0	☐
age	int	11	0	☐
gender	varchar	45	0	☐
major	varchar	45	0	☐

图 2-18　学生基本信息表结构

3. 文件组织

该实例主要包含五个文件，分别是 index.html、DataBaseMethods.java、PageDisplay.java、Student.java 和 Web.xml。index.html 为主页面，用于学生信息的查询和添加记录界面的显示；DataBaseMethods.java 将数据库基本的增、删、改、查操作分别封装在 insert()、delete()、update()和 select()方法中；PageDisplay.java 为 Servlet 类，调用 DataBaseMethods 类中的方法实现对数据库的增、删、改、查操作，查询与添加记录后的界面显示以及删除与修改记录的界面显示；Student.java 为学生实体类；“Web.xml”包含了对 Servlet 类 PageDisplay 的配置信息。

1) index.html

```
<!DOCTYPE html>
<html>
<head>
<meta charset = "UTF-8">
<title>Insert title here</title>
</head>
<body>
    数据库操作:
    <br>
    <table frame = "border" bordercolor = "black" style = "width: 500px;">
        <tr valign = "top">
            <td style = "border: 1px solid black;">
                <form action = "/ServletTest/PageDisplay?op = 3" method = "post"
                  target = "workspace">
                  查询学生记录:<br> 学号：<input type = "text" name = "id"> 姓名：<input
                        type = "text" name = "name"><br> <input type = "submit"
                        name = "search" value = "查询" align = "middle">
                </form>
            </td>
        </tr>
```

```
            <tr valign = "top">
                <td style = "width: 431px; border: 1px solid black;">
                    <form action = "/ServletTest/PageDisplay?op = 0" method = "post"
                      target = "workspace">
                      添加学生记录:<br> 学号: <input type = "text" name = "id"> 姓名：<input
                              type="text" name = "name"><br> 年龄：<input type = "text"
                              name = "age"> 性别: <input type = "text" name = "gender"><br>
                      专业: <input type = "text" name = "major"><br> <input
                              type = "submit" name = "add" value = "添加">
                    </form>
                </td>
            </tr>
        </table>
    </body>
    </html>
```

2) DataBaseMethods.java

```
    package com;
    import java.sql.*;
    import java.util.*;
    public class DataBaseMethods {
        // 数据库连接变量，用来存储建立的数据库连接
        Connection conn = null;

        // 构造函数
        public DataBaseMethods() {
            init();
        }
        // 初始化方法，在其中建立数据库连接，详见 JDBC 相关内容
        public void init() {
            try {
                // 数据库驱动
                Class.forName("com.mysql.jdbc.Driver");
                // 数据库路径
                String url = "jdbc:mysql://localhost:3306/servlet";
                String user = "root"; // 数据库用户名
                String password = "123456"; // 数据库密码
                // 建立并获得数据库连接
                conn = DriverManager.getConnection(url, user, password);
            } catch (SQLException | ClassNotFoundException e) {
```

```
                // TODO Auto-generated catch block
                e.printStackTrace();
            }
        }
        // 数据库插入方法，输入参数为学生对象，对象属性包含了所有需要的学生信息
        public void insert(Student st) {
            try {
                // 从 Student 类的实例中获得各个学生信息
                int id = st.getId();
                String name = st.getName();
                int age = st.getAge();
                String gender = st.getGender();
                String major = st.getMajor();
                // 创建插入数据库的 SQL 语句
                String sql = "insert into student(id,name,age,gender,major)" + " values(" + id + ",'"
+ name + "'," + age      + ",'" + gender + "','" + major + "');";
                // 执行数据库操作
                Statement stat = null;
                stat = conn.createStatement();
                stat.executeUpdate(sql);
                if (stat != null) {
                    stat.close();
                }
            } catch (SQLException e) {
                // TODO Auto-generated catch block
                e.printStackTrace();
            }
        }
        // 数据库删除方法，输入参数为需删除的学生的学号
        public void delete(String id) {
            try {
                Statement stat = null;
                stat = conn.createStatement();
                String sql = "delete from student where id = " + id;
                stat.executeUpdate(sql);
                if (stat != null) {
                    stat.close();
                }
            } catch (SQLException e) {
```

```
                // TODO Auto-generated catch block
                e.printStackTrace();
            }
        }
        // 数据库更新操作，输入参数为更新信息之后的学生对象
        public void update(Student st) {
            try {
                // 从 Student 类的实例中获得各个学生信息
                int id = st.getId();
                String name = st.getName();
                int age = st.getAge();
                String gender = st.getGender();
                String major = st.getMajor();
                // 创建更新数据库的 SQL 语句
                String sql = "update student set id = " + id + ",name = '" + name + "', age = " + age +
                  ",gender = '" + gender+ "', major = '" + major + "' where id = " + id + "";
                // 执行数据库操作
                Statement stat = null;
                stat = conn.createStatement();
                stat.executeUpdate(sql);
                if (stat != null) {
                    stat.close();
                }
            } catch (SQLException e) {
                // TODO Auto-generated catch block
                e.printStackTrace();
            }
        }
        // 数据库查询操作
        // 输入查询条件为学号和姓名
        // 输出查询结果为查询到的所有学生对象的集合
        public Set<Student> selectStudents(String id, String name) {
            try {
                Statement stat = null;
                ResultSet rs = null;
                stat = conn.createStatement();
                Set<Student> sts = new HashSet<Student>();
                if (id == null)
                    id = "";
```

```
        if (name == null)
            name = "";
        if (id == "" && name == "") {// 如果学号和姓名都为空，查询所有学生
            rs = stat.executeQuery("select * from student");
        }
        if (id != "" && name == "") {
        // 如果学号不为空并且姓名为空，按学号查询学生
            rs = stat.executeQuery("select * from student where id = " + id + "");
        }
        if (id == "" && name != "") {
      // 如果学号为空并且姓名不为空，按姓名查询学生
            rs = stat.executeQuery("select * from student where name = '" + name + "'");
        }
        if (id != "" && name != "") {
      // 如果学号和姓名都不为空，按学号和姓名同时匹配查询
          rs = stat.executeQuery("select * from student where id = " + id + " and name='"
                + name + "'");
        }
        // 遍历查询结果，依次读取每个学生的信息，创建 Student 类型的对象
        // 并将这些学生对象添加的集合中
        while (rs.next()) {
            Student st = new Student();
            st.setId(rs.getInt("id"));
            st.setName(rs.getString("name"));
            st.setAge(rs.getInt("age"));
            st.setGender(rs.getString("gender"));
            st.setMajor(rs.getString("major"));
            sts.add(st);
        }
        if (rs != null) {
            rs.close();
        }
        if (stat != null) {
            stat.close();
        }
        // 返回查询到的所有学生的集合
        return sts;
    } catch (SQLException e) {
        // TODO Auto-generated catch block
```

```
                e.printStackTrace();
            }
            return null;
        }
    }
```

3) PageDisplay.java

```
package com;
import java.util.regex.Pattern;
import java.util.regex.Matcher;
import java.io.IOException;
import java.sql.SQLException;
import java.util.ArrayList;
import java.util.Iterator;
import java.util.List;
import java.util.Set;
import javax.swing.JOptionPane;
import javax.servlet.ServletException;
import javax.servlet.http.HttpServlet;
import javax.servlet.http.HttpServletRequest;
import javax.servlet.http.HttpServletResponse;
public class PageDisplay extends HttpServlet {
    private static final long serialVersionUID = 1L;

    public PageDisplay() {
        super();
        // TODO Auto-generated constructor stub
    }
    protected void doGet(HttpServletRequest request, HttpServletResponse response)
            throws ServletException, IOException {
        this.doPost(request, response);
    }
    protected void doPost(HttpServletRequest request, HttpServletResponse response)
            throws ServletException, IOException {
        request.setCharacterEncoding("UTF-8");
        response.setCharacterEncoding("UTF-8");
        String op = request.getParameter("op");
        int method = Integer.parseInt(op);
        try {
            if (method == 0)
```

```
                insert(request, response);
            else if (method == 1)
                delete(request, response);
            else if (method == 2)
                update(request, response);
            else if (method == 3)
                select(request, response);
            else
                add(request, response);
        } catch (ClassNotFoundException e) {
            // TODO Auto-generated catch block
            e.printStackTrace();
        } catch (SQLException e) {
            // TODO Auto-generated catch block
            e.printStackTrace();
        }
    }
    // 插入方法
    public void insert(HttpServletRequest request, HttpServletResponse response) {
        try {

            String id = request.getParameter("id");
            String name = request.getParameter("name");
            String age = request.getParameter("age");
            String gender = request.getParameter("gender");
            String major = request.getParameter("major");
            if (id.equals("") || age.equals("")) {
                JOptionPane.showMessageDialog(null, "学号和年龄不能为空，且必须为整
                    数！");
                response.sendRedirect("index.html");

            } else if (isNumber(age) == false) {
                JOptionPane.showMessageDialog(null, "年龄必须为整数，请重新输入！");
                response.sendRedirect("index.html");
            }
            else {
                Student st = new Student();
                st.setId(Integer.parseInt(id));
                st.setName(name);
```

```
                    st.setAge(Integer.parseInt(age));
                    st.setGender(gender);
                    st.setMajor(major);
                    DataBaseMethods dbmeth = new DataBaseMethods();
                    dbmeth.insert(st);

                    response.sendRedirect("/ServletTest/PageDisplay?op=3");
                }
            } catch (IOException e) {
                // TODO Auto-generated catch block
                e.printStackTrace();
            }}
    // 信息删除方法
    public void delete(HttpServletRequest request, HttpServletResponse response)
                throws ClassNotFoundException, SQLException, ServletException, IOException {

            String id = request.getParameter("id");
            DataBaseMethods dbmeth = new DataBaseMethods();
            dbmeth.delete(id);
            response.sendRedirect("/ServletTest/PageDisplay?op = 3");
    }
    // 信息修改方法
    public void update(HttpServletRequest request, HttpServletResponse response)
                throws ClassNotFoundException, SQLException, ServletException, IOException {
            String id = request.getParameter("id");
            String name = request.getParameter("name");
            String age = request.getParameter("age");
            String gender = request.getParameter("gender");
            String major = request.getParameter("major");
            Student st = new Student();
            st.setId(Integer.parseInt(id));
            st.setName(name);
            st.setAge(Integer.parseInt(age));
            st.setGender(gender);
            st.setMajor(major);
            DataBaseMethods dbmeth = new DataBaseMethods();
            dbmeth.update(st);
            response.sendRedirect("/ServletTest/PageDisplay?op=3");
    }
```

```
    // 查询方法
    public void select(HttpServletRequest request, HttpServletResponse response)
            throws ClassNotFoundException, SQLException, IOException {
        List<String> result = new ArrayList<String>();
        String id = request.getParameter("id");
        String name = request.getParameter("name");
        if (id == null)
            id = "";
        if (name == null)
            name = "";
        DataBaseMethods dbmeth = new DataBaseMethods();
        Set<Student> sts = dbmeth.selectStudents(id, name);
        String str = "";
        str = "<table frame = \"border\" bordercolor = \"black\" style = \"width: 600px; \" >        ";
        result.add(str);
        str = "<tr><td style = \"border:1px solid black;\">学号</td><td style = \"border:1px solid
black;\">姓名</td><td style = \"border:1px solid black;\">年龄</td><td style = \"border:1px solid
black;\">性别</td><td style = \"border:1px solid black;\">专业</td><td style = \"border:1px solid
black;\">操作</td></tr>";
        result.add(str);
    Iterator<Student> it = sts.iterator();
        while (it.hasNext()) {
            Student st = it.next();
        str = "<tr>";
            str = str + "<td style = \"border:1px solid black;\">" + st.getId() + "</td>";
            str = str + "<td style = \"border:1px solid black;\">" + st.getName() + "</td>";
            str = str + "<td style = \"border:1px solid black;\">" + st.getAge() + "</td>";
            str = str + "<td style = \"border:1px solid black;\">" + st.getGender() + "</td>";
            str = str + "<td style = \"border:1px solid black;\">" + st.getMajor() + "</td>";
            str = str + "<td style = \"border:1px solid black;\">" + "<a href = 'PageDisplay?op =
1&id = " + st.getId()
                    + "'>  删除</a>" + "    " + "<a href = 'Page
Display?op = 4&id = " + st.getId()
                    + "'>  修改</a>" + "</td>";
            str = str + "</tr>";
            result.add(str);
        }
    str = "</table>" + "<BR>" + "<a href = 'index.html'> 返回主页面</a>";
        result.add(str);
```

```
        OutPut.outputToClient(result, response);
    }

    // 查询方法
    public void add(HttpServletRequest request, HttpServletResponse response)
            throws ClassNotFoundException, SQLException, IOException {
        List<String> result = new ArrayList<String>();
        String id = request.getParameter("id");
        DataBaseMethods dbmeth = new DataBaseMethods();
        Set<Student> sts = dbmeth.selectStudents(id, "");
        Iterator<Student> it = sts.iterator();

        String str = "<form action = '/ServletTest/PageDisplay?op = 2' method = 'post'
target = 'workspace'>";
        result.add(str);
        while (it.hasNext()) {
            Student st = it.next();
            str = "学号：<input type = 'text' name = 'id' value = '" + st.getId() + "'><br>"
            + "姓名：<input type = 'text' name = 'name' value = '" + st.getName() + "'><br>"
            + "年龄：<input type = 'text' name = 'age' value = '" + st.getAge() + "'><br>"
            + "性别：<input type = 'text' name = 'gender' value = '" + st.getGender() + "'><br>"
            + "专业：<input type = 'text' name = 'major' value = '" + st.getMajor() + "'><br>";
            result.add(str);
        }
        str = "<input type = 'submit' name = 'modify' value = '修改'> <br>"
                + "<a  href = \"/ServletTest/PageDisplay?op = 3\"  target = \"workspace\">
返回查询结果页面</a>" + "</form>";
        result.add(str);
        OutPut.outputToClient(result, response);
    }
    public boolean isNumber(String str) {
        java.util.regex.Pattern pattern = java.util.regex.Pattern.compile("[0-9]*");
        java.util.regex.Matcher match = pattern.matcher(str);
        if (match.matches() == false) {
            return false;
        } else {
            return true;
        }
```

```
        }
    }
```

4) Student.java

```java
package com;
public class Student {
    int id;
    String name;
    int age;
    String gender;
    String major;
    public int getId() {
        return id;
    }
    public void setId(int id) {
        this.id = id;
    }

    public String getName() {
        return name;
    }
    public void setName(String name) {
        this.name = name;
    }
    public int getAge() {
        return age;
    }
    public void setAge(int age) {
        this.age = age;
    }
    public String getGender() {
        return gender;
    }
    public void setGender(String gender) {
        this.gender = gender;
    }
    public String getMajor() {
        return major;
    }
```

```
        public void setMajor(String major) {
            this.major = major;
        }
    }
```

5) Web.xml

```
<?xml version = "1.0" encoding = "UTF-8"?>
<web-app xmlns:xsi = "http://www.w3.org/2001/XMLSchema-instance"
  xmlns = "http://java.sun.com/xml/ns/javaee"
  xsi:schemaLocation = "http://java.sun.com/xml/ns/javaee http://java.sun.com/xml/ns/javaee/web-
app_3_0.xsd"
    id = "WebApp_ID" version = "3.0">
    <display-name>ServletTest</display-name>
    <!--  说明 Servlet 类  -->
    <servlet>
        <!-- Servlet 类的别名  -->
        <servlet-name>a</servlet-name>
        <!--Servlet 类的全名，包括所属的包名  -->
        <servlet-class>com.PageDisplay</servlet-class>
    </servlet>
    <!--  说明 Servlet 类与访问地址的映射  -->
    <servlet-mapping>
        <!-- Servlet 类的别名，该别名与<servlet>元素中定义的 Servlet 类的别名一致  -->
        <servlet-name>a</servlet-name>
        <!--访问 Servlet 类的地址  -->
        <url-pattern>/PageDisplay</url-pattern>
    </servlet-mapping>
</web-app>
```

运行结果分别如图 2-19、图 2-20 和图 2-21 所示。

数据库操作：

查询学生记录：			
学号：		姓名：	
查询			

添加学生记录：			
学号：		姓名：	
年龄：		性别：	
专业：			
添加			

图 2-19　查询与添加记录界面

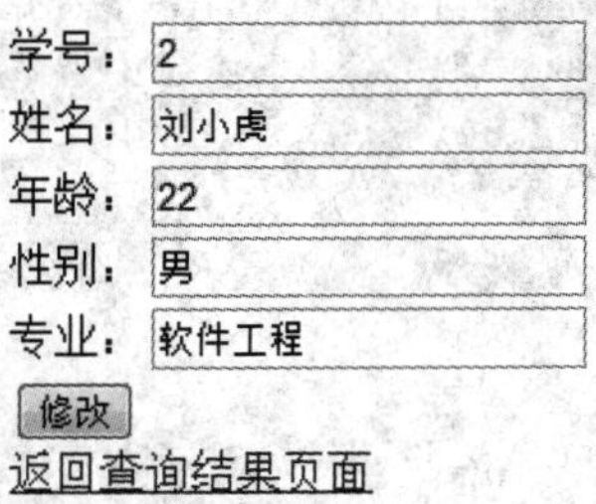

学号：2
姓名：刘小虎
年龄：22
性别：男
专业：软件工程
修改
返回查询结果页面

图 2-20　修改记录界面

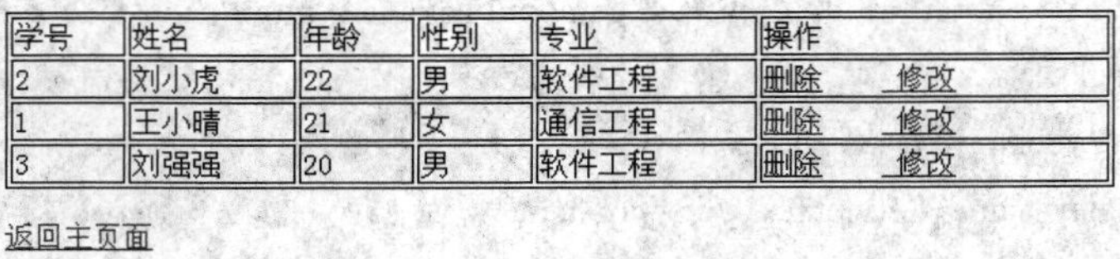

学号	姓名	年龄	性别	专业	操作
2	刘小虎	22	男	软件工程	删除　修改
1	王小晴	21	女	通信工程	删除　修改
3	刘强强	20	男	软件工程	删除　修改

返回主页面

图 2-21　查询结果显示界面

本 章 小 结

本章首先通过一个输出“Hello World !”的简单例子，对 Servlet 程序进行展示，说明了 Servlet 程序的基本构成，即继承 HttpServlet 类，实现 doGet 或 doPost 方法。然后通过对 Servlet 的调用过程和 Servlet 的生命周期的描述，揭示了 Servlet 的工作原理。接着详细地介绍了使用 Eclipse 开发工具开发 Servlet 应用的全过程。同时介绍了在 Servlet 中读取参数的方法。而后讲述了如何使用和配置过滤器 Filter 与监听器 Listener。最后给出了一个关于数据库访问的 Servlet 开发实例。

习　　题

1. Servlet 程序的基本构成是什么？
2. Servlet 在调用时涉及哪些模块或类？它们之间的调用关系是怎样的？
3. Servlet 类的实例由谁创建和销毁？
4. 在同一个服务器的同一个应用中，同一个 Servlet 类存在多个实例吗？
5. HttpServletRequest 接口和 HttpServletResponse 接口的作用分别是什么？
6. 过滤器 Filter 有何作用？
7. 如何定义监听器类？
8. 使用 Servlet 编写一个登录验证的 Web 应用程序。

第 3 章　JSP 程序开发

3.1　JSP 概述

JSP 是 Java Server Page 的缩写，是 Sun 公司倡导、许多公司参与一起建立的一种动态网页技术标准。JSP 技术是在传统的网页 HTML 文件(*.htm 和*.html)中嵌入 Java 程序段和 JSP 标签，从而形成 JSP 文件。用 JSP 开发的 Web 应用是跨平台的，能在 Windows、Linux、Mac、Solaris 等操作系统上运行。JSP 与 Servlet 一样，是在服务器端执行的，通常返回给客户端的就是一个 HTML 文本。Web 服务器在遇到访问 JSP 网页的请求时，首先执行其中的程序段，然后将执行结果连同 JSP 文件中的 HTML 代码一起返回给客户端。嵌入的 Java 程序段可以操作数据库、重新定向网页等，以实现建立动态网页所需要的功能。

JSP 在众多的动态网页开发技术中凭借其独特的优势得到了开发者的青睐，其主要特点如下：

(1)　JSP 支持在 HTML 中嵌入 Java 代码，使得 JSP 继承了 Java 的特性，Java 语言能够实现很多的功能并且具有丰富的类库资源，极大地扩展了 JSP 的能力。

(2)　JSP 能够与 JavaBean 很好地集成在一起，通过 JavaBean 进行逻辑封装，实现逻辑功能代码的重用，从而提高系统的开发效率和系统的可重用性。

(3)　JSP 具有预编译功能。即在用户第一次通过浏览器访问 JSP 页面时，服务器将对 JSP 页面代码进行编译，并且仅执行一次编译。编译好的代码将被保存，在用户下一次访问时，直接执行编译好的代码。这样不仅节约了服务器的 CPU 资源，还大大提升了客户端的访问速度。

(4)　JSP 继承了 Java Servlet 的功能。Servlet 是 JSP 出现之前的主要 Java Web 处理技术。它接受用户请求，在 Servlet 类中编写所有 Java 和 HTML 代码，然后通过输出流把结果页面返回给浏览器，但在类中编写 HTML 代码非常不便，也不利于阅读。使用 JSP 技术之后，开发 Web 应用变得更加简单快捷。

(5)　JSP 具有业务代码分离的特性。采用 JSP 技术开发的项目，通常使用 HTML 语言来设计和格式化静态页面的内容，而使用 JSP 标签和 Java 代码片段来实现动态部分。程序开发人员可以将业务处理代码全部放到 JavaBean 中，或者把业务处理代码交给 Servlet、Struts 等其他业务控制层来处理，从而实现业务代码从视图层分离。因此 JSP 页面只负责显示数据即可，当需要修改业务代码时，不会影响 JSP 页面的代码。

3.2　一个简单的 JSP 例子

在传统的 HTML 网页文件中加入 Java 程序段和 JSP 标签就构成了一个 JSP 页面文件，

即一个 JSP 页面除了普通的 HTML 标记符外，再使用标记符号“<%”、“%>”加入 Java 程序段。JSP 页面文件的后缀名为“.jsp”，文件的名字必须符合标识符规定，由于 JSP 技术基于 Java 语言，名字区分大小写。

下面的例子 SimpleJSP.jsp 是一个简单的 JSP 页面。

SimpleJSP.jsp 的代码如下：

```
<%@ page language = "java" contentType = "text/html; charset = GB2312"%>
<html>
<head>
<title>Insert title here</title>
</head>
<body>
<Font Size = 1>
<P>一个简单的 JSP 页面
<%   int i, sum = 0;
     for (i = 1; i <= 100; i++) {
          sum = sum + i;
     }%>
<P>  1 到 100 的连续和是：  <br>
<% = sum%>
</body>
</html>
```

用浏览器访问该 JSP 页面的效果如图 3-1 所示。

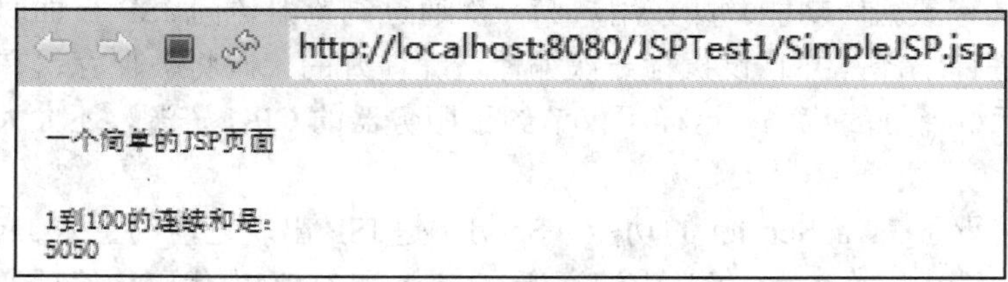

图 3-1　JSP 页面的效果

3.3　JSP 运行原理

JSP 同 Servlet 一样，是服务器端技术，其运行在服务器端。Web 容器在接收到 JSP 页面的访问请求时，将该访问请求交给 JSP 引擎去处理，JSP 引擎负责解释和执行 JSP 页面。每个 JSP 页面在第一次被访问时，JSP 引擎首先将它翻译成 Servlet 程序，JSP 中的页面显示内容即 HTML 部分会用 out 对象进行打印输出，然后再将此 Servlet 程序编译成.class 文件。最后，JSP 引擎加载运行对应的.class 文件，生成相应的结果页面，并将输出结果发送到浏览器端进行显示。

下面是 JSP 引擎生成的 SimpleJSP.jsp 的 Servlet 程序，其中，把 JSP 引擎交给客户端负责显示的内容做了(*)注释。

SimpleJSP_ jsp.java 的代码如下：

```
package org.apache.jsp;
import javax.servlet.*;
import javax.servlet.http.*;
import javax.servlet.jsp.*;
public final class SimpleJSP_jsp extends org.apache.jasper.runtime.HttpJspBase
        implements org.apache.jasper.runtime.JspSourceDependent {
    private static final javax.servlet.jsp.JspFactory _jspxFactory = javax.servlet.jsp.JspFactory.get
        DefaultFactory();
    private static java.util.Map<java.lang.String, java.lang.Long> _jspx_dependants;
    private volatile javax.el.ExpressionFactory _el_expressionfactory;
    private volatile org.apache.tomcat.InstanceManager _jsp_instancemanager;
    public java.util.Map<java.lang.String, java.lang.Long> getDependants() {
        return _jspx_dependants;
    }
    public javax.el.ExpressionFactory _jsp_getExpressionFactory() {
        if (_el_expressionfactory == null) {
            synchronized (this) {
                if (_el_expressionfactory == null) {
                    _el_expressionfactory = _jspxFactory
    .getJspApplicationContext(getServletConfig().getServletContext()). getExpressionFactory();
                }
            }
        }
        return _el_expressionfactory;
    }
    public org.apache.tomcat.InstanceManager _jsp_getInstanceManager() {
        if (_jsp_instancemanager == null) {
            synchronized (this) {
                if (_jsp_instancemanager == null) {
                    _jsp_instancemanager = org.apache.jasper.runtime.InstanceManager Factory
                            .getInstanceManager(getServletConfig());
                }
            }
        }
        return _jsp_instancemanager;
    }
    public void _jspInit() {
```

```
}
public void _jspDestroy() {
}
public void _jspService(final javax.servlet.http.HttpServletRequest request,
            final javax.servlet.http.HttpServletResponse response)
            throws java.io.IOException, javax.servlet.ServletException {
    final javax.servlet.jsp.PageContext pageContext;
    javax.servlet.http.HttpSession session = null;
    final javax.servlet.ServletContext application;
    final javax.servlet.ServletConfig config;
    javax.servlet.jsp.JspWriter out = null;
    final java.lang.Object page = this;
    javax.servlet.jsp.JspWriter _jspx_out = null;
    javax.servlet.jsp.PageContext _jspx_page_context = null;
    try {
        response.setContentType("text/html; charset=GB2312");
        pageContext = _jspxFactory.getPageContext(this, request, response, null,
            true, 8192, true);
        _jspx_page_context = pageContext;
        application = pageContext.getServletContext();
        config = pageContext.getServletConfig();
        session = pageContext.getSession();
        out = pageContext.getOut();
        _jspx_out = out;
        (*)out.write("\r\n");
        (*)out.write("<html>\r\n");
        (*)out.write("<head>\r\n");
        (*)out.write("<title>Insert title here</title>\r\n");
        (*)out.write("</head>\r\n");
        (*)out.write("<body>\r\n");
        (*)out.write("<Font Size=1>\r\n");
        (*)out.write("<P>一个简单的 JSP 页面\r\n");
        int i, sum = 0;
        for (i = 1; i <= 100; i++) {
            sum = sum + i;
        }
        (*)out.write("\t\t\r\n");
        (*)out.write("<P>\t1 到 100 的连续和是： <br>\r\n");
        (*)out.print(sum);
```

```
                (*)out.write("\r\n");
                (*)out.write("</body>\r\n");
                (*)out.write("</html>");
            } catch (java.lang.Throwable t) {
                if (!(t instanceof javax.servlet.jsp.SkipPageException))
                {
                    out = _jspx_out;
                    if (out != null && out.getBufferSize() != 0)
                        try {
                            if (response.isCommitted()) {
                                out.flush();
                            } else {
                                out.clearBuffer();
                            }
                        } catch (java.io.IOException e) {
                        }
                    if (_jspx_page_context != null)
                        _jspx_page_context.handlePageException(t);
                    else
                        throw new ServletException(t);
                }
            } finally
            {
                _jspxFactory.releasePageContext(_jspx_page_context);
            }
        }
    }
```

下面是客户端浏览器查看到 SimpleJSP.jsp 的源代码：

```
<html>
<head>
<title>Insert title here</title>
</head>
<body>
<Font Size = 1>
<P>一个简单的 JSP 页面
<P>  1 到 100 的连续和是： <br>
5050
</body>
</html>
```

3.4　JSP 基本构成

JSP 是在 HTML 中嵌入 Java 代码和 JSP 元素的动态网页技术。JSP 页面的基本构成可以看成是在 HTML 页面中加入 JSP 声明、Java 程序块、JSP 表达式、JSP 指令、JSP 动作及 JSP 标签等元素。

3.4.1　JSP 声明

在 JSP 页面中可以声明变量和方法。这些声明的变量和方法的作用域是声明该变量和方法的 JSP 页面。声明通常是供 JSP 页面中其他 Java 程序段使用的，其本身不会产生任何输出，对页面不会造成直接影响。

JSP 声明在“<%!”和“%>”标记符号之间。声明变量和方法的语法格式与 Java 语言对变量和方法的声明格式一致。

声明变量的例子如下：

```
<%! int i = 100,j;
      Data date;
%>
```

声明方法的例子如下：

```
<%@ page contentType = "text/htnl;charset = gb2312"%>
<html>
<body>
<%!
 int number = 0;
 synchronized void countPeople()//声明方法
 {
  number++;
 }
%>
<%
 countPeople ();//在程序块中调用方法
%>
<p>
您是第<%=number%>个访问客户
</body>
</html>
```

在 JSP 页面被转换成 Servlet 时，<%!…%>中的声明代码将作为 Servlet 类的属性和方法被放到生成 Servlet 类中。

3.4.2　Java 程序块

JSP 中可以通过嵌入 Java 代码来实现所需的功能，这大大增强了 JSP 的灵活性。JSP 文件中可在“<%”和“%>”标记符号之间嵌入任何合法的 Java 代码。

<%…%>可以出现在 JSP 页面的任何地方，可以出现任意多次。每个<%…%>中可以包含多条 Java 语句，每条语句必须使用“;”号结尾。每个<%…%>中的代码可以不完整，但是一个 JSP 页面中所有<%…%>中的语句组合在一起必须是完整的。

在 JSP 页面被转换成 Servlet 时，<%…%>中的代码被默认放到生成 Servlet 的 Service 方法中。

3.4.3　JSP 表达式

JSP 中可以在“<%=”和“%>”之间插入表达式，将 Java 变量或 Java 表达式的值输出到 HTML 页面中相应的位置。

JSP 对于表达式的处理如下：

(1) 计算变量或表达式的值。

(2) 将值转换成字符串。

(3) 用 out.println 发送标签，按照先后顺序依次将结果输出至页面上 JSP 表达式所在的位置。

注意：

- “<%=”和“%>”之间不可插入语句，即表达式结尾不能有“；”号。
- “<%”和“=”之间不要有空格。
- 变量或表达式中包含的变量必须是已声明的。

下面是 JSP 表示的例子：

```
<%="Hello,JSP world!"%>          //out.println("Hello,JSP world");
<%=name%>                 //<%!String name = "GiGi";%> out.println(name);
<%=new java.util.Date()%>      //out.println(new java.util.Date());
```

3.4.4　JSP 指令

JSP 指令用来设置 JSP 页面的相关信息，如页面的各种属性、文件包含及标签信息等。它将决定 Servlet 引擎如何来处理该 JSP 页面。JSP 指令同样会被 JSP 引擎转换为 Java 代码，它对应的 Java 代码是 Servlet 中的引用部分(如 import 语句)和一些设置方法的调用。这些代码不会向客户端发送任何信息。JSP 指令的语法格式如下：

```
<%@ 指令名 {属性名 ="属性值"}%>
```

在 JSP 规范中定义了三种指令：page、include 和 taglib。每种指令都定义了若干属性。开发人员可以根据需要设置一个或多个属性。一条 JSP 指令可设置一个属性，也可设置多个属性。属性与属性之间用空格分隔。例如：

```
<%@ page attribute = "value" %>
    <%@ page language = "java" import = "java.util.* " %>
```

JSP 指令和属性的名称都是区分大小写的，指令名的所有字母都是小写的，属性名则按照 Java 的命名规范，第一个单词的首字母小写，其余单词的首字母大写。

1. page 指令

page 指令用来对整个 JSP 页面的各种属性进行设置，作用域为整个页面，与其书写位置无关，但习惯把 page 指令放置在 JSP 页面的起始位置。

page 指令可以给 import 属性指定多个值，值与值之间用逗号分隔，而给其他属性只能指定一个值。例如：

```
<%@ page import = "Java.io.*","java.util.*","java.sql.*" %>
```

也可使用多个 page 指令来指定属性及其值。需要注意的是，可以使用多个 page 指令给属性 import 指定多个值，但其他属性只能使用一次 page 指令给该属性指定一个值。例如：

```
<%@ page import = "Java.io.*" %>
<%@ page import = "java.util.*","java.sql.*" %>
```

注意：下列用法是错误的：

```
<%@ page contentType = "text/html;charset = gb2312" %>
<%@ page contentType = "text/html;charset = gb2312" %>
```

尽管指定的属性值相同，也不允许两次使用 page 给 contentType 属性指定属性值。

page 指令属性如表 3-1 所示。

表 3-1　page 指令属性

属性名	说　明
language	设定 JSP 页面使用的脚本语言。默认为 Java，目前只可使用 Java 语言
extends	此 JSP 页面生成的 Servlet 的父类
import	指定导入的 Java 软件包或类名列表。如果多个类时，中间用逗号隔开
session	设定 JSP 页面是否使用 Session 对象。值为“true/false”，默认为 true
buffer	设定输出流是否有缓冲区。默认为 8 KB，值为“none/sizekb”
autoFlush	设定输出流的缓冲区是否要自动清除。值为“true/false”，默认值为 true
isThreadSafe	指定对 JSP 页面的访问是否为线程安全。值为“true/false”，默认为 true
info	定义 JSP 页面的描述信息
errorPage	指定当 JSP 页面发生异常时需要转向的错误处理页面
isErrorPage	指定当前页面是否可以作为错误处理页面。值为“true/false”，默认为 false
contentType	指定当前 JSP 页面的 MIME 类型和字符编码
pageEncoding	指定 JSP 页面的使用的字符编码。默认为 ISO-8859-1
isELlgnored	指定 JSP 页面是否允许执行 EL 表达式。值为“true/false”，默认值为 false

2. include 指令

JSP 通过 include 指令来包含其他文件，被包含的文件可以是 JSP 文件、HTML 文件或文本文件，包含文件将在 JSP 页面转换成 Servlet 之前被插入到 include 指令出现的位置。include 指令的语法格式如下：

```
<%@ include file = "relative url" %>
```

include 指令中的文件名实际上是一个相对的 url。如果未给文件关联一个路径，JSP 编译器默认在当前路径下寻找。

3. taglib 指令

JSP 允许用户自定义 JSP 标签，并在 JSP 页面中使用。taglib 指令声明用户使用自定义的标签，将标签库描述符文件导入到 JSP 页面。

taglib 指令的语法格式如下：

- <%@ taglib uri = "tigLibURL" (或 tagDir = "tagDir") prefix = "tagPrefix" %>
- uri 属性：定位标签库描述符的位置。其为唯一标识和前缀相关的标签库描述符，可以使用绝对或相对 URL。
- tagDir 属性：其指示前缀将被用于标识在“WEV-INF/tags”目录下的标签文件。
- prefix 属性：其为标签的前缀，区分多个自定义标签。不可以使用保留前缀和空前缀，遵循 XML 命名空间的命名约定。

3.4.5 JSP 动作

JSP 动作利用 XML 语法格式的标记来控制 Servlet 引擎的行为。利用 JSP 动作可以动态地插入文件、重用 JavaBean 组件、把用户重定向到另外的页面、为 Java 插件生成 HTML 代码。

JSP 动作元素为请求处理阶段提供信息。动作元素遵循 XML 元素的语法，有一个包含元素名的开始标签，可以有属性、可选的内容、与开始标签匹配的结束标签。

JSP 2.0 规范中定义了 20 个标准的动作元素，可以分为以下五类：

第一类是与存取 JavaBean 有关的，包括三个动作元素，即<jsp:useBean>、<jsp:setProperty>和<jsp:getProperty>。

第二类是 JSP 1.2 开始有的基本元素，包括六个动作元素，即<jsp:include>、<jsp:forward>、<jsp:param>、<jsp:plugin>、<jsp:params>和<jsp:fallback>。

第三类是 JSP 2.0 新增加的元素，主要与 JSP Document 有关，包括六个元素，即<jsp:root>、<jsp:declaration>、<jsp:scriptlet>、<jsp:expression>、<jsp:text>和<jsp:output>。

第四类是 JSP 2.0 新增的动作元素，主要是用来动态生成 XML 元素标签的值，包括三个动作，即<jsp:attribute>、<jsp:body>和<jsp:element>。

第五类是 JSP 2.0 新增的动作元素，主要是用在目标文件中，有两个元素，即<jsp:invoke>和<jsp:dobody>。

常用的有六个动作元素，下面分别对其进行详细介绍。

1. include 动作

<jsp:include>标签能够把指定文件插入到正在生成的页面中。

语法：

```
<jsp:include page = "path" flush = "true" />
```

或

```
<jsp:include page = "path" flush = "true">
<jsp:param name = "paramName" value = "paramValue" />
</jsp:include>
```

注意：

- page = "path" 为相对路径或表达式。
- flush = "true" 必须设置 flush 为 true，因为它的默认值是 false。
- <jsp:param>子句能传递一个或多个参数给动态文件，也可在一个页面中使用多个<jsp:param>来传递多个参数给动态文件。

2. forward 动作

<jsp:forward>标签表示重定向一个静态 html/jsp 的文件，或者是一个程序段。

语法：

```
<jsp:forward page = "path"} />
```

或

```
<jsp:forward page = "path"} >
<jsp:param name = "paramName" value = "paramValue" />……
</jsp:forward>
```

注意：

- page = "path" 为一个表达式，或者是一个字符串。
- <jsp:param> name 指定参数名，value 指定参数值。参数被发送到一个动态文件，参数可以是一个或多个值，而这个文件却必须是动态文件。

要传递多个参数，则可在一个 JSP 文件中使用多个<jsp:param>将多个参数发送到一个动态文件中。

3. useBean 动作

<jsp:useBean>标签表示用来在JSP页面中创建一个Bean实例并指定它的名字以及作用范围。

语法：

```
<jsp:useBean id = "name" scope = "page | request | session | application"  typeSpec />
```

其中，typeSpec 有以下几种可能的情况：

```
class = "className" | class = "className" type = "typeName" | beanName = "beanName" type = "typeName" | type = "typeName" |
```

注意：必须使用 class 或 type，而不能同时使用 class 和 beanName。beanName 表示 Bean 的名字，其形式为“a.b.c”。

4. getProperty 动作

<jsp:getProperty>标签表示获取 Bean 属性的值并将之转化为一个字符串，然后将其插入到输出的页面中。

语法：

```
<jsp:getProperty name = "name" property = "propertyName" />
```

注意：

- 在使用<jsp:getProperty>之前，必须用<jsp:useBean>来创建它。
- 不能使用<jsp:getProperty>来检索一个已经被索引了的属性。
- 能够和 JavaBean 组件一起使用<jsp:getProperty>，但不能与 Enterprise JavaBean 一起使用。

5．setProperty 动作

<jsp:setProperty>标签表示用来设置 Bean 中的属性值。

语法：

```
<jsp:setProperty name = "beanName" prop_expr />
```

其中，prop_expr 有以下几种可能：

```
property = "*" | property = "propertyName" | property = "propertyName" param = "parameterName"
| property = "propertyName" value = "propertyValue"
```

注意：使用 jsp:setProperty 来为一个 Bean 的属性赋值，可以使用以下两种方式来实现。

- 在 jsp:useBean 后使用 jsp:setProperty：

```
<jsp:useBean id = "myUser" … />
…
<jsp:setProperty name = "user" property = "user" … />
```

在这种方式中，jsp:setProperty 将被执行。

- jsp:setProperty 出现在 jsp:useBean 标签内：

```
<jsp:useBean id = "myUser" … >
…
<jsp:setProperty name = "user" property = "user" … />
</jsp:useBean>
```

在这种方式中，jsp:setProperty 只会在新的对象被实例化时才将被执行，在<jsp:setProperty>中的 name 值应当和<jsp:useBean>中的 id 值相同。

6．plugin 动作

<jsp:plugin>标签表示执行一个 Applet 或 Bean，有可能需要下载一个 Java 插件用于执行它。

语法：

```
<jsp:plugin
type = "bean | applet"
code = "classFileName"
codebase = "classFileDirectoryName"
[ name = "instanceName" ]
[ archive = "URIToArchive, ..." ]
[ align = "bottom | top | middle | left | right" ]
[ height = "displayPixels" ]
[ width = "displayPixels" ]
[ hspace = "leftRightPixels" ]
[ vspace = "topBottomPixels" ]
[ jreversion = "JREVersionNumber | 1.1" ]
[ nspluginurl = "URLToPlugin" ]
[ iepluginurl = "URLToPlugin" ] >
[ <jsp:params>
```

```
[ <jsp:param name = "parameterName" value = "{parameterValue | <%= expression  %>}" /> ]+
</jsp:params> ]
[ <jsp:fallback> text message for user </jsp:fallback> ]
</jsp:plugin>
```

注意：<jsp:plugin>元素用于在浏览器中播放或显示一个对象(典型的就是 Applet 和 Bean)，而这种显示需要存在浏览器的 Java 插件。

一般来说，<jsp:plugin>元素会指定对象是 Applet 还是 Bean，同样也会指定 class 的名字、位置以及从哪里下载这个 Java 插件。

3.4.6　JSP 注释

JSP 有三种类型的注释：HTML 注释(输出注释)、JSP 代码注释(隐藏注释)和 Java 代码注释。

1. HTML 注释

HTML 注释出现在 JSP 页面的 HTML 代码部分,其语法格式为:“<!--- 注释内容 -->”。当使用浏览器浏览 JSP 页面时，注释内容不会在页面上显示，但是通过浏览器查看页面源代码时能够看到。也就是说，HTML 注释会被发送到客户端，显示时被客户端屏蔽了。

2. JSP 代码注释

JSP 注释语法格式为：“<%--- 注释内容 --%>”。该注释虽然写在 JSP 程序中，但不会发送到客户端。这种注释在 JSP 编译时被忽略掉了，因此在客户端查看源代码时看不见注释。

3. Java 代码注释

Java 代码注释出现在 Java 代码区中，即“<%”和“%>”之间的区域，不允许直接出现在 JSP 页面中。它遵循 Java 语言的注释规则，其语法格式如下：

```
<%
//单行注释内容
/*
多行注释内容
*/
%>
```

以上这种注释被 JSP 编译器转换到 JSP 页面对应的 Java 源代码中，但不会被发送到客户端，因此使用浏览器浏览 JSP 页面以及通过浏览器查看页面源代码都看不见注释。

3.5　JSP 内置对象

内置对象(又称隐含对象)是 JSP 规范所定义的，由 Web 容器实现和管理的一些在 JSP 页面中都能使用的公共对象。这些对象不需要预先声明就可以在代码段和表达式中随意使用。

JSP 中一共预先定义了九个内置对象，分别为：request、response、session、application、out、pageContext、config、page、exception。下面对其进行详细介绍。

1. request 对象

request 对象是 javax.servlet.http.HttpServletRequest 类的一个实例，它是一个用来表示用户请求信息的对象，作用域为一次请求。该对象封装了用户提交的信息，通过调用该对象相应的方法可以获取封装的信息(如头信息、系统信息、请求方式以及请求参数等)。request 对象的方法说明如表 3-2 所示。

表 3-2　request 对象的方法说明

方　法	说　明
object getAttribute(String name)	获取指定属性的值，若该值不存在，返回 Null
Enumeration getAttributeNames()	获取所有可用属性名的枚举
String getCharacterEncoding()	获取字符编码方式
int getContentLength()	返回请求体的长度，以字节计数
String getContentType()	获取请求体的 MIME 类型
ServletInputStream getInputStream()	获取请求体中一行的二进制流
String getParameter(String name)	获取参数 name 的参数值
Enumeration getParameterNames()	获取可用参数名的枚举
String[] getParameterValues(String name)	返回包含参数 name 的所有值的数组
String getProtocol()	获取请求用的协议类型及版本号
String getScheme()	获取请求用的计划名，如 http、https 及 ftp 等
String getServerName()	获取接受请求的服务器主机名
int getServerPort()	返回服务器接受此请求所用的端口号
BufferedReader getReader()	返回解码后的请求
String getRemoteAddr()	获取发送此请求的客户端 IP 地址
String getRemoteHost()	获取发送此请求的客户端主机名
void setAttribute((String key, Object obj)	设置属性的属性值
String getRealPath(String path)	获取虚拟路径的真实路径

2. response 对象

response 对象是 javax.servlet.http.HttpServletResponse 类的一个实例。它是一个用来表示对客户端响应的对象，只在 JSP 页面内有效。该对象封装了返回到 HTTP 客户端的输出，向页面作者提供设置响应头标和状态码的方式。常用来设置 HTTP 标题，添加 cookie，设置响应内容的类型和状态，发布 HTTP 重定向和编码 URL。response 对象的方法说明如表 3-3 所示。

表 3-3　response 对象的方法说明

方　法	说　明
String getCharacterEncoding()	获取响应用的字符编码
ServletOutputStream getOutputStream()	返回到客户端的输出流对象
PrintWriter getWriter()	返回可以向客户端输出字符的一个对象
void setContentLength(int len)	设置响应头长度
void setContentType(String type)	设置响应的 MIME 类型
sendRedirect(java.lang.String location)	重新定向客户端的请求

3. out 对象

out 对象是 javax.servlet.jsp.jspWriter 类的一个实例。它是一个输出流对象，作用域是当前 JSP 页面，用来向客户端输出数据。out 对象的方法说明如表 3-4 所示。

表 3-4　out 对象的方法说明

方 法	说 明
void clear()	清除缓冲区的内容
void clearBuffer()	清除缓冲区的当前内容
void flush()	清空流
int getBufferSize()	获取缓冲区字节数的大小，如不设缓冲区则为 0
int getRemaining()	获取缓冲区还剩余多少可用
boolean isAutoFlush()	当返回缓冲区满时，是自动清空还是抛出异常
void close()	关闭输出流

4. session 对象

session 对象是 javax.servlet.http.HttpSession 类的一个实例。它在第一个 JSP 页面被装载时自动创建，完成会话期管理。从一个客户打开浏览器并连接到服务器开始，到客户关闭浏览器离开这个服务器结束，被称为一个会话。当一个客户访问一个服务器时，可能会在这个服务器的几个页面之间切换，服务器应当通过某种途径知道这是一个客户，这就需要 session 对象。

session 对象的工作过程是：当一个客户首次访问服务器上的一个 JSP 页面时，JSP 引擎产生一个 session 对象，同时分配一个 String 类型的 ID 号，JSP 引擎将这个 ID 号发送到客户端，存放在 Cookie 中，这样 session 对象和客户之间就建立了一一对应的关系。当客户再次访问连接该服务器的其他页面时，不需再分配给客户新的 session 对象，直到客户关闭浏览器后，在服务器端该客户的 session 对象才取消，并且与客户的会话对应关系消失。当客户重新打开浏览器再连接到该服务器时，服务器为该客户再创建一个新的 session 对象。

如果不需要在请求之间跟踪会话对象，可以通过在 page 指令中指定 session =“false”。session 对象的方法说明如表 3-5 所示。

表 3-5　session 对象的方法说明

方 法	说 明
long getCreationTime()	返回 session 创建时间
public String getId()	返回 session 创建时 JSP 引擎为它设的唯一 ID 号
long getLastAccessedTime()	返回此 session 中客户端最近一次请求时间
int getMaxInactiveInterval()	返回两次请求间隔多长时间此 session 被取消(ms)
String[] getValueNames()	返回一个包含此 session 中所有可用属性的数组
void invalidate()	取消 session，使 session 不可用
boolean isNew()	返回服务器创建的一个 session，客户端是否已经加入
void removeValue(String name)	删除 session 中指定的属性
void setMaxInactiveInterval()	设置两次请求间隔多长时间此 session 被取消(ms)

5. pageContext 对象

pageContext 对象是 javax.servlet.jsp.PageContext 类的一个实例。使用该对象可以访问页面中的共享数据，即通过它可以获取 JSP 页面的 out、request、reponse、session、application 等对象。pageContext 对象的创建和初始化都是由容器来完成的，在 JSP 页面中可以直接使用 pageContext 对象。pageContext 对象的方法说明如表 3-6 所示。

表 3-6　pageContext 对象的方法说明

方　法	说　明
JspWriter getOut()	返回当前客户端响应被使用的 JspWriter 流(out)
HttpSession getSession()	返回当前页中的 HttpSession 对象(session)
Object getPage()	返回当前页的 Object 对象(page)
ServletRequest getRequest()	返回当前页的 ServletRequest 对象(request)
ServletResponse getResponse()	返回当前页的 ServletResponse 对象(response)
Exception getException()	返回当前页的 Exception 对象(exception)
ServletConfig getServletConfig()	返回当前页的 ServletConfig 对象(config)
ServletContext getServletContext()	返回当前页的 ServletContext 对象(application)
void setAttribute(String name, Object attribute)	设置属性及属性值
void setAttribute(String name, Object obj, int scope)	在指定范围内设置属性及属性值
public Object getAttribute(String name)	取属性的值
Object getAttribute(String name, int scope)	在指定范围内取属性的值
public Object findAttribute(String name)	寻找一属性，返回其属性值或 null
void removeAttribute(String name)	删除某属性
void removeAttribute(String name,int scope)	在指定范围删除某属性
int getAttributeScope(String name)	返回某属性的作用范围
Enumeration getAttributeNamesInScope(int scope)	返回指定范围内可用的属性名枚举
void release()	释放 pageContext 所占用的资源
void forward(String relativeUrlPath)	使当前页面重导到另一页面
void include(String relativeUrlPath)	在当前位置包含另一文件

6. application 对象

application 对象是 javax.servlet.ServletContext 类的一个实例。它表示的是该 JSP 页面所在应用的上下文环境信息，作用域是整个应用。通过该对象能够获得应用在服务器中运行时的一些全局信息。

服务器启动后就产生了这个 application 对象，当客户在所访问的网站的各个页面之间浏览时，这个 application 对象都是同一个，直到服务器关闭。但是与 session 对象不同的是，所有客户的 application 对象都是同一个，即所有客户共享这个内置的 application 对象；另外 application 对象生命周期更长，类似于系统的“全局变量”。application 对象的方法说明如表 3-7 所示。

表 3-7 application 对象的方法说明

方　法	说　明
Object getAttribute(String name)	返回给定名的属性值
Enumeration getAttributeNames()	返回所有可用属性名的枚举
void setAttribute(String name,Object obj)	设定属性的属性值
void removeAttribute(String name)	删除一属性及其属性值
String getServerInfo()	返回 JSP(Servlet)引擎名及版本号
String getRealPath(String path)	返回一虚拟路径的真实路径
ServletContext getContext(String uripath)	返回指定 WebApplication 的 application 对象
int getMajorVersion()	返回服务器支持的 Servlet API 的最大版本号
int getMinorVersion()	返回服务器支持的 Servlet API 的最小版本号
String getMimeType(String file)	返回指定文件的 MIME 类型
URL getResource(String path)	返回指定资源(文件及目录)的 URL 路径
InputStream getResourceAsStream(String path)	返回指定资源的输入流
RequestDispatcher getRequestDispatcher(String uripath)	返回指定资源的 RequestDispatcher 对象
Servlet getServlet(String name)	返回指定名的 Servlet
Enumeration getServlets()	返回所有 Servlet 的枚举
Enumeration getServletNames()	返回所有 Servlet 名的枚举
void log(String msg)	把指定消息写入 Servlet 的日志文件
void log(Exception exception,String msg)	把指定异常的栈轨迹及错误消息写入 Servlet 的日志文件
void log(String msg, Throwable throwable)	把栈轨迹及给出的 Throwable 异常的说明信息写入 Servlet 的日志文件

7. config 对象

config 对象是 javax.servlet.ServletConfig 类的一个实例，它的主要作用是获得服务器的配置信息，作用域是当前 JSP 页面。

通过 pageConext 对象的 getServletConfig()方法可以获取一个 config 对象。当一个 Servlet 进行初始化时，容器把某些信息通过 config 对象传递给该 Servlet。开发者可以在“Web.xml”文件中为应用程序环境中的 Servlet 程序和 JSP 页面提供初始化参数。

config 对象的方法说明如表 3-8 所示。

表 3-8 config 对象的方法说明

方　法	说　明
ServletContext getServletContext()	返回含有服务器相关信息的 ServletContext 对象
String getInitParameter(String name)	返回初始化参数的值
Enumeration getInitParameterNames()	返回 Servlet 初始化所需所有参数的枚举

8. page 对象

page 对象是 java.lang.object 类型的一个实例。它代表该 JSP 页面被编译成 Servlet 类的实例对象，作用域为当前页面。它与 Servlet 类中的“this”关键字对应，可以使用它来调用 Servlet 类中所定义的方法。page 对象的方法说明如表 3-9 所示。

表 3-9　page 对象的方法说明

方　法	说　明
class getClass	返回此 Object 的类
int hashCode()	返回此 Object 的 hash 码
boolean equals(Object obj)	判断此 Object 是否与指定的 Object 对象相等
void copy(Object obj)	把此 Object 拷贝到指定的 Object 对象中
Object clone()	克隆此 Object 对象
String toString()	把此 Object 对象转换成 String 类的对象
void notify()	唤醒一个等待的线程
void notifyAll()	唤醒所有等待的线程
void wait(int timeout)	使一个线程处于等待直到 timeout 结束或被唤醒
void wait()	使一个线程处于等待直到被唤醒
void enterMonitor()	对 Object 加锁
void exitMonitor()	对 Object 开锁

9．exception 对象

exception 对象是 java.lang.Throwable 类的一个实例。其作用是显示页面的异常和错误信息，作用域为当前 JSP 页面。只有当页面是错误处理页面，即指令 page 的 isErrorPage = "true" 的页面中才可以使用该对象，在一般的 JSP 页面中使用该对象将无法编译 JSP 文件。

excepation 对象和 Java 的所有对象一样，都具有系统提供的继承结构。exception 对象几乎定义了所有异常情况。在 Java 程序中，可以使用“try/catch”关键字来处理异常情况；如果在 JSP 页面中出现没有捕获到的异常，就会生成 exception 对象，并把 exception 对象传送到在 page 指令中设定的错误页面中，然后在错误页面中处理相应的 exception 对象。exception 对象方法说明如表 3-10 所示。

表 3-10　exception 对象方法说明

方　法	说　明
String getMessage()	返回描述异常的消息
String toString()	返回关于异常的简短描述消息
void printStackTrace()	显示异常及其栈轨迹
Throwable FillInStackTrace()	重写异常的执行栈轨迹

3.6　JSP 页面调用 Servlet

在 JSP 页面调用 Servlet 的方法如下：

(1) 通过 Form 表单的 Action 属性进行提交。例如：

```
<form method = "post" action = "servlet">
```

(2) 通过 jsp:forward 动作提交。例如：

```
<jsp:forward page = "servlet"/>
```

(3) 通过 jsp:include 动作提交。例如：

```
<jsp:include page = "servlet"/>
```

(4) 使用 anchor 标记的 href 属性调用。例如：

```
<a href = "servlet">
```

3.7　JSP 页面调用 JavaBean

用户可以使用 JavaBean 将功能、处理、值、数据库访问和其他任何可以用 Java 代码创造的对象进行打包，并且其他的开发者可以通过内部的 JSP 页面、Servlet、其他 JavaBean、Applet 程序或应用来使用这些对象。用户可以认为 JavaBean 提供了一种随时随地复制和粘贴的功能，而不用关心任何改变。

编写 JavaBean 就是编写一个 Java 的类，因此，只要会写类就能编写一个 Bean。这个类创建的一个对象称为一个 Bean。为了能让使用这个 Bean 的应用程序构建工具(如 JSP 引擎)知道这个 Bean 的属性和方法，只需在类的方法命名上遵守以下几点：

(1) 如果类的成员变量的名字是 xxx，那么为了更改或获取成员变量的值，即更改或获取属性，在类中可以使用两个方法：

① “getXxx()”：用来获取属性 xxx。

② “setXxx()”：用来修改属性 xxx。

(2) 对于 boolean 类型的成员变量，即布尔逻辑类型的属性，允许使用 is 代替上面的 get 和 set。

(3) 类中方法的访问属性都必须是 public 的。

(4) 类中如果有构造方法，那么这个构造方法也是 public 的，并且是无参数的。

下面是一个简单的 Bean：

```
public class FirstJavaBean {
private String str;   //定义 String 类型属性 str
private boolean info;
 public FirstJavaBean() {   }  //无参构造方法
     public String getStr() { //属性 str 的 getStr()方法
          return str;
     }
     public void setStr (String value) {   //属性 str 的 setStr()方法
          str =   value;
     }
public   boolean   isInfo(){//布尔类型的取值方法
  return info;
}}
```

在 JSP 中，可以使用<jsp:useBean>、<jsp:setProperty>、<jsp:getProperty>这三个动作来完成对 JavaBean 的调用。

<jsp:useBean>动作用来将一个 JavaBean 的实例引入到 JSP 中，并且使得这个实例具有一定生存范围，在这个范围内还具有一个唯一的 id。这样 JSP 通过 id 来识别 JavaBean，并通过 id.method 类似的语句来调用 JavaBean 中的公共方法。在执行过程中，<jsp:useBean>首先会尝试寻找已经存在的具有相同 id 和 scope 值的 JavaBean 实例，如果没有就会自动创建一个新的实例。

<jsp:setProperty>动作主要用于设置 Bean 的属性值。

<jsp:getProperty>动作用于获得 JavaBean 实例的属性值，并将它们转换为 Java.lang.String，最后放置在隐含的 out 对象中。JavaBean 的实例必须在<jsp:getProperty>之前定义。

3.8 JSP 开发实例

下面给出一个使用 JSP 开发小型学生信息管理系统的实例。该实例完成用户登录以及学生信息查询、修改、添加和删除的操作。

1. JSP 开发过程

JSP 的开发过程与 Servlet 的开发过程类似。首先使用 Eclipse 创建动态 Web 工程，然后在创建的工程中添加需要的 Java 和 JSP 文件，并导入需要的 jar 包，而后在指定的 Web 服务器上发布这个 Web 工程，最后通过客户端浏览器访问 JSP 页面。与 Servlet 开发不同的是，JSP 页面在编写完成后不需要再进行额外的配置工作。

2. 系统功能

(1) 用户登录：输入用户名、密码。如果用户输入的用户名或密码有错误，系统将显示错误信息；如果登录成功，用户被连接到主页面。

(2) 学生信息浏览：成功登录的用户可以浏览学生信息。如果用户没有成功登录直接进入该主页面，将被连接到“用户登录”页面。

(3) 查询学生记录：成功登录的用户，在主页面可以输入学生学号或姓名，提交，将被连接到“显示记录”页面。

(4) 添加学生记录：成功登录的用户可以在主页面输入学生的相关信息并提交，将被连接到“显示记录”页面，显示添加记录后的学生信息。

(5) 删除学生记录：成功登录的用户在主页面中单击对应学生记录的删除链接，完成删除操作，并显示提示信息。

(6) 修改学生记录：成功登录的用户在主页面中单击对应学生记录的修改链接，将被连接到“修改”页面，修改学生信息后，提交，完成修改操作，并显示提示信息。

3. 数据库设计

本节系统使用 MYSQL 数据库，数据库名为“jspdata”，用户名为“root”，密码为“123456”。该库有以下两个表。

(1) 用户信息表 user，其结构如图 3-2 所示。

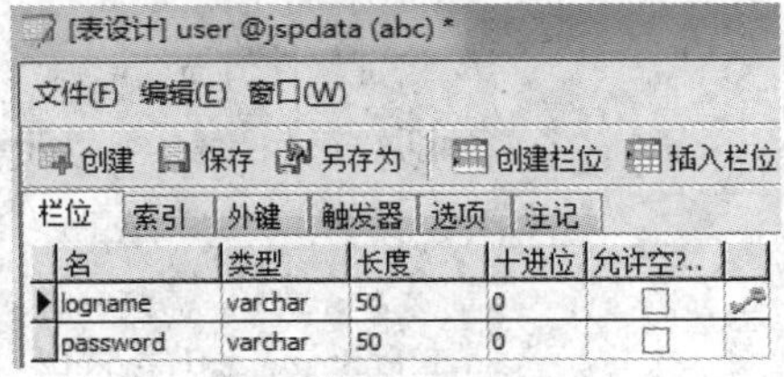

图 3-2　用户信息表

(2) 学生信息表 student，其结构如图 3-3 所示。

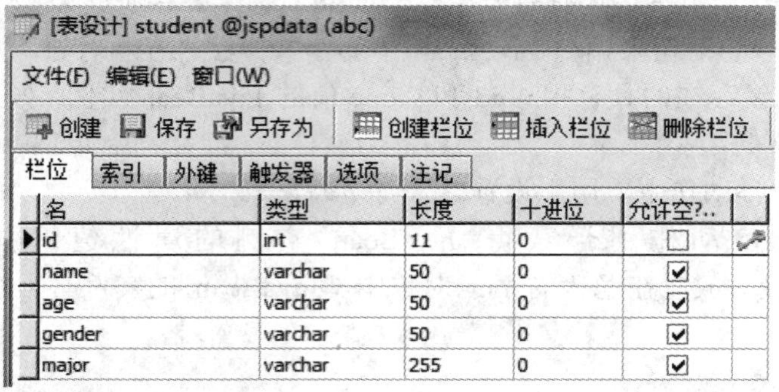

[表设计] student @jspdata (abc)

文件(F) 编辑(E) 窗口(W)

创建 保存 另存为 创建栏位 插入栏位 删除栏位

栏位 索引 外键 触发器 选项 注记

名	类型	长度	十进位	允许空?..
id	int	11	0	☐
name	varchar	50	0	☑
age	varchar	50	0	☑
gender	varchar	50	0	☑
major	varchar	255	0	☑

图 3-3　学生信息表

4. 页面的设计

本节系统使用了两个 Java 文件，首先给出相应的代码，然后给出页面的设计过程。

(1) DataBaseOperator.java，其中包含了访问数据库过程中所使用的各种方法。

```
package com;
import java.sql.*;
import java.util.HashSet;
import java.util.Set;
import com.Student;
public class DataBaseOperator {
    String logname, password;
    String success = "false", message = "";
    Connection con;
    Statement sql;
    ResultSet rs;
    public DataBaseOperator() {
        try {
            // 加载桥接器
            Class.forName("com.mysql.jdbc.Driver");

        } catch (ClassNotFoundException e) {
        }
    }
    // 设置属性值与获取属性值的方法
    public void setMessage(String message) {
        this.message = message;
    }
    public String getLogname() {
        return logname;
```

```
    }
    public void setLogname(String logname) {
        this.logname = logname;
    }
    public String getPassword() {
        return password;
    }
    public void setPassword(String password) {
        this.password = password;
    }
    public String getSuccess() {
        return success;
    }
    public void setSuccess(String success) {
        this.success = success;
    }
    // 查询 jspdata 数据库的 user 表
    public String getMessage() {
        try {
            conn = DriverManager.getConnection("jdbc:mysql://localhost:3306/jspdata?
            user=root&password=123456");
            sql = con.createStatement();
            String condition = "select * from user where logname=" + "'" + logname + "'";
            rs = sql.executeQuery(condition);
            int rowcount = 0;
            String ps = null;
            while (rs.next()) {
                rowcount++;
                logname = rs.getString("logname");
                ps = rs.getString("password");
            }
            if ((rowcount == 1) && (password.equals(ps))) {
                message = "ok";
                success = "ok";
            } else {
                message = "输入的用户名和密码不正确";
                success = "false";
            }
            con.close();
```

```
                return message;
            } catch (SQLException e) {
                message = "输入的用户名或密码不正确";
                success = "false";
                message = "false";
                return message;
            }
        }
        // 根据学号 id 删除学生记录
        public void delete(int id) {
            try {
                Connection conn = null;
                conn = DriverManager.getConnection("jdbc:mysql://localhost:3306/jspdata?
                user=root&password=123456");
                java.sql.Statement sql = conn.createStatement();
                sql.executeUpdate("delete from student where id=" + id + "");
                conn.close();
            } catch (SQLException e) {
                // TODO Auto-generated catch block
                e.printStackTrace();
            }
        }
        // 添加学生记录
        public void insert(int id, String name, String age, String gender, String major) {
            try {
                Connection conn = null;
                conn = DriverManager.getConnection("jdbc:mysql://localhost:3306/jspdata?
                user=root&password=123456");
                java.sql.Statement sql = conn.createStatement();
                String s = "insert into  student  values" + "(" + id + ",'" + name + "','" + age + "','"
                    + gender + "','"+ major + "'" + ")";
                sql.executeUpdate(s);
                conn.close();
            } catch (SQLException e) {
                // TODO Auto-generated catch block
                e.printStackTrace();
            }
        }
        // 根据学号 id 更新学生记录
```

```
public void update(int id, String name, String age, String gender, String major) {
        try {
                Connection conn = null;
                conn = DriverManager.getConnection("jdbc:mysql://localhost:3306/jspdata?
                user = root&password = 123456");
                java.sql.Statement sql = conn.createStatement();
                String s = "update student set id = " + id + ",name = '" + name + "', age = " + age +
                   ",gender = '" + gender+ "', major = '" + major + "' where id = " + id + "";
                sql.executeUpdate(s);
                conn.close();
        } catch (SQLException e) {
                // TODO Auto-generated catch block
                e.printStackTrace();
        }
}
// 根据学生的学号或姓名查询学生记录
public Set<Student> searchStudents(String id, String name) {
        try {
                String s = null;
                Connection conn = null;
                ResultSet rs = null;
                conn = DriverManager.getConnection("jdbc:mysql://localhost:3306/jspdata?
                user = root&password = 123456");
                java.sql.Statement sql = conn.createStatement();
                if (id.equals(""))
                        id = "";
                if (name.equals(""))
                        name = "";
                if (id == "" && name == "") {
                // 如果学号和姓名都为空，查询所有学生
                        s = "select * from student";
                }
                if (id != "" && name == "") {
                // 如果学号不为空并且姓名为空，按学号查询学生
                        s = "select * from student where id = " + id + "";
                }
                if (id == "" && name != "") {
                // 如果学号为空并且姓名不为空，按姓名查询学生
                        s = "select * from student where name = '" + name + "'";
```

```
            }
            if (id != "" && name != "") {
            // 如果学号和姓名都不为空，按学号和姓名同时匹配查询
                s = "select * from student where id = " + id + " and name = '" + name + "'";
            }

            Set<Student> sts = new HashSet<Student>();
            rs = sql.executeQuery(s);
            while (rs.next()) {
                Student st = new Student();
                st.setId(rs.getInt(1));
                st.setName(rs.getString(2));
                st.setAge(rs.getString(3));
                st.setGender(rs.getString(4));
                st.setMajor(rs.getString(5));
                sts.add(st);
            }
            if (rs != null) {
                rs.close();
            }
            if (sql != null) {
                sql.close();
            }
            return sts;
        } catch (SQLException e) {
            // TODO Auto-generated catch block
            e.printStackTrace();
        }
        return null;
    }
    // 查询数据库的 student 表，获得所有学生记录
    public Set<Student> searchAllStudents() {
        try {
            Connection conn = null;
            ResultSet rs = null;
            conn = DriverManager.getConnection("jdbc:mysql://localhost:3306/jspdata?
            user=root&password=123456");
            java.sql.Statement sql = conn.createStatement();
            String s = "select * from student ";
```

```
            Set<Student> sts = new HashSet<Student>();
            rs = sql.executeQuery(s);
            // 遍历查询结果，依次读取每个学生的信息
            // 创建 Student 类型的对象，并将这些学生对象添加到集合
            while (rs.next()) {
                Student st = new Student();
                st.setId(rs.getInt(1));
                st.setName(rs.getString(2));
                st.setAge(rs.getString(3));
                st.setGender(rs.getString(4));
                st.setMajor(rs.getString(5));
                sts.add(st);
            }
            if (rs != null) {
                rs.close();
            }
            if (sql != null) {
                sql.close();
            }
            return sts;
        } catch (SQLException e) {
            // TODO Auto-generated catch block
            e.printStackTrace();
        }
        return null;
    }

    // 根据学号 id 查询学生记录
    public Student searchOneStudent(int id) {
        try {
            Connection conn = null;
            ResultSet rs = null;
            conn = DriverManager.getConnection("jdbc:mysql://localhost:3306/jspdata?
            user = root&password = 123456");
            java.sql.Statement sql = conn.createStatement();
            String s = "select * from student where id = " + id;
            Student st = new Student();
            rs = sql.executeQuery(s);
            while (rs.next()) {
```

```
                    st.setId(rs.getInt(1));
                    st.setName(rs.getString(2));
                    st.setAge(rs.getString(3));
                    st.setGender(rs.getString(4));
                    st.setMajor(rs.getString(5));
                }
                if (rs != null) {
                    rs.close();
                }
                if (sql != null) {
                    sql.close();
                }
                return st;
            } catch (SQLException e) {
                // TODO Auto-generated catch block
                e.printStackTrace();
            }
            return null;
        }
        // 处理字符串的方法，避免出现中文乱码
        public String codeString(String s) {
            String new_str = s;
            try {
                new_str = new String(new_str.getBytes("ISO-8859-1"), "utf8");
                return new_str;
            } catch (Exception e) {
                return new_str;
            }
        }
    }
```

(2) 学生实体类 Student.java。

```
/*学生实体类*/
package com;
public class Student {
    int id;// 学号
    String name;// 姓名
    String age;// 年龄
    String gender;// 性别
    String major;// 专业
```

```
    // 属性值的设置与获取方法
    public int getId() {
        return id;
    }
    public void setId(int id) {
        this.id = id;
    }
    public String getName() {
        return name;
    }
    public void setName(String name) {
        this.name = name;
    }
    public String getAge() {
        return age;
    }
    public void setAge(String age) {
        this.age = age;
    }
    public String getGender() {
        return gender;
    }
    public void setGender(String gender) {
        this.gender = gender;
    }
    public String getMajor() {
        return major;
    }
    public void setMajor(String major) {
        this.major = major;
    }
}
```

(3) login.jsp，用户登录页面，其效果如图 3-4 所示。

```
<%@ page language = "java" contentType = "text/html" pageEncoding = "UTF-8"%>
<jsp:useBean id = "login" class = "com.DataBaseOperator" scope = "session"></jsp:useBean>
<html>
<body>
    <Font size = 2>
<%
```

```
        String string = response.encodeUrl("login.jsp");
    %>
    <%-- 登录界面表单--%>
            <P>输入用户名和密码:
            <form action = "<%=string%>" method = "POST">
                <BR> 登录名称: <input type = text name = "logname">
                <BR>输入密码: <input type = text name = "password">
                <BR> <input      type = submit name = "g" value = "提交">
            </form>
    <%
        //提交信息后，验证信息是否正确
        String message = "", logname = "", password = "";
        if (!(session.isNew())) {
            logname = request.getParameter("logname");
            logname = login.codeString(logname);
            if (logname == null) {
                logname = "";
            }
            password = request.getParameter("password");
            password = login.codeString(password);
            if (password == null) {
                password = "";
            }
        }
    %>
    <%
        if (!(logname.equals(""))) {
    %>
    <jsp:setProperty property = "logname" name = "login" value = "<%=logname%>" />
    <jsp:setProperty property = "password" name = "login" value = "<%=password%>" />
    <%
        message = login.getMessage();//获取返回的验证信息
            if (message == null) {
                message = "";
            }

        }
        if (!(session.isNew())) {
            if (message.equals("ok")) {
```

```
                    String str = response.encodeURL("main.jsp");
                    response.sendRedirect(str);
                } else {
                    out.print(message);
                }
            }
    %>
</body>
</html>
```

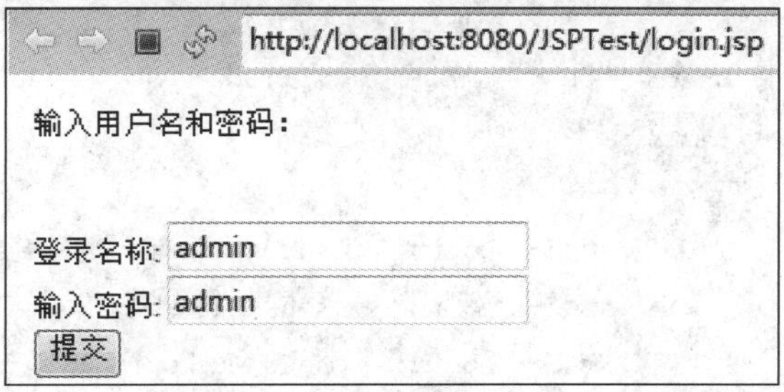

图 3-4　登录页面

(4) main.jsp，主页面，其效果如图 3-5 所示。

```
<%@ page language = "java" contentType = "text/html" pageEncoding = "UTF-8"%>
<%@ page import = "java.sql.*"%>
<%@ page import = "java.util.*"%>
<%@ page import = "com.Student"%>
<jsp:useBean id = "login" class = "com.DataBaseOperator" scope = "session"></jsp:useBean>
<%
    if ((session.isNew())) {
        response.sendRedirect("login.jsp");
    }
    String success = login.getSuccess();
    if (success == null) {
        success = "";
    }
    if (!(success.equals("ok"))) {
        response.sendRedirect("login.jsp");
    }
%>
<html>
<body>
    <Font size = 2>
```

```
<P>
    显示学生信息：
    <%
    String logname = login.getLogname();
    if (logname == null) {
        logname = "";
    }
    Set<Student> sts = login.searchAllStudents();
    Iterator<Student> it = sts.iterator();
%>
<Table frame = "border" bordercolor = "black" style = "width: 600px;">
    <!--  表头-->
    <TR>
        <TD style = "border: 1px solid black;">学号</TD>
        <TD style = "border: 1px solid black;">姓名</TD>
        <TD style = "border: 1px solid black;">年龄</TD>
        <TD style = "border: 1px solid black;">性别</TD>
        <TD style = "border: 1px solid black;">专业</TD>
        <TD style = "border: 1px solid black;">操作</TD>
    </TR>
    <%
        while (it.hasNext()) {
            Student st = it.next();
    %>
    <TR>
        <TD style = "border: 1px solid black;"><% = st.getId()%></TD>
        <TD style = "border: 1px solid black;"><% = st.getName()%></TD>
        <TD style = "border: 1px solid black;"><% = st.getAge()%></TD>
        <TD style = "border: 1px solid black;"><% = st.getGender()%></TD>
        <TD style = "border: 1px solid black;"><% = st.getMajor()%></TD>

        <TD style = "border: 1px solid black;"><a
          href = "update.jsp?op = del&idn = <%= st.getId()%>">删除</a>
               <a
          href = "modify.jsp?op = modi&idn = <%=st.getId()%>">修改</a></TD>
    </TR>
    <%
        }
    %>
```

```
        </Table> <script type = "text/javascript">
            function check() {//javascript 表单验证方法，提交表单时验证
                var id = document.getElementById("uid").value;
                //通过 uid 获取表单元素学号的值
                var age = document.getElementById("age").value;
                //通过 age 获取表单元素年龄的值
                if (isNaN(age) || id == "" || isNaN(id)) {
                    alert("学号不能为空，且学号与年龄必须是数字！");
                    return false;
                //学号为空、学号与年龄不是数字，则返回 false，不提交表单
                }
                return true;//提交表单
            }
            function checkid() {//javascript 验证学号是否为数字
                var id = document.getElementById("id").value;
                if (isNaN(id)) {
                    alert("学号必须是数字！");
                    return false;    //返回 false，不提交表单
                }
                return true;//提交表单
            }
        </script> <%--该表单根据学号或姓名查询学生记录 --%>
        <form action = "showresult.jsp?op = select" method = "POST"
            onsubmit = "return checkid();">
            <BR> 学号: <input type = text name = "id" value = ""> <BR>
            姓名: <input type = text name = "name" value = ""> <input type = submit
                name = "sel" value = "查询记录">
        </form> <%--该表单输入各属性的值--%>
        <form action = "showresult.jsp?op = add" method = "POST"
            onsubmit = "return check();">
            <BR> 学号: <input type = text name = "uid" value = ""> <BR>
            姓名: <input type = text name = "name" value = ""> <BR> 年龄: <input
                type = text name = "age" value = ""> <BR> 性别: <input
                type = text name = "gender" value = ""> <BR> 专业: <input
                type = text name = "major" value = ""> <input type = submit
                name = "add" value = "添加记录">
        </form>
    </body>
    </html>
```

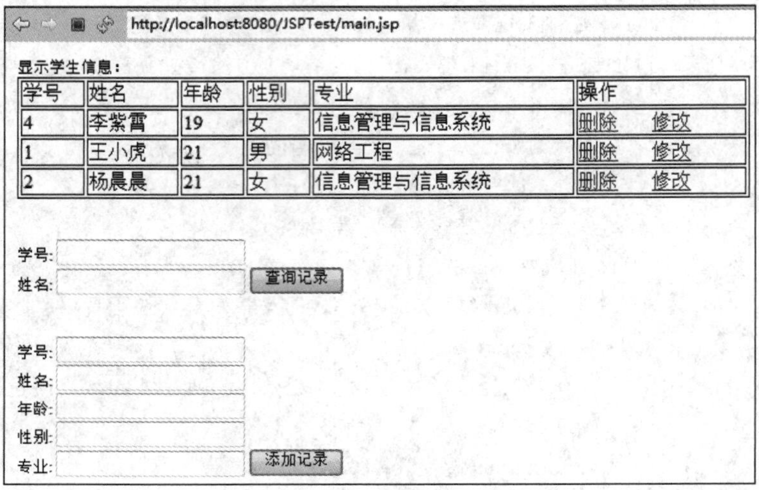

http://localhost:8080/JSPTest/main.jsp

显示学生信息：

学号	姓名	年龄	性别	专业	操作
4	李紫霄	19	女	信息管理与信息系统	删除　修改
1	王小虎	21	男	网络工程	删除　修改
2	杨晨晨	21	女	信息管理与信息系统	删除　修改

学号:
姓名:　查询记录

学号:
姓名:
年龄:
性别:
专业:　添加记录

图 3-5　主页面

(5) modify.jsp，修改学生信息页面，其效果如图 3-6 所示。

```
<%@ page language = "java" contentType = "text/html" pageEncoding = "UTF-8"%>
<%@ page import = "java.sql.*"%>
<%@ page import = "com.Student"%>
<jsp:useBean id = "login" class = "com.DataBaseOperator" scope = "session"></jsp:useBean>
<%
        String success = login.getSuccess();
        String logname = login.getLogname();
        String stuid = request.getParameter("idn");
        if (success == null) {
                success = "";
        }
        if ((session.isNew())) {
                response.sendRedirect("login.jsp");
        } else if (!(success.equals("ok"))) {
                response.sendRedirect("login.jsp");
        } else if (stuid == null) {

                response.sendRedirect("login.jsp");
        }
        else {
                int id = Integer.parseInt(stuid);
                Student st = new Student();
                st = login.searchOneStudent(id);
%>
```

```
<script type = "text/javascript">
    function check() {
        var id = document.getElementById("id").value;
        var age = document.getElementById("age").value;
        if (isNaN(age) || id == "" || isNaN(id)) {
            alert("学号不能为空，且学号与年龄必须是数字！");
            return false;
        }
        return true;
    }
</script>
<html>
<body>
    <Font size=2> <%-- 修改学生信息的表单--%>
        <P>修改学生信息：
        <form action = "update.jsp" method = "POST" onsubmit = "return check();">
            <BR> 学号: <input type = text name = "id" value = "<%= st.getId()%>">
            <BR> 姓名: <input type = text name = "name" value = "<%= st.getName()%>">
            <BR> 年龄: <input type = text name = "age" value = "<%= st.getAge()%>">
            <BR> 性别: <input type = text name = "gender"
                value = "<%= st.getGender()%>"> <BR> 专业: <input type = text
                name = "major" value = "<%= st.getMajor()%>"> <BR> <input
                type = submit name = "g" value = "提交修改">
        </form> <%
    }
 %>
</body>
</html>
```

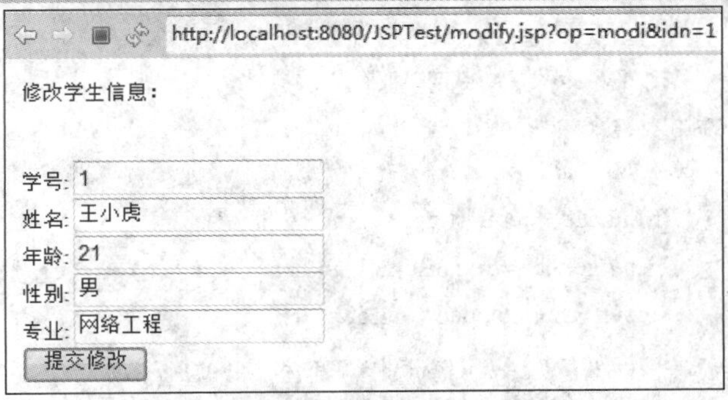

图 3-6　修改学生信息页面

(6) showresult.jsp，学生信息显示页面，其效果如图 3-7 所示。

```
<%@ page language = "java" contentType = "text/html" pageEncoding = "UTF-8"%>
<%@ page import = "java.sql.*"%>
<%@ page import = "com.Student"%>
<%@ page import = "java.util.*"%>
<%@ page import = " javax.swing.JOptionPane"%>
<jsp:useBean id = "login" class = "com.DataBaseOperator" scope = "session"></jsp:useBean>
<%
    if ((session.isNew())) {
        response.sendRedirect("login.jsp");
    }
    String success = login.getSuccess();
    if (success == null) {
        success = "";
    }
    if (!(success.equals("ok"))) {
        response.sendRedirect("login.jsp");
    }
%>
<html>
<body>
    <Font size = 2> <%
    String op = request.getParameter("op");
    String logname = login.getLogname();
    if (logname == null || op == null) {
        logname = "";
        response.sendRedirect("login.jsp");
    } else {
        String id = request.getParameter("id");
        String name = request.getParameter("name");
        name = login.codeString(name);
        Set<Student> sts = null;
        if (op.equals("add")) {
            String age = request.getParameter("age");
            String gender = request.getParameter("gender");
            gender = login.codeString(gender);
            String major = request.getParameter("major");
            major = login.codeString(major);
            int idnew = Integer.parseInt(request.getParameter("uid"));
            //调用 DataBaseOperator 类中的 insert 方法插入一条学生记录
```

```
            login.insert(idnew, name, age, gender, major);
            //调用 DataBaseOperator 类中的 searchAllStudents 方法获取所有学生记录
            sts = login.searchAllStudents();
        } else
            //调用 DataBaseOperator 类中的 searchStudents 方法获取学生记录
            sts = login.searchStudents(id, name);
        Iterator<Student> it = sts.iterator();
         %>
        <P>
            学生信息：  <a href = "main.jsp">返回主页</a>
        <Table frame = "border" bordercolor = "black" style = "width: 600px;">
            <!--  表头-->
            <TR>
                <TD style = "border: 1px solid black;">学号</TD>
                <TD style = "border: 1px solid black;">姓名</TD>
                <TD style = "border: 1px solid black;">年龄</TD>
                <TD style = "border: 1px solid black;">性别</TD>
                <TD style = "border: 1px solid black;">专业</TD>
            </TR>
            <%
                Iterator<Student> it = sts.iterator();
                    while (it.hasNext()) {
                        Student st = it.next();
            %>
            <!--  根据记录的条数，显示学生记录-->
            <TR>
                <TD style = "border: 1px solid black;"><% = st.getId()%></TD>
                <TD style = "border: 1px solid black;"><% = st.getName()%></TD>
                <TD style = "border: 1px solid black;"><% = st.getAge()%></TD>
                <TD style = "border: 1px solid black;"><% = st.getGender()%></TD>
                <TD style = "border: 1px solid black;"><% = st.getMajor()%></TD>
            </TR>
            <%
                }
                }
            %>
        </Table>
</body>
</html>
```

http://localhost:8080/JSPTest/showresult.jsp?op=select

学生信息：返回主页

学号	姓名	年龄	性别	专业
1	王小虎	21	男	网络工程
4	李紫霄	19	女	信息管理与信息系统
2	杨晨晨	21	女	信息管理与信息系统

图 3-7　学生信息显示页面

(7) update.jsp，操作成功提示页面，其效果如图 3-8 所示。

```
<%@ page language = "java" contentType = "text/html" pageEncoding = "UTF-8"%>
<%@ page import = "java.sql.*"%>
<jsp:useBean id = "login" class = "com.DataBaseOperator" scope = "session"></jsp:useBean>
<%
	String logname = login.getLogname();
	String delop = request.getParameter("op");
	String success = login.getSuccess();
	String id1 = request.getParameter("id");
	String id2 = request.getParameter("idn");
	if (success == null) {
		success = "";
	}
	if ((session.isNew())) {
		response.sendRedirect("login.jsp");
	} else if (!(success.equals("ok"))) {
		response.sendRedirect("login.jsp");
	}
	else if ((id1 == null) && (id2 == null))
		response.sendRedirect("login.jsp");
	else {
		if (delop == null) {
			String name = request.getParameter("name");
			name = login.codeString(name);
			String age = request.getParameter("age");
			String gender = request.getParameter("gender");
			gender = login.codeString(gender);
			String major = request.getParameter("major");
			major = login.codeString(major);
			login.update(Integer.parseInt(id1), name, age, gender, major);
```

```
            }

            else {
                login.delete(Integer.parseInt(id2));
            }
        }
%>
<html>
<body>
    <Font size = 2>
        <P>
            操作成功。 <a href = "main.jsp">返回主页</a>
</body>
</html>
```

http://localhost:8080/JSPTest/update.jsp?op=del&idn=55

操作成功。 返回主页

图 3-8　操作成功提示页面

本 章 小 结

本章首先讲述了 JSP 的特点，说明了 JSP 相对于 HTML 和 Servlet 开发的优势。然后从一个简单的 JSP 例子入手向读者展示了 JSP 程序，即在 HTML 中插入 Java 程序段和 JSP 标签构成的页面文件。而后对 JSP 的运行原理进行了阐述。接着对 JSP 的基本构成、JSP 各种组成元素进行了介绍，说明了这些 JSP 基本元素的使用方法。然后对 JSP 调用 Servlet 和 JavaBean 的方法等进行了归纳总结。最后给出了一个使用 JSP 开发小型学生信息管理系统的实例，包括使用 JSP 开发的交互界面、访问数据库等功能的实现。

习　　题

1. JSP 的运行原理是什么？
2. JSP 中 include 指令与 include 动作的区别是什么？
3. JSP 中的内置对象包含哪些？试简述这些对象在 JSP 中的主要功能。
4. 什么是 JavaBean？它的作用是什么？在 JSP 页面中如何调用 JavaBean？请通过编程进行展示。
5. 使用 JSP 编写成绩录入查询系统，实现访问数据库的基本功能。

第 4 章　Ajax 和 JSON

4.1　Ajax 技术简介

Ajax (Asynchronous JavaScript and XML)是一种创建交互式网页应用的开发技术。通过在后台与服务器进行少量的数据交换，Ajax 实现网页的异步更新，这意味着可以在不重新加载整个 Web 页面的情况下，对网页的某部分内容进行更新。与传统 Web 开发相比(如图 4-1 所示)，Ajax 是一种独立于 Web 服务器的浏览器技术。它在浏览器与服务器之间使用异步传输(HTTP 请求)模式，这样可使网页从服务器请求少量的数据，而不是整个页面。

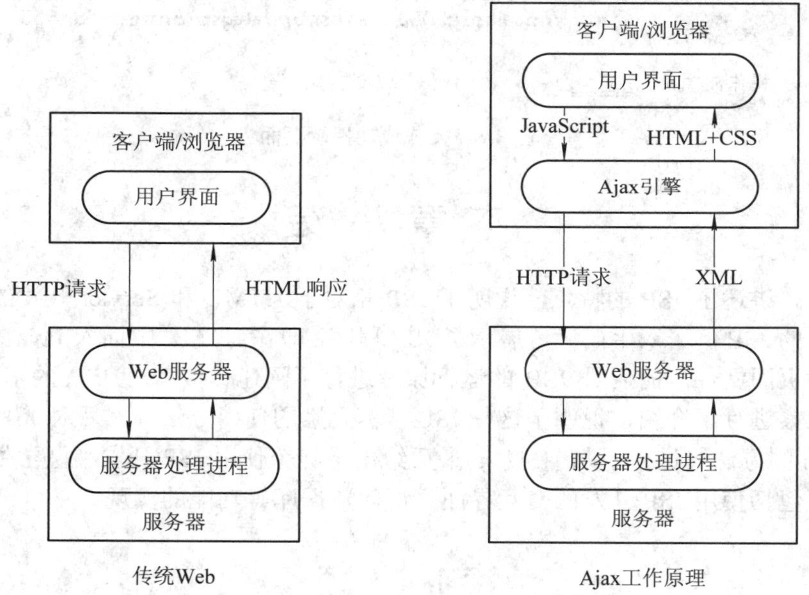

图 4-1　传统 Web 开发与 Ajax 应用的结构比较

Ajax 并不是一种新的编程语言，而是多种技术的综合。它主要包括以下一些关键技术：

- XHTML 和 CSS：通过标准化的方式显示数据。
- XML 和 XSLT：进行数据的交互和操作。
- DOM(Document Object Model)：实现动态的显示和交互。
- XMLHttpRequest：用于数据的异步更新。
- JavaScript：响应用户动作和处理数据，并将以上关键技术绑定在一起。

Ajax 的核心是 JavaScript 对象 XMLHttpRequest。该对象在 Internet Explorer 5 中首次引入，可支持异步请求。简而言之，XMLHttpRequest 可以使用 JavaScript 向服务器提出请

求并处理响应，避免阻塞用户的当前活动。Ajax应用的工作过程如下：

(1) JavaScript脚本使用XMLHttpRequest对象向服务器发送请求。在发送请求时，既可以发送GET请求，也可以发送POST请求。

(2) JavaScript脚本使用XMLHttpRequest对象解析服务器响应数据。

(3) JavaScript脚本通过DOM动态刷新HTML页面，也可以为服务器响应数据增加CSS样式表，在当前网页的某个部分加以显示。

使用Ajax可以最大程度地减少冗余请求，无需频繁地刷新整个页面，从而减轻服务器的负担。把需要服务器处理的数据转移到客户端处理，进一步促进页面呈现与数据的分离。

4.1.1 XMLHttpRequest对象

Ajax技术的核心就是异步请求发送，而XMLHttpRequest则是异步发送请求的对象。如果没有异步请求发送，将Ajax的其他技术组织在一起会变得没有意义，因此整个Ajax技术的灵魂便是XMLHttpRequest。

1. 同步与异步

在Ajax应用程序中，XMLHttpRequest对象负责将用户数据以异步通信的方式发送到服务器端，并接收服务器返回的信息和数据。JavaScript本身并不具备向服务器发送请求的能力，因此要么使用window.open( )方法重新打开一个页面向服务器提交请求，要么使用XMLHttpRequest对象发送请求。不同的是，前者是普通的同步交互模式，而后者是异步交互方式。

在传统的Web应用程序中，客户端打开一个网页或者单击网页中的某个按钮、链接就会向Web服务器发送HTTP请求，当服务器接受到请求并执行相关逻辑操作之后，会返回一个新的HTML页面，这意味着客户端需要重新刷新整个网页的内容，整个过程是同步的。同步交互时序图如图4-2所示。用户在客户端浏览网页时，服务器端不做任何事情。在客户端发送请求到接收到新的HTML代码之前的这段时间内，服务器在处理请求，而客户端只能等待。

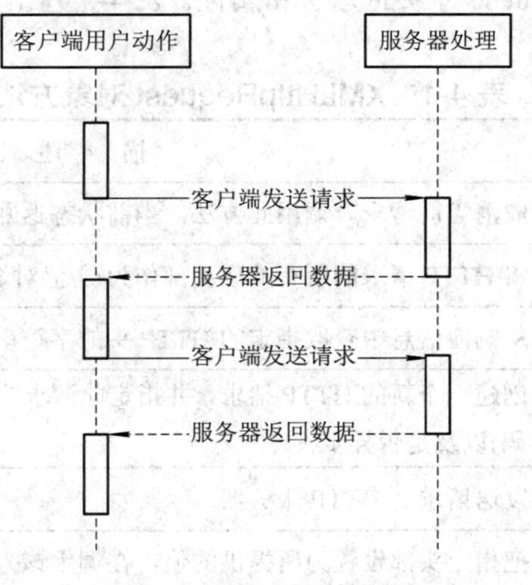

图4-2　同步交互时序图

当客户端与服务器交互的数据量比较大时，中间冗长的等待时间对用户来说是不能接受的。XMLHttpRequest 对象凭借自身的异步性，可以让客户端与服务器之间采用异步的交互过程。异步交互的数据不再只限于完整的 HTML 代码，它可以是 HTML 代码片段、JavaScript 脚本以及其他形式的数据。在将数据发送给服务器并等待服务器返回响应的过程中，Ajax 允许用户浏览网页中的其他内容或者进行其他操作，解决了客户端总是等待的缺点。异步交互时序图如图 4-3 所示。

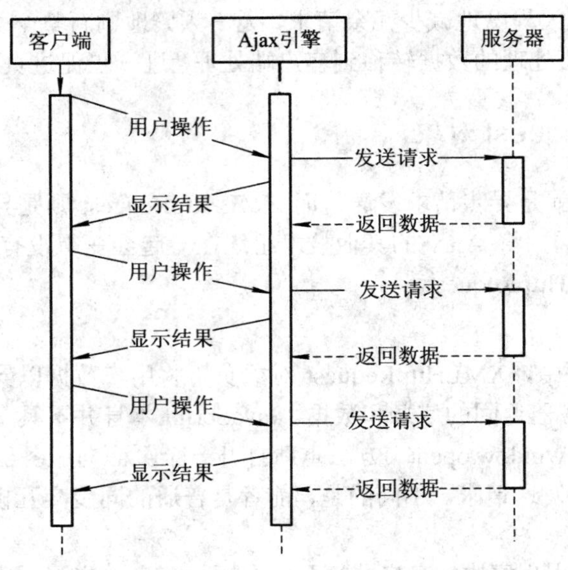

图 4-3　异步交互时序图

2. XMLHttpRequest 对象属性与方法

XMLHttpRequest 对象提供了一系列的属性和方法，用于向服务器发送异步的 HTTP 请求。在服务器处理用户请求的过程中，XMLHttpRequest 通过属性的状态值来实时反映 HTTP 请求所处的状态，并根据当前状态指示 JavaScript 做出相应处理。表 4-1 和表 4-2 分别列出了 XMLHttpRequest 对象的方法和属性。表 4-3 列出了 readyState 属性的状态值及其说明。

表 4-1　XMLHttpRequest 对象方法

方 法	描　述
abort	取消当前请求。调用此方法，当前状态返回 UNINITIALIZED 状态
getAllResponseHeaders	将 HTTP 请求的所有响应头部作为键/值对返回
getResponseHeaders	从响应信息中获取指定的 HTTP 头的字符串形式
open	创建一个新的 HTTP 请求，并指定此请求的方法、URL、验证信息(用户名/密码)以及是否异步
send	发送请求到 HTTP 服务器
setRequestHeader	把指定头部设置为所提供的值，在调用该方法之前必须先调用 open 方法

表 4-2　XMLHttpRequest 对象属性

属　性	描　述
onreadystatechange	状态改变的事件触发器，当 readyState 属性改变时，会触发此事件。只写
readyState	当前请求处理返回的状态，只读
responseBody	将响应信息以 unsigned byte 数组形式返回，只读
responseStream	将响应信息以 Ado Stream 对象形式返回，只读
responseText	将响应信息以字符串形式返回，只读
responseXML	将响应信息格式化为 XML Document 对象返回，只读
status	返回当前请求的 HTTP 状态码
statusText	HTTP 状态码的相应文本，只读

表 4-3　readyState 属性的状态值

状 态	含 义	说 明
0	未初始化	对象已创建，但未初始化，即尚未调用 open( )方法
1	初始化	对象已创建，已调用 open( )方法，但尚未调用 send( )方法
2	发送数据	send( )方法已调用，准备发送数据
3	数据传送中	已接受部分数据，但没有完全接收
4	传送完成	数据接收完毕，此时可以通过 response 系列方法获取完整回应数据

值得注意的是，不同版本的浏览器中创建 XMLHttpRequest 对象的方法不尽相同，在后面实例开发中再做详细介绍。

4.1.2　第一个 Ajax 程序

认识了 Ajax 以及它的核心对象 XMLHttpRequest 之后，接下来看一个非常简单的例子，感受一下 Ajax 是如何与服务器之间进行异步通信的。这个例子的功能是实现单击网页上的一个按钮，显示一句“Hello，World！”。在第 1 章已经搭建好的开发环境下找到 Tomcat 安装目录，在 webapps 目录下新建文件夹 FirstAjax，并在其下创建文件 index.html 和文件 helloworld.html。文件 index.html 的代码如例程 4-1 所示。

例程 4-1　index.html

```
<html>
<head>
        <title>第一个 Ajax 程序</title>
        <script language = "javascript">
            //建立 xmlHttp 核心对象
            var xmlHttp;
            //创建 XMLHttpRequest 核心对象
            function createXMLHttp()
            {
```

```
            //判断当前使用的浏览器类型
            if(window.XMLHttpRequest)
            {
                //表示使用的是 FireFox 内核的浏览器
                xmlHttp = new XMLHttpRequest();
            }else
            {   //表示使用的是 IE 内核的浏览器
                xmlHttp = new ActiveXObject("Microsoft.XMLHTTP");
            }
        }
        function showMsg()
        {   //建立一个 xmlHttp 核心对象
            createXMLHttp();
            //设置一个请求
            xmlHttp.open("POST","helloworld.html");
            //设置请求完成之后处理的回调函数
            xmlHttp.onreadystatechange = showMsgCallback;
            //发送请求，不传递任何参数
            xmlHttp.send(null);
        }
        function showMsgCallback()
        {
            if(xmlHttp.readyState == 4)          //定义回调函数
            {
                if(xmlHttp.status == 200)      //正常 HTML 操作
                {
                    //接受返回的内容
                    var text = xmlHttp.responseText;
                    document.getElementById("msg").innerHTML = text;
                }
            }
        }

    </script>
</head>
<body>
<input type = "button" value = "调用 Ajax 的内容" onclick = "showMsg()"/>
<span id = "msg"></span>
</body>
</html>
```

文件 index.html 中包括 createXMLHttp、showMsg、showMsgCallback 这三个 JavaScript 函数。其中，createXMLHttp 函数完成 XMLHttpRequest 对象的初始化；showMsg 函数向 Web 服务器发送 XMLHttp 请求，访问 helloworld.html 文件中的数据；showMsgCallback 函数将服务器返回的信息以字符串的形式赋给 text，并在网页上显示。文件 helloworld.html 的代码如例程 4-2 所示。

例程 4-2　helloworld.html

```
<html>
    <head>
            <title> </title>
    </head>
            <body>
                hello,world!
            </body>
</html>
```

单击“调用 Ajax 的内容”按钮触发监听事件 onclick，从而向服务器异步发送请求，获取返回的信息并显示。代码运行效果分别如图 4-4 和图 4-5 所示。由于实例比较简单，并没有使用数据库，关于 Ajax 与数据库的应用将在后面章节做详细介绍。

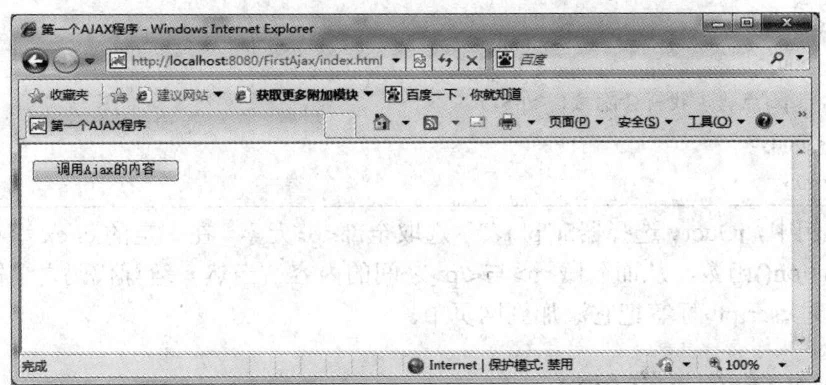

图 4-4　index.html 运行效果

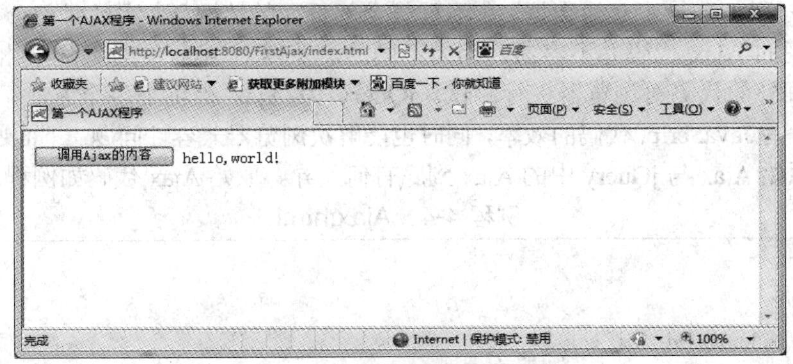

图 4-5　单击按钮运行效果

4.2　jQuery 技术简介

jQuery 是一个兼容多浏览器的 JavaScript 库，核心理念是“write less, do more”。jQuery 的语法设计可以使开发更加敏捷，能完成文档对象的操作、选择 DOM 对象、制作动画效果、事件处理、使用 Ajax 以及其他功能。同时 jQuery 提供许多成熟的插件，能使用户的 HTML 代码与内容分离，即不用再在 HTML 里面插入一堆 JavaScript，只需定义 ID 即可。模块化的应用模式可以轻松地开发出功能强大的动态页面。下面来看一个简单的 jQuery 实例(如例程 4-3 所示)。

例程 4-3　jQuery.html

```
<html>
  <head>
    <script type = "text/javascript" src = "jquery.js"></script>
    <script type = "text/javascript">
      $(document).ready(function(){
      $("p").click(function(){$(this).hide();});});
    </script>
  </head>
  <body>
    <p>点我，我就会隐藏！ </p>
  </body>
</html>
```

在该实例中，jQuery 选择器$("p")表示选取全部<p>元素，在绑定的 click 事件被触发之后调用 function()函数，从而隐藏<p>与</p>之间的内容。当然，运行代码之前需要先下载 jQuery 并通过<script>标签把它添加到网页中。

4.2.1　jQuery 框架下的 Ajax

Ajax 是与服务器异步交换数据，在不重载全部页面的情况下，实现对部分网页的更新。但是编写常规的 Ajax 代码并不容易，因为不同的浏览器对 Ajax 的实现并不相同。这意味着需要编写额外的代码对浏览器进行测试。jQuery 为 Ajax 提供了多个方法，使用 jQuery 将极大提高编写 JavaScript 代码的效率，同时也能解决浏览器兼容性问题。下面通过一个实例来比较一下原始 Ajax 与 jQuery 中的 Ajax 到底有何差异。原始 Ajax 代码如例程 4-4 所示。

例程 4-4　Ajax.html

```
<html>
<head>
    <title>jQuery-Ajax</title>
    <script type = "text/javascript">
```

```
$(function()
{
    var xhr = new AjaxXmlHttpRequest();
    $("#btnAjaxOld").click(function(event)
    {
        var xhr = new AjaxXmlHttpRequest();
        xhr.onreadystatechange = function()
        {
            if (xhr.readyState == 4)
            {
                document.getElementById("divResult").innerHTML = xhr.responseText;
            }
        }
        xhr.open("GET", "data/AjaxGetCityInfo.jsp?resultType = html", true);
        xhr.send(null);
    });
})
//跨浏览器获取 XmlHttpRequest 对象
function AjaxXmlHttpRequest()
{
    var xmlHttp;
    try
    {
        // Firefox, Opera 8.0+, Safari
        xmlHttp = new XMLHttpRequest();
    }
    catch (e)
    {
        // Internet Explorer
        try
        {
            xmlHttp = new ActiveXObject("Msxml2.XMLHTTP");
        }
        catch (e)
        {
            try
            {
                xmlHttp = new ActiveXObject("Microsoft.XMLHTTP");
            }
```

```
                    catch (e)
                    {
                        alert("您的浏览器不支持 AJAX！");
                        return false;
                    }
                }
            }
            return xmlHttp;
        }
    </script>
</head>
<body>
    <button id = "btnAjaxOld">原始 Ajax 调用</button><br />
    <br />
    <div id = "divResult"></div>
</body>
</html>
```

从上面的实例中可以看出，原始的 Ajax 需要手动地做很多事情。例如，针对不同的浏览器创建 XMLHttpRequest 对象、判断请求状态、编写回调函数等。下面来看一下使用 jQuery 的 Ajax 函数实现的代码(如例程 4-5 所示)。

例程 4-5　jQuery-Ajax.html

```
<html>
<head>
    <title>jQuery -Ajax</title>
    <script type = "text/javascript" src = "scripts/jquery-1.3.2-vsdoc2.js"></script>
    <script type = "text/javascript">
        $(function()
        {
            $("#btnAjaxJquery").click(function(event)
            {
                $("#divResult").load("data/AjaxGetCityInfo.jsp", { "resultType": "html" });
            });
        })
    </script>
</head>
<body>
    <button id = "btnAjaxJquery">使用 jQuery 的 load 方法</button>
    <br />
```

```
    <div id = "divResult"></div>
</body>
</html>
```

不难看出，使用 jQuery 不仅简化了代码的逻辑结构，甚至相对于上面的原始 Ajax 代码，使用 jQuery 的 Load 方法就能代替一大堆繁琐的函数定义与调用。因此 jQuery 提供的 Ajax 方法可以在解决各种差异性问题的同时，大大提高代码的编写效率。

4.2.2　利用 jQuery 的 Ajax 功能调用远程方法

jQuery 提供了多个与 Ajax 相关的方法，通过调用这些方法能够使用 HTTP GET 或 HTTP POST 从远程服务器上请求文本、HTML、XML 或 JSON 数据。同时，能把这些远程外部数据直接载入网页的被选元素中。

(1) jQuery.load (url, [data], [callback])方法：

- url：规定希望加载的 url。
- data：与请求一同发送的查询字符串键/值对集合。
- callback：load 方法完成后所执行的函数名称。

jQuery.load 方法能够载入远程的 HTML 文件代码并插入 DOM 中，默认使用 GET 方式，如果传递了 data 参数则使用 POST 方式。jQuery.load 是最简单的 Ajax 函数，使用具有一定的局限性。它主要用于直接返回 HTML 的 Ajax 接口。下面来看一下 jQuery.load 方法的运用。以下是 jQuery-load.txt 文件的内容：

```
<h2>jQuery and Ajax</h2>
<p id = "p1">This is some text in a paragraph.</p>
```

下面的这句代码会把 jQuery-load.txt 文件中 id = p1 的元素内容加载到指定的<div1>元素中：

```
$("#div1").load("jQuery-load.txt #p1");
```

(2) jQuery.get (url, [callback])方法：

- url：希望请求的 url。
- callback：请求成功后所执行的函数名称。

jQuery.get 方法通过 HTTP GET 方式从远程服务器上请求数据。

【例 4.1】 使用$.get()方法从服务器上的一个文件中取回数据：

```
$("button").click(function(){
  $.get("demo_test.jsp", function(data,status){
    alert("Data: " + data + "\nStatus: " + status);
  });
});
```

$.get()的第一个参数是请求的 url("demo_test.jsp")，第二个参数是回调函数 function。该函数的第一个回调参数 data 保存被请求页面的内容，第二个回调参数 status 保存请求的状态。demo_test.jsp 文件的关键代码如下：

```
<%
```

```
response.write("This is some text from an external ASP file.")
%>
```

(3) jQuery.post (url, [data], [callback])方法：

- url：希望请求的 url。
- data：与请求一同发送的数据。
- callback：请求成功后所执行的函数名称。

jQuery.post 方法通过 HTTP POST 方式从远程服务器上请求数据。

【例 4.2】 使用$.post()连同请求一起发送数据。代码如下：

```
$("button").click(function(){
  $.post("demo_test_post.jsp",
  {
    name:"Donald Duck",
    city:"Duckburg"
  },
  function(data,status){
    alert("Data: " + data + "\nStatus: " + status);
  });
});
```

$.post()的第一个参数是请求的 URL("demo_test_post.jsp")。然后连同请求(name 和 city)一起发送数据。demo_test_post.jsp 文件中的 JSP 脚本读取这些参数，对它们进行处理，然后返回结果。第三个参数是回调函数。第一个回调参数 data 保存被请求页面返回的内容，而第二个参数 status 保存请求的状态。demo_test_post.jsp 文件的关键代码如下：

```
<%
String fname = Request.getParameter("name");
String city = Request.getParameter("city");
Out.Write("Dear " + fname + ". ");
Out.Write("Hope you live well in " + city + ".");
%>
```

(4) jQuery.ajax (options)方法：通过 HTTP 请求加载远程数据，并返回其创建的 XMLHttpRequest 对象。这是 jQuery 中 Ajax 的核心函数，上面所有的发送 Ajax 请求的函数内部最后都会调用此函数。option 参数支持很多数据类型，如 XML、HTML、Script、JSON、TXT 等。使用这些参数完全可以控制 Ajax 的请求，在 Ajax 回调函数中的 this 对象也是 options 对象。

4.3 JSON 简介

JSON(JavaScript Object Notation)是一种轻量级的文本数据交换格式。JSON 解析器和 JSON 库支持多种不同的编程语言，包括 C、C++、C#、Java、JavaScript、Perl 和 Python 等。它与 XML 类似，使用 JavaScript 语法来描述数据对象，后来慢慢发展成独立于任何语言和平台的数据交换格式，比 XML 更小、更快、更易解析。正是由于这些特性，JavaScript 能够通过内建函数，使用 JSON 数据来生成原生的 JavaScript 对象。

4.3.1　JSON 的语法

JSON 主要有以下两种数据结构：

(1) 键/值对组成的数据结构。这种数据结构在不同的语言中有不同的实现，例如，在 JavaScript 中是一个对象，在 Java 中是一种 Map 结构，在 C 语言中则是一个 struct。

(2) 值的有序集合。这种数据结构在不同语言中可能由 list、vector、数据和序列等实现。

以上这两种数据结构完全可以实现跨语言跨平台，从而成为通用的数据交换格式。在 JavaScript 中主要有两种 JSON 语法：一种用于创建对象；另一种用于创建数组。下面通过一个实例具体说明 JSON 的语法规则：

```
{
"employees": [
{ "firstName":"Bill" , "lastName":"Gates" },
{ "firstName":"George" , "lastName":"Bush" },
{ "firstName":"Thomas" , "lastName":"Carter" }
]
}
```

在上面的例子中，employees 数组包括三个员工记录，而每个员工记录又是一个对象，因此 JSON 的语法格式如下：

· 数组：值的有序集合。一个数组以“[”开始，以“]”结束，数组中各个值之间使用逗号“,”分隔。

· 对象：一个无序的名称/值对集合。一个对象以“{”开始，以“}”结束，每个“名称”后接一个“:”冒号，名称/值对之间使用“,”逗号分隔。

· JSON 值(Value)：JSON 数据值用双引号括起来，可以是数字(整数/浮点数)、字符串、逻辑值(true/false)、数组、对象、null。这些结构可以嵌套使用。

现在清楚了 JSON 的数据格式，接下来使用 JavaScript 创建一个对象数组 employees 并赋值，进行一些简单的操作。代码如下：

```
var employees = [
{ "firstName":"Bill" , "lastName":"Gates" },
{ "firstName":"George" , "lastName":"Bush" },
{ "firstName":"Thomas" , "lastName": "Carter" }
];
```

创建好对象数组 employees 之后，可以使用下面语句访问对象数据中的第一项：

```
employees[0].lastName;
```

返回的内容是：Gates。

修改对象数组 employees 第一项中的 lastName 值，可以直接对其进行赋值。

```
employees[0].lastName = "Jobs";
```

4.3.2　JSON 的使用

JSON 最常见的用法之一，是从 Web 服务器上读取 JSON 数据(作为文件或作为 HttpRequest)，将 JSON 数据转换为 JavaScript 对象，然后在网页中使用该数据。为了便于理解，这里使用字符串作为输入进行讲解。

首先，创建包含 JSON 语法的 JavaScript 字符串。代码如下：

```
var txt = '{"employees":[' +
'{"firstName":"Bill","lastName":"Gates" },' +
'{"firstName":"George","lastName":"Bush" },' +
'{"firstName":"Thomas","lastName":"Carter" }]}';
```

由于 JSON 语法是 JavaScript 语法的子集，因此 JavaScript 使用函数 eval( )可用于将 JSON 文本转换为 JavaScript 对象。eval( )方法使用的是 JavaScript 编译器，必须把文本包围在括号中，这样才能避免语法错误。代码如下：

```
var obj = eval ("(" + txt + ")");
```

JSON 文本在转换为 JavaScript 对象之后，就可以在网页中使用。代码如下：

```
<p>
First Name: <span id = "fname"></span><br />
Last Name: <span id = "lname"></span><br />
</p>
<script type = "text/javascript">
document.getElementById("fname").innerHTML = obj.employees[1].firstName
document.getElementById("lname").innerHTML = obj.employees[1].lastName
</script>
```

4.3.3　生成和解析 JSON 数据

在 JSON 数据提供的系统类中，关于 JSON 数据的生成和解析主要包括以下几个类：

(1) JSONObject：可以看成是一个 JSON 对象，这是系统中有关 JSON 定义的基本单元，其包含一对(Key/Value)数值。

JSONObject 对外部调用的响应体现为一个标准的字符串。例如：

```
{"JSON": "Hello, World"}
```

JSONObject 对内部(Internal)行为的操作格式略微不同，例如，初始化一个 JSONObject 实例，引用内部的 put()方法添加数值：

```
new JSONObject().put("JSON", "Hello, World!")
```

(2) JSONStringer：JSON 文本构建类，这个类可以帮助快速和便捷的创建 JSON text。其最大的优点在于可以减少由于格式的错误导致程序异常，引用这个类可以自动严格按照 JSON 语法规则(Syntax Rules)创建 JSON text。每个 JSONStringer 实体只能对应创建一个 JSON text。

(3) JSONArray：它代表一组有序的数值，将其转换为 String 输出(toString)所表现的形式。这个类的内部同样具有查询行为，get()和 opt()两种方法都可以通过 index 索引返回指定的数值，put()方法用来添加或者替换数值。

(4) JSONTokener：JSON 解析类。

(5) JSONException：JSON 异常类。

1．生成 JSON 数据

认识完这些类之后，接下来利用 JSONObject 构建一个简单的 JSON。代码如下：

```
//生成 JSON
public String createJson() {
    try {
        JSONObject jsonObject = new JSONObject();
        jsonObject.put("id", "1");
        jsonObject.put("name", "李磊");
        jsonObject.put("age", "30");
        return jsonObject.toString();
    } catch (Exception e) {
        e.printStackTrace();
    }
    return "";
}
```

得到的 JSON 数据为“{"id":"1","name":"李磊","age":"30"}”，实现的流程就是新建一个 jsonObject 对象，通过 put 将属性添加到 JSON。接下来创建一个带有数组的 JSON 数据。代码如下：

```
public String createJson() {
    List<Person> persons = getTestValues();
    try {
        JSONObject jsonObject = new JSONObject();
        JSONArray array = new JSONArray();
        for (int i = 0; i < persons.size(); i++) {
            JSONObject person = new JSONObject();
            Person p = persons.get(i);
            person.put("id", p.getId());
            person.put("name", p.getName());
            person.put("age", p.getAge());
            array.put(person);
        }
        jsonObject.put("persons", array);
        System.out.println(jsonObject.toString());
        return jsonObject.toString();
```

```
        } catch (Exception e) {
            // TODO Auto-generated catch block
            e.printStackTrace();
        }
        return "";
    }
```

得到的数据如下：

```
{"persons":[{"id":"1","age":"30","name":"李磊"},
{"id":"2","age":"25","name":"韩梅梅"}]}
```

实现流程首先要创建最外层的{}对象 jsonObject，紧接着创建数组对象 persons，用来保存两个人的信息。再在循环内创建 jsonObject 对象，用来保存每个人的信息，添加完属性之后将对象添加到数组，最后将数组添加到最外层对象。除了使用 JSONObject 和 JSONArray 来创建 JSON 之外，还可以使用 JSONStringer 创建 JSON。代码如下：

```
public String createJson() {
    JSONStringer jsonStringer = new JSONStringer();
    try {
        jsonStringer.object();
        jsonStringer.key("id").value("1");
        jsonStringer.key("name").value("李磊");
        jsonStringer.key("age").value("30");
        jsonStringer.endObject();
        System.out.println(jsonStringer.toString());
    } catch (Exception e) {
        e.printStackTrace();
    }
    return jsonStringer.toString();
}
```

2．解析 JSON 数据

下面解析一个简单的 JSON 数据，数据为“{"id":"1","name":"李磊","age":"30"}”。代码如下：

```
//解析 JSON
public Person parserJson() {
    String json = "{\"id\":\"1\",\"name\":\"李磊\",\"age\":\"30\"}";
    Person person = new Person();
    try {
        JSONTokener jsonTokener = new JSONTokener(json);
        // 此时还未读取任何 json 文本，直接读取就是一个 JSONObject 对象。
        // 如果此时的读取位置在"name"：了，那么 nextValue 就是"李磊"(String)
```

```
            JSONObject jsonObject = (JSONObject) jsonTokener.nextValue();
            person.setId(jsonObject.getString("id"));
            person.setName(jsonObject.getString("name"));
            person.setAge(jsonObject.getString("age"));
        } catch (Exception e) {
            e.printStackTrace();
        }
        return person;
    }
```

由以上代码可以看出，首先将 JSON 字符串转换为 jsonTokener 对象，在这个过程中使用了 JSONTokener 解析类。接着调用 jsonTokener 的 nextValue()方法将 JSON 数据转换为 jsonObject 对象，通过 getString(keyname)获取需要的值。接下来看一段解析带有数组的 JSON 数据代码：

```
    {"persons":[{"id":"1","name":"李磊","age":"30"},{"id":"2","name":"韩梅梅","age":"25"}]}
    //JSON 数据
    public List<Person> parserJson() {
            String  json  =  "{\"persons\":[{\"id\":\"1\",\"name\":\"李磊\",\"age\":\"30\"}, {\"id\":\"2\",
\"name\": \"韩梅梅\",\"age\":\"25\"}]}";
              List<Person> persons = new ArrayList<Person>();
            try {
                JSONTokener jsonTokener = new JSONTokener(json);
                // 此时还未读取任何 json 文本，直接读取就是一个 JSONObject 对象。
                // 如果此时的读取位置在"name"：了，那么 nextValue 就是"李磊"(String)
                JSONObject jsonObject = (JSONObject) jsonTokener.nextValue();
                JSONArray array = jsonObject.getJSONArray("persons");
                for (int i = 0; i < array.length(); i++) {
                    JSONObject object = array.getJSONObject(i);
                    Person person = new Person();
                    person.setId(object.getString("id"));
                    person.setName(object.getString("name"));
                    person.setAge(object.getString("age"));
                    persons.add(person);
                }
            } catch (Exception e) {
                e.printStackTrace();
            }
            return persons;
        }
```

首先，创建一个 list 用来存储解析的信息，将 JSON 字符串转换为 jsonTokener 对象，再转换为 jsonObject 对象，通过 getJSONArray("persons")获取 JSON 数组，最后通过循环逐个解析 JSON 数组里两个对象的数据。

4.4　Java EE 平台中的 JSON 处理

基于文本、完全独立于语言的数据交换格式，使 JSON 迅速成为开发商首选的 Web 服务。JSON 通常用于 Ajax 应用、配置、数据库和 RESTful Web Service 中，大部分流行的网站在 RESTful Web Service 中都使用了 JSON 数据交换方式。目前，Java EE 应用程序中提供了各种便捷的 API 用来处理 JSON 数据，其中，包括主流的对象模型(Object Model)API 和流模型(Streaming Model)API。

对象模型 API 在内存中产生一个随机存取的树状结构来代表 JSON 数据，这个树可以被操作和查询。这种编程模型可以很灵活地处理需要随机存取完整内容的树。但是，对象模型通常没有流模型效率高，而且需要的存储空间也比流模型多。流模型 API 提供了一种以流来解析和生成 JSON 的方法，它把解析和生成 JSON 的控制权交给了程序员。流模型 API 基于事件的解析器并且允许开发者询问下一个事件，而不是在一个回调函数中负责事件的处理。它给予了开发者更多的处理 JSON 的过程控制权限。应用程序代码可以处理或抛弃解析器事件，也可以询问下一个事件(Pull the Event)。流模型适合于部分不需要数据的随机存取的局部处理。同样的，流模型 API 提供了一种通过写一次事件来生成结构良好的 JSON 流。

1．对象模型 API

对象模型 API 和文件对象模型(DOM)API 在 XML 中很相似，它为 JSON 对象和数组结构提供了不可变的对象模型。这些 JSON 结构通过使用 JsonObject 和 JsonArray 被表示为对象模型。表 4-4 中列出了对象模型 API 中主要的类或接口。

表 4-4　对象模型 API 中主要的类或接口

类或接口	描　述
Json	包含产生 JSON readers、writers、builders 和对象的静态方法
JsonGenerator	一次一个值地将 JSON 数据写入一个流中
JsonReader	从流中读取 JSON 数据，并且在内存中创建一个对象模型
JsonObjectBuilder JsonArrayBuilder	在内存中通过向源码中加入一个值，创建一个对象模型或者数组模型
JsonWriter	从内存中拿出一个对象模型写入流中
JsonValue JsonObject JsonArray JsonString JsonNumber	表示 JSON 数据中的数据类型

JsonObject、JsonArray、JsonString 和 JsonNumber 是 JsonValue 的子类型。它们是被定

义在 API 中的常量，有 null、true、false 的 JSON 值。

对象模型 API 从头创建这些对象模型。应用程序代码可以使用接口 JsonObjectBuilder 来创建模型来代表 JSON 对象。由此产生的模型是 JsonObject。应用程序代码可以使用接口 JsonArrayBuilder 来创建模型来代表 JSON 数组，由此产生的模型是 JsonArray。这些对象模型也可以从一个输入源(如 InputStream 或 Reader)使用接口 JsonReader 来创建。同样地，可以使用类 JsonWriter 写出到一个输出源(如 OutputStream 或 Writer)。JsonObject 提供了一个 Map 视图去存取含有名称/值对的无序集合。同样地，JsonArray 提供了一个 List 视图去存取含有值的有序序列。

2. 流模型 API

流模型 API 与 XML 的流 API(StAX)类似，它是由接口 JsonParser 和 JsonGenerator 组成。JsonParser 包含使用流模型解析 JSON 数据的方法，JsonGenerator 包含输出 JSON 数据到一个输出源的方法。表 4-5 列出了流模型 API 中主要的类或接口。

表 4-5　流模型 API 中主要的类或接口

类或接口	描　述
Json	包含创建 JSON 解析器、生成器和对象的静态方法
JsonParser	表示一个基于事件的解析器，可以从流中读取 JSON 数据
JsonGenerator	每次一个值将 JSON 数据写入到流中

JsonParser 使用 pull 解析对象模型，访问只读的 JSON 数据。在这个模型中，应用程序代码在解析器接口中，控制线程和方法调用来使解析器向前移动或者从当前解析器的状态获得 JSON 数据。JsonGenerator 提供了将 JSON 数据写入流的方法，生成器可以在 JSON 对象中写入名称/值对，在 JSON 数组中写入值。

4.5　使用对象模型 API

与流模型 API 相比，对象模型 API 是一个高层次的 API。JSONObject 提供 Map 视图，JSONArray 提供 List 视图。对象模型 API 类似于 DOM API 的 XML 应用生成器模式，需要创建对象模型实现接口 JsonReader(解析 JSON)、JsonObjectBuilder 和 JsonArrayBuilder(生成 JSON)。然而，对象模型 API 不一定是最高效的，因为它需要更多的内存。

4.5.1　从 JSON 数据创建对象模型

JSON 格式的数据经常会遇到，例如，访问 Web 服务器，取回的数据通常就是 JSON 格式的。然而 JSON 数据是一种纯文本的格式，并不是一个对象，因此从 Web 服务器取回来的数据并不能直接使用，需要将它转换成一个对象模型，然后在网页上的相应元素里显示。

在如表 4-4 所示的对象模型 API 类接口中，JsonReader 包含从输入读取 JSON 数据转换到对象模型的方法。JsonReader 可以从输入流中创建对象模型：

```
JsonReader reader = Json.createReader(new FileInputStream(...));
```

该代码显示了如何从获得的 InputStream 创建新的解析器 API。当然也可以使用 JsonReaderFactory 创建多个解析器：

```
JsonReaderFactory factory = Json.createReaderFactory(null);
JsonReader parser1 = factory.createReader(...);
JsonReader parser2 = factory.createReader(...);
//读取一个空的 JSON 数据创建对象
JsonReader jsonReader = Json.createReader(new StringReader("{}"));
JsonObject json = jsonReader.readObject();
```

在这段代码中，一个 jsonReader 通过 StringReader 初始化，读取 JSON 的空对象。调用 readObject 方法返回 JSONObject 实例。下面是读取一个对象的名称/值对创建对象模型：

```
jsonReader = Json.createReader(new StringReader("{"
                + " \"apple\":\"red\","
                + " \"banana\":\"yellow\""
                + "}"));
JsonObject json = jsonReader.readObject();
json.getString("apple");
json.getString("banana");
```

在这段代码中，getString 方法返回的对象的键/值对。其他的 get 方法可用于基于数据类型的值的访问。下面是读取一个有两个对象的数组数据生成对象模型：

```
jsonReader = Json.createReader(new StringReader("["
                + " { \"apple\":\"red\" },"
                + " { \"banana\":\"yellow\" }"
                + "]"));
JsonArray jsonArray = jsonReader.readArray();
```

读取嵌套结构的 JSON 数据生成对象模型：

```
jsonReader = Json.createReader(new StringReader("{"
              + " \"title\":\"The Matrix\","
              + " \"year\":1999,"
              + " \"cast\":["
              + " \"Keanu Reeves\","
              + " \"Laurence Fishburne\","
              + " \"Carrie-Anne Moss\""
              + " ]"
              + "}"));
json = jsonReader.readObject();
```

4.5.2　从应用代码创建对象模型

JsonObjectBuilder 可以用来创建对象的 JSON 数据，JsonArrayBuilder 可以用来创建类

型是 JsonArray 的 JSON 阵列。也就是说，可以通过在内存中利用 add( )方法向应用代码添加 values，从而创建一个 JsonObject 对象模型或者 JsonArray 对象模型。

下面这句代码中，createObjectBuilder 用来创建一个空的对象，没有名称/值对。生成的 JSON 结构如下：

```
JsonObject jsonObject = Json.createObjectBuilder().build();
```

通过 JsonBuilderFactory 创建多个对象，同样这些对象并没有写入值。代码如下：

```
JsonBuilderFactory factory = Json.createBuilderFactory(null);
JsonArrayBuilder arrayBuilder = factory.createArrayBuilder();
JsonObjectBuilder objectBuilder = factory.createObjectBuilder();
```

下面来看一下加入一对键/值对生成对象模型的代码：

```
JsonObject jsonObject = Json.createObjectBuilder()
.add("apple", "red")
.add("banana", "yellow")
.build();
```

生成的 JSON 结构如下：

```
{"apple":"red", "banana":"yellow"}
```

写入对象数组生成对象模型：

```
JsonArray jsonArray = Json.createArrayBuilder()
.add(Json.createObjectBuilder().add("apple","red"))
.add(Json.createObjectBuilder().add("banana","yellow"))
.build();
```

生成的 JSON 结构如下：

```
[{ "apple":"red" },{ "banana":"yellow" }]
```

写入嵌套结构生成对象模型：

```
jsonArray = Json.createArrayBuilder()
   .add(Json.createObjectBuilder()
   .add("title", "The Matrix")
   .add("year", 1999)
   .add("cast", Json.createArrayBuilder()
         .add("Keanu Reaves")
         .add("Laurence Fishburne")
         .add("Carrie-Anne Moss")))
   .build();
```

生成的 JSON 结构如下：

```
{
"title":"The Matrix",
"year":1999,
"cast":[
   "Keanu Reeves",
```

```
    "Laurence Fishburne",
    "Carrie-Anne Moss"
    ]
}
```

4.5.3 导航对象模型

对象模型 API 创建了一个树形结构，代表了一个 JSON 数据存储器，它可以很容易地实现导航和查询功能。JsonObject 为访问名称/值对的无序集合提供了一个地图视图模型(导航)。代码如下：

```
JsonObject object = new JsonBuilder()
    .beginObject()
        .add("firstName", "John")
        .add("lastName", "Smith")
        .add("age", 25)
        .beginObject("address")
            .add("streetAddress", "21 2nd Street")
            .add("city", "New York")
            .add("state", "NY")
            .add("postalCode", "10021")
        .endObject()
        .beginArray("phoneNumber")
            .beginObject()
                .add("type", "home")
                .add("number", "212 555-1234")
            .endObject()
            .beginObject()
                .add("type", "home")
                .add("number", "646 555-4567")
            .endObject()
        .endArray()
    .endObject()
.build();
```

创建的导航对象模型 Object 数据结构：

```
{
    "firstName": "John", "lastName": "Smith", "age": 25,
    "phoneNumber": [
        {"type": "home", "number": "212 555-1234"},
        {"type": "fax", "number": "646 555-4567"}
```

```
        ]
    }
```

同样地，Object 对象也可以通过 JsonWriter 写至一个输出流。

4.5.4　将对象模型写至一个数据流

使用 API 创建的对象模型可以是 JsonObject、JsonArray、JsonString、JsonNumber、JsonValue，不管是哪一种类型的对象模型，都可以通过 JsonWriter 将创建的对象模型写至一个数据流。下面以 JsonArray 为例，其他类型的对象模型操作方法类似。代码如下：

```
JsonBuilderFactory factory = Json.createBuilderFactory(null);
JsonArray jsonArray = factory.createArrayBuilder()
    .add(factory.createObjectBuilder()
        .add("type", "home")
        .add("number", "(800) 111-1111"))
    .add(factory.createObjectBuilder()
        .add("type", "cell")
        .add("number", "(800) 222-2222"))
.build();
```

生成的 JSON 结构：

```
[
 {
  "type" : "home",
  "number" : "(800) 111-1111"
 },
 {
   "type" : "cell",
   "number" : "(800) 222-2222"
 }
]
```

将创建好的 JsonArray 对象模型通过 JsonWriter 写至一个流。

```
try (JsonWriter jsonWriter = Json.createWriter(System.out))
{
    jsonWriter.writeArray(jsonArray);
    jsonWriter.close( );
}
```

4.6　Java EE RESTful Web 服务中的 JSON

REST(Representation State Transfer，表述性状态转移)是一种跨平台的、跨语言的架构风格。在 REST 风格中，对象被抽象为一种资源，资源数据的某个瞬间状态被定义为一种表述，这种表述包括资源数据的内容、表述格式(XML、JSON、Atom)等信息，一种资源可以对应多种表述。REST 的资源是可寻址的，通过 HTTP 协议定义的方法(GET、PUT、DELETE、POST)实现。“HTTP + URI + XML”是 REST 的基本实现形式，但不是唯一的实现形式。具体而言，HTTP 协议和 URI 用于统一接口和定位资源，文本、二进制流、XML 和 JSON 等格式用来作为资源的表述。

RESTful Web Service(REST 式的 Web 服务)是一种遵守 REST 式风格的 Web 服务。它是一种基于 ROA(Resource-Oriented Architecture，面向资源的架构)的应用，其主要特点是方法信息存在于 HTTP 的方法(GET、PUT)中，作用域存在于 URI 中。例如，在一个获取设备资源列表的 GET 请求中，方法信息是 GET，作用域信息是 URI 中包含的对设备资源的过滤、分页和排序等条件。

4.6.1　Jersey 简介

在 Java 中，与 Web Service 相对应的规范是 JAX-WS。它是基于 RPC(Remote Procedure Call，远程过程调用)风格的重量级设计，因此方法和作用域无法直观判断。对比 RPC 风格的 Web 服务，RESTful Web 服务形式更简单、设计更轻量、实现更快捷。RESTful Web 服务对应的标准规范是 JAX-RS，它是 JCP(Java Community Process)为 Java RESTful Web 服务定义的一套 API，从 Java EE 6 开始引入。RESTful Web 服务的开发工具使用的是 Jersey，它是 JAX-RS 的参考实现。

Jersey 框架由核心模块、容器模块、连接器模块、媒体包模块等模块组成。其中，Jersey 核心模块由核心客户端实现、通用包和核心服务器实现三个子模块组成，如表 4-6 所示。

表 4-6　Jersey 核心模块列表

名 称	说　明
jersey-client	Jersey 核心客户端实现
jersey-common	Jersey 通用包
jersey-server	Jersey 核心服务器实现

Jersey 提供了三种对应于外部容器的 HTTP 容器，分别是 Grizzly2、JDK-HTTP 和 SIMPLE-HTTP，Grizzly2 同时提供了 Servlet 容器。对于 Servlet 的表现，Jersey 提供了对 Servlet 2.x 和 Servlet 3.x 两个版本的实现，如表 4-7 所示。

表 4-7　Jersey 容器模块列表

名 称	说　明
jersey-container-grizzly2-http	Grizzly2 版 HTTP 容器
jersey-container-grizzly2-servlet	Grizzly2 版 Servlet 容器
jersey-container-jdk-http	JDK 版 HTTP 容器
jersey-container-servlet	Jersey 核心 Servlet 3.x 实现
jersey-container-servlet-core	Jersey 核心 Servlet 2.x 实现
jersey-container-simple-http	简单版 HTTP 容器

Jersey 客户端底层依赖连接器实现网络通信，如果标准的客户端模块无法实现功能需求，可以考虑引入 Grizzly 连接器或者 Apache 连接器，如表 4-8 所示。

表 4-8　Jersey 连接器模块列表

名　称	说　明
jersey-grizzly-connector	Jersey 客户端 Grizzly 连接器
jersey-apache-connector	Jersey 客户端 Apache 连接器

Jersey 媒体包模块是支持 Jersey 处理传输数据媒体类型的模块，该模块提供了四种处理 JSON 数据的方式，分别是 Jackson、Jettison、MOXy 和 JSON-P，如表 4-9 所示。

表 4-9　Jersey 媒体包模块列表

名　称	说　明
jersey-media-json-jackson	Jersey JSON Jackson 包
jersey-media-json-jettison	Jersey JSON Jettisoon 包
jersey-media-json-processing	Jersey JSON-P(JSR 353)包
jersey-media-moxy	Jersey JSON EclipseLink MOXy 包

4.6.2　RESTful Web 服务中的 JSON 处理

REST 接口通常会以 XML、JSON 作为主要的数据传输格式，即数据资源的表述。Jersey 提供了四种处理 JSON 数据的媒体包，如表 4-10 所示。

表 4-10　Jersey 对 JSON 的处理方式

JSON 媒体包 / 解析方式	MOXy	JSON-P	Jackson	Jettison
POJO-based JSON Binding	Yes	No	Yes	No
JAXB-based JSON Binding	Yes	No	Yes	Yes
Low-level JSON parsing & processing	No	Yes	No	Yes

下面介绍 MOXy、JSON-P、Jackson、Jettison 这四种 Jersey 支持的 JSON 处理技术在 RESTful Web 服务开发中的使用。

1. 使用 MOXy 处理 JSON

MOXy 是 EclipseLink 项目的一个模块，也是 Jersey 默认的 JSON 解析方式。可以在项目中添加 MOXy 的依赖包来使用 MOXy。

1) 定义依赖

```
<dependency>
    <groupId>org.glassfish.jersey.media</groupId>
    <artifactId>jersey-media-moxy</artifactId>
</dependency>
```

2) 定义 Application

MOXy 的 Feature 接口实现类是 MoxyJsonFeature，在默认情况下，Jersey 对其自动检

测，无需在 Application 类或其子类显式注册该类。代码如下：

```
public class JsonResourceConfig extends ResourceConfig {
    public JsonResourceConfig( ) {
        register (BookResource.class);
    }
}
```

3) 定义资源类

定义一个图书资源类 BookResource，并在其中实现表述媒体类型为 JSON 的资源方法 getBooks()。支持 JSON 格式的表述资源类定义如下：

```
@path("books")
@Consumes(MediaType.APPLICATION_JSON)
@Produces(MediaType.APPLICATION_JSON)
public class BookResource {
private static final Logger LOGGER = Logger.getLogger(BookResource.class);
private static final HashMap<Long,Book> memoryBase;
static {
memoryBase = com.google.common.collect.Maps.newHashMap();
memoryBase.put(1L,new Book(1L,"Java EE RESTful Web 服务"));
memoryBase.put(2L,new Book(2L,"Java EE 7 精髓"));
}
@GET
public Books getBooks() {
final List<Book> bookList = new ArrayList<>();
final Set<Map.Entry<Long,Book>> entries = BookResource.memoryBase.entrySet();
final Iterator<Entry<Long,Book>> iterator = entries.iterator();
while(iterator.hasNext()) {
final Entry<Long,Book> cursor = iterator.next();
BookResource.LOGGER.debug(cursor.getKey());
bookList.add(cursor.getValue());
}
final Books books = new Books(bookList);
BookResource.LOGGER.debug(books);
return books;
}
```

在这段代码中，资源类 BookResource 上定义了@Consumer(MediaType,APPLICATION_JSON)和@Produces(MediaType.APPLICATION_JSON)，代表其支持的所有资源方法都使用 MediaType.APPLICATION_JSON 类型作为请求和响应的数据类型。

2. 使用 JSON-P 处理 JSON

JSON-P 的全称是 Java API for JSON Processing(Java 的 JSON 处理 API)，其生成和解析

的JSON数据以流的形式，类似StAX处理XML，并为JSON数据建立Java对象模型。

1) 定义依赖

使用JSON-P方式处理JSON类型的数据，需要在项目的Maven配置中声明如下依赖：

```
<dependency>
    <groupId>org.glassfish.jersey.media</groupId>
    <artifactId>jersey-media-json-processing</artifactId>
</dependency>
```

2) 定义Application

使用JSON-P的应用，默认不需要在其Application中注册JsonProcessingFeature。除非使用如下设置，分别用于在服务器和客户端两侧激活JSON-P功能、在服务器端激活JSON-P功能、在客户端激活JSON-P功能：

```
CommonProperties.JSON_PROCESSING_REATURE_DISABLE
ServerProperties.JSON_PROCESSING_REATURE_DISABLE
ClientProperties. JSON_PROCESSING_REATURE_DISABLE
```

Json_Generator.PRETTY_PRINTING属性用于格式化JSON数据的输出，当属性值为TRUE时，MessageBodyReader<T>和MessageBodyWriter<T>实例会对JSON数据进行额外处理，使得JSON数据可以格式化打印。代码如下：

```
@ApplicationPath("/api/*")
public clsss JsonResourceConfig extends ResourceConfig {
    public JsonResourceConfig() {
      register(BookResource.class);
      property(JsonGenerator.PRETTY_PRINTING, true);
    }
}
```

3) 定义资源类

```
@path("books")
@Consumes(MediaType.APPLICATION_JSON)
@Produces(MediaType.APPLICATION_JSON)
public class BookResource {
   ...
   static {
      memoryBase = com.google.common.collect.Maps.newHashMap();
      JsonObjectBuilder jsonObjectBuilder = Json.createObjectBuilder();
      JsonObject newBook1 = jsonObjectBuilder.add("bookID",1).
      ...
   }
   @get
   public JsonArray getBooks() {
      final JsonArrayBuilder arrayBuilder = Json.createArrayBuilder();
```

```
        final Set<Map.Entry<Long,JsonObject>>entries = BookResource.memoryBase.entrySet();
        final Iterator<Entry<Long,JsonObject>> iterator = entries.iterator();
        while(iterator.hasNext()) {
            ...
        }
    JsonArray result = arrayBuilder.build();
    return result;
}
```

在这段代码中，JsonObjectBuilder 用于构造 JSON 对象，JsonObject 是 JSON-P 定义的 JSON 对象类；JsonArrayBuilder 用于构造 JSON 数组对象，JsonArray 是 JSON 数组类。

3．使用 Jackson 处理 JSON

Jackson 是一种目前比较流行的 JSON 支持技术，其源代码托管于 GitHub。Jackson 提供了以下三种 JSON 解析方式：

- 第一种是基于流式 API 的增量式解析/生成 JSON 的方式。读写 JSON 内容的过程是通过离散事件触发的，其底层基于 StAX API 读取 JSON 使用 JsonParser，写入 JSON 使用 JsonGenerator。
- 第二种是基于属性结构的内存模型。提供一种不变式的 JsonNode 内存树模型，类似 DOM 注解。
- 第三种是基于数据绑定的方式。ObjectMapper 解析，使用 JAXB 注解。

1) 定义依赖

使用 Jackson 方式处理 JSON 类型的数据，需要在 Maven 配置中声明如下依赖：

```
<dependency>
    <groupId>org.glassfish.jersey.media</groupId>
    <artifactId>jersey-media-json-jackson</artifactId>
</dependency>
```

2) 定义 Application

使用 Jackson 的应用，需要在其 application 中注册 JacksonFeature。同时，如果有必要需要根据不同的实体类做详细的解析，则可以注册 ContextResolver 的实现类。代码如下：

```
@ApplicationPath("/api/*")
public class JsonResourceConfig extends ResourceConfig {
    public JsonResourceConfig() {
        register(BookResource.class);
        register(JacksonFeature.class);
        //注册 ContextResolver 的实现类 JsonContextProvider
        register(JsonContextProvider.class);
    }
}
```

3) 定义资源类

资源类 BookResource 可以对上述三种解析方式进行支持。其中，JsonBook 类支持第一种解析方式；JsonHybirdBook 类支持第二种解析方式；JsonNoJaxbBook 类支持第三种解析方式。

```
@Path("books")
@Consumes(MediaType.APPLICATION_JSON)
@Produces(MediaType.APPLICATION_JSON)
public class BookResource {
   @Path("/emptybook")
   @GET
   public JsonBook getEmptyArrayBook() {
      return new JsonBook();
   }
   @Path(/hybirdbook)
   @GET
   public JsonHybirdBook getHybirdBookBook() {
      return new JsonHybirdBook();
   }
   @Path(/nojaxbbook)
   @GET
   public JsonNoJaxbBook getNoJaxbBookBook() {
      return new JsonNoJaxbBook();
}
...
```

4．使用 Jettison 处理 JSON

Jettison 是一种使用 StAX 来解析 JSON 的实现，支持两种 JSON 映射到 XML 的方式。Jersey 默认使用 Mapped 方式，另一种称为 BadgerFish。同样，使用 Jettison 需要定义依赖、定义 Application、定义资源类。

1) 定义依赖

```
<dependency>
<groupId>org.glassfish.jersey.media</groupId>
<artifactId>jersey-media-json-jettison</artifactId>
</dependency>
```

2) 定义 Application

```
@ApplicationPath("/api/*")
public class JsonResourceConfig extends ResourceConfig {
   public JsonResourceConfig() {
      register(BookResource.class);
      register(JettisonFeature.class);
      //注册 ContextResolver 的实现类 JsonContextResolver
```

```
        register(JsonContextResolver.class);
    }
}
```

在上述代码中注册了 Jettison 功能的 JettisonFeature 和 ContextResolver 的实现类 JsonContextResolver，以便使用 Jettison 处理 JSON。

3) 定义资源类

资源类 BookResource 为两种 JSON 方式提供了资源地址。代码如下：

```
@Path("books")
public class BookResource {
    private static final Logger LOGGER = Logger.getLogger(BookResource.class);
    private static final HashMap<Long,Book> memoryBase;
    static {
        memoryBase = com.google.common.collect.Maps.newHashMap();
        memoryBase.put(1L,new Book(1L,"Java EE RESTful Web 服务"));
        memoryBase.put(2L,new Book(2L,"Java EE 7  精髓"));
    }
    @Path("/jsonbook")
    @GET
    public JsonBook getBook() {
        final JsonBook book = new JsonBook();
        BookResource,LOGGER.debug(book);
        return book;
    }
    @Path("/jsonbook2")
    @GET
    public JsonBook2 book = new JsonBook2();
    BookResource.LOGGER.debug(book);
    return book;
    }
    ...
}
```

在这段代码中，资源类 BookResource 定义了不同路径的两个 GET 方法，返回类型分别是 JsonBook 和 JsonBook2。有了这样的资源类，就可以向其发送 GET 请求，并获取不同类型的 JSON 数据。

4.7　Ajax 和 JSON 开发实例

Ajax 技术和 JSON 的出现，改变了传统 Web 应用的模式。Ajax 采用异步发送请求的方式代替表单提交来更新 Web 页面的方式，按需取数据，解决了操作响应速度和页面重载的问题。同时还可以把服务器的工作转嫁到客户端，而从减轻服务器的负担。JSON 允许 JavaScript 对象和 Java 对象之间的互相转换，简化了客户端与服务器之间数据交换的难度。下面通过一个实例来进一步认识 Ajax 和 JSON 的具体使用，该实例利用 Ajax 和 JSON 实现了一个简易的聊天室。Ajax 聊天室文件列表如表 4-11 所示。

表 4-11　Ajax 聊天室文件列表

文件名	说　明
login.jsp	用户登录
main.jsp	聊天室主界面
chat.jsp	显示所有用户聊天信息
users.jsp	显示当前用户列表
Action.java	Servlet 主接口
ActionServlet.java	控制器
ChatMassage.java	用户及聊天信息处理
LoginAction.java	用户登录处理
LoadUserAction.java	加载用户
LoadDataAction.java	加载用户及聊天信息
SendMassageAction.java	发送聊天信息处理
ExitAction.java	用户退出处理
commons-beanutils.jar commons-collections-3.2.jar commons-logging-1.0.4.jar ezmorph-1.0.2.jar json-lib-2.2.3-jdk15.jar	JSON 数据处理引入的包

4.7.1　Ajax 聊天室界面实现

由于实例主要是讲解 Ajax 异步发送请求以及 JSON 格式数据的处理，因此聊天室界面做得比较简陋，但这并不影响聊天室的功能。前台界面由 main.jsp 文件实现。其部分代码如下：

```
<body>
    <center>
    <div style = "width: 900px;height: 500px">
        <table cellpadding = "0" cellspacing = "0">
            <tbody>
                <tr>
                    <td background = "image/b.jpg" height = "41" style = "border: 0">
                         Ajax 聊天室
                    </td>
                </tr>
```

```
<tr>
    <td background = "image/a.jpg" height = "29" align = "left">
         欢迎！ ${sessionScope.username }
    </td>
</tr>
<tr style = "width: 100%;height: 430px">
    <td style = "border: 0" height = "430px" width = "100%">
        <table cellpadding = "0" cellspacing = "10" style = "border: 0;">
            <tbody>
                <tr >
                    <td style = "border: 0;">
                        <iframe src = "chat.jsp" name = "chat"
                            width = "710px" height = "350px">
                        </iframe>
                    </td>
                    <td rowspan = "3" style = "border: 0;">
                        <iframe src = "users.jsp" name = "users"
                            width = "100%" height = "505px">
                        </iframe>
                    </td>
                </tr>

                <tr>
                    <td align = "left">
                        <textarea rows = "5" id = "content" style =
                          "width: 710px;height: 100px; border:
                          0;" onkeydown = "sendbykey(event)">
                          </textarea>


                    </td>
                </tr>
                <tr>
                  <td height = "30px" align = "right" style = "border:
                              0px;">
                        按 ctrl+Enter 发送<input type = "button"
                             value = "发送" onclick = "send()">
                    </td>
                </tr>
            </tbody>
```

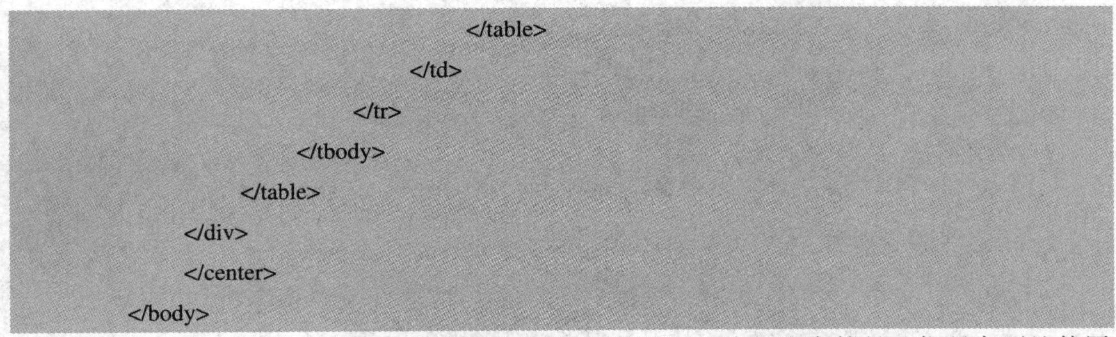

```
                        </table>
                    </td>
                </tr>
            </tbody>
        </table>
    </div>
    </center>
</body>
```

在这段代码中，关于 HTML 标签在这里不详细说明。值得注意的是，代码中两处使用了<iframe>标签。即在表格的左侧显示 chat.jsp 文件的内容，在表格右侧显示 users.jsp 文件的内容。整个窗口下半部分定义了一个<textarea>，用于用户输入聊天内容，最底部定义了一个 button，用于发送内容。Ajax 聊天室界面运行效果如图 4-6 所示。

图 4-6　Ajax 聊天室界面运行效果

4.7.2　Ajax 聊天室逻辑实现

当用户输入用户名、单击“登录”按钮之后，系统控制器 ActionServlet 负责将用户发送的请求拦截，根据处理结果转发到 main.jsp 文件来显示。该聊天室包括用户登录、添加用户、发送信息、信息处理和用户退出。其分别对应了五个控制器，即 LoginAction、LoadUerAction、SenMessageAction、LoadDataAction 和 ExitAction。这也就意味着从用户进入聊天室，发送信息到退出聊天室总共有五次请求发送。ActionServlet 类的代码如下：

```
public class ActionServlet extends HttpServlet {
    private static final long serialVersionUID = -3547709943224681062L;
    @Override
    protected void service(HttpServletRequest req, HttpServletResponse res)
```

```
            throws ServletException, IOException {
        String currentURL = req.getServletPath();
        req.setCharacterEncoding("utf-8");
        //得到请求路径
        String path = currentURL.substring(0, currentURL.indexOf("."));
        Action action = null;
        if("/login".equalsIgnoreCase(path)){
            //登录
            action = new LoginAction();
        }else if("/loadData".equalsIgnoreCase(path)){
            //加载对话信息
            action = new LoadDataAction();
        }else if("/sendMassage".equalsIgnoreCase(path)){
            //发送消息
            action = new SendMassageAction();
        }else if("/loadUser".equalsIgnoreCase(path)){
            //加载用户列表
            action = new LoadUserAction();
        }else if("/exit".equalsIgnoreCase(path)){
            //加载用户列表
            action = new ExitAction();
        }
        Object result = action.execute(req, res);
                if(result instanceof String){
            //如果返回的结果是 String 类型，则跳转
            req.getRequestDispatcher(result.toString()).forward(req, res);
        }else if(result instanceof JSONObject){
            //如果是 JSONObject 类型，则返回给浏览器
            res.setCharacterEncoding("utf-8");
            res.getWriter().print((JSONObject)result);
        }
    }
}
```

由于用户产生的信息是以 JSON 格式传递，因此需要引入 JSON 包，将 JSON 数据转换成对象模型(查阅 4.3 节内容)使用。

1. 用户登录

聊天室实现了多人群聊的功能，并不能对某个单独的用户发送消息。当某个用户想要进入聊天室，则必须通过 login.jsp 文件正确输入一个姓名后，才能进入聊天界面。login.jsp

文件的代码如下：

```
<%@ page language = "java" contentType = "text/html; charset = UTF-8"
    pageEncoding = "UTF-8"%>
<!DOCTYPE html PUBLIC "-//W3C//DTD HTML 4.01 Transitional//EN" "http://www.w3.org/
TR/html4/loose.dtd">
<html>
<head>
<meta http-equiv = "Content-Type" content = "text/html; charset = UTF-8">
<title>Insert title here</title>
<script type = "text/javascript" src = "jsFile/Ajax.js"></script>
<script type = "text/javascript">
function login(){
    var name = document.getElementById("name").value;
    if(name.length == 0){
        document.getElementById("sp").innerText = "用户名不能为空！";
    }else{
        ajax({
            data: "name = "+name,
            url: "login.do",
            Success: function(msg){
                eval("res = "+msg);
                var result = res.massage;
                if(typeof result == "undefined"){
                    window.location.href = "main.jsp";
                }else{
                    document.getElementById("sp").innerText = result;
                }
            }
        });
    }
}
</script>
</head>
<body>
        姓名：<input type = "text" id = "name"><span id = "sp"></span><br>
        <input type = "button" value = "登陆" onclick = "login()"><font color = ""></font>
</body>
</html>
```

当用户输入用户名后，单击被定义的“button”按钮会触发 onclick 事件，从而调用 login()

函数。在这个 login()函数中对用户名进行了非空判断。如果用户名为空，则在当前页面 id = "sp"的<span>标签中输出一句提示语："用户名不能为空！"，否则调用 ajax()方法获取用户输入的用户名，通过 window.location.href = "main.jsp"打开聊天主界面。关于 ajax()方法的参数在前面 4.2.2 节已经介绍过了，这里不再阐述。由于 login.jsp 文件使用了 Ajax 方法，所以必须引入 Ajax.jsp 包。

获取到用户输入的用户名之后，还需要 LoginAction 做一些验证工作，验证通过才能转发。LoginAction 的代码如下：

```
public class LoginAction implements Action {
    public Object execute(HttpServletRequest req, HttpServletResponse res) {
        String name = req.getParameter("name");
        ChatMassage cm = ChatMassage.Instance();
        String result = null;
        if(cm.isFull()){
            result = "聊天室人数已满！";
        }else if(cm.hasUser(name)){
            result = "此用户名已存在！";
        }else{
            cm.addUser(name);
            HttpSession session = req.getSession();
            session.setAttribute("username", name);
            SimpleDateFormat dateFormat = new SimpleDateFormat("HH:mm:ss");
            String date = dateFormat.format(new Date());
            cm.setMassage("<br><font color = 'red' >欢迎 "+name+" 于"+date+" 进入聊天
              室！</font><br>");
        }
        JSONObject json = new JSONObject();
        json.put("massage", result);
        return json;
    }
}
```

2. 添加用户

根据前面的描述，如果用户登录成功，则 LoadUserAction 需要将当前用户添加到用户列表。添加完成后，最新的用户列表会在聊天界面的右侧通过 users.jsp 文件来显示。LoadUserAction 的代码如下：

```
public class LoadUserAction implements Action {
    public Object execute(HttpServletRequest req, HttpServletResponse res) {
        ChatMassage cm = ChatMassage.Instance();
        String userMass = cm.getUsers();
```

```
            int CurrentUsers = cm.userNum;
            JSONObject json = new JSONObject();
            json.put("num", CurrentUsers);
            json.put("userMass", userMass);
            return json;
        }
    }
```

实例在 ChatMassage.java 文件中定义了用户最大数 USER_NUMBER 不超过 50，因此在添加用户之前必须判断是否聊天室已满。添加一个用户之后，需要将当前用户数加 1。同样，如果退出了一个用户，则需要将当前用户数减 1。ChatMassage.java 文件就好比这个实例的数据库，它保存了用户信息，通过自定义函数调用转发到主界面进行显示。ChatMassage 的代码如下：

```
public class ChatMassage {
    public static ChatMassage chatMassage = null;
    //用户
    private List<String> users = new ArrayList<String>();
    //最大聊天室人数
    private final int USER_NUMBER = 50;
    //聊天室人数
    public static int userNum = 0;
    //对话信息
    private List<String> massages = new ArrayList<String>();
    //信息总数目
    public static int mass_num = 0;
    //用户显示的颜色
    private Map<String, String> color = new HashMap<String, String>();
    protected ChatMassage(){ }
    public static ChatMassage Instance(){
        if(chatMassage == null){
            return chatMassage = new ChatMassage();
        }
        return chatMassage;
    }
    /**
     * 登记用户名
     * @param name  用户姓名
     * @return boolean  添加是否成功
     */
    public boolean addUser(String name){
```

```
        synchronized (users) {
            //如果没有此用户，而且聊天室人数未满
            if(!this.hasUser(name)&&!isFull()){
                users.add(name);
                //为当前用户设置显示颜色
                String color = createColor();
                this.color.put(name, color);
                userNum++;
                return true;
            }
        }
        return false;
    }
    public boolean isFull(){
        if(userNum<this.USER_NUMBER){
            return false;
        }
        return true;
    }
    /**
     * 查看此用户名是否被使用
     * @param name  用户姓名
     * @return boolean  是否存在
     */
    public boolean hasUser(String name){
        for(String na:users){
            if(name.equalsIgnoreCase(na)){
                return true;
            }
        }
        return false;
    }
    /**
     * 得到用户列表
     * @return
     */
    public String getUsers(){
        StringBuffer user = new StringBuffer();
        int i = 0;
```

```
        while(i<userNum){
                String name = this.users.get(i);
                String color = this.getColor(name);
                String userMass = "<font color = '"+color+"'>"+name+"</font><br>";
                user.append(userMass);
                i++;
        }
        return user.toString();
}
/**
 * 返回信息
 * @param i  前台中存有的对话信息数
 * @return
 */
public String getMassage(int i){
        StringBuffer massage = new StringBuffer();
        //只有在前台对话信息数小于后台信息总数时才返回
        while(i < mass_num&&i >= 0){
                massage.append(massages.get(i));
                i++;
        }
        return massage.toString();
}
/**
 * 添加对话信息
 * @param massage  信息内容
 */
public void setMassage(String massage){
        synchronized (massages) {
                massages.add(massage);
                mass_num++;
        }
}
/**
 * 退出聊天室
 * @param name  退出人的姓名
 */
public void exit(String name){
        if(users.remove(name)){
```

```
                userNum--;
                //如果聊天室没有人了，则初始化信息
                if(userNum == 0){
                    mass_num = 0;
                    massages.clear();
                    users.clear();
                    color.clear();
                }else{
                    color.remove(name);
                }
            };
        }
        /**
         * 根据用户名得到当前用户的颜色
         * @param username
         * @return
         */
        public String getColor(String username) {
            return color.get(username);
        }
        /**
         * 随机创建颜色
         * @return
         */
        private String createColor(){
            StringBuffer color = new StringBuffer("#");
            Random random = new Random();
            for(int i = 0; i < 3; i++){
                int a = random.nextInt(256);
                //转换成十六进制
                color.append(Integer.toHexString(a));
            }
            return color.toString();
        }

    }
```

最终所有的用户通过 users.jsp 文件显示在聊天窗口的右边。显示结果以“head+users”的形式，每个用户名以不同的颜色显示。users.jsp 文件的代码如下：

```
    <script type = "text/javascript" src = "jsFile/Ajax.js"></script>
```

```
<script type = "text/javascript">
window.onload =   function(){
        window.setInterval(function(){
                loadUsers();
        },1000);
}
function loadUsers(){
                ajax({
                        data: "",
                        url: "loadUser.do",
                        Success: function(msg){
                                eval("res = "+msg);
                                //当前用户总数
                                var num = parseInt(res.num);
                                //当前用户列表
                                var head = "<font color = '#D2691E'>当前用户 ("+num+")</font><br>";
                                var users = res.userMass;
                                document.body.innerHTML = head+users;
                        }
                });
}
</script>
```

3. 发送信息

用户进入聊天室之后，就可以输入信息并发送。系统在 main.jsp 文件中定义了一个 id = "content"的<textarea>标签，当用户输入完信息后点击发送，就会触发 onclick 事件，从而调用 main.jsp 文件中的 send()方法。代码如下：

```
function send(){
        var con = document.getElementById("content");
        var   content = con.value;
        content = content.replace(/\n/g,"<br>  ").replace(/\s/g,"  ");
        content = encodeURIComponent(content);
        if(content.length == 0){
                alert("内容不能空！");
                con.focus();
        }else{
                ajax({
                        url: "sendMassage.do",
                        data: "content = "+content,
```

```
                Success: function(msg){
                        eval("result = "+msg);
                        con.value = "";
                }
            });
        }
    }
```

ajax()方法将文本信息以字符串的形式传递给 SendMassageAction 处理，接收到 send()发送的请求之后，SendMassageAction 获取发送用户名、发送信息以及发送时间，并返回一个 JSON 格式的字符串。SendMassageAction 的代码如下：

```
public class SendMassageAction implements Action {
        public Object execute(HttpServletRequest req, HttpServletResponse res) {
                String content = req.getParameter("content").trim();
                ChatMassage cm = ChatMassage.Instance();
                //用户姓名
                String name = req.getSession().getAttribute("username").toString();
                SimpleDateFormat dateFormat = new SimpleDateFormat("HH:mm:ss");
                String date = dateFormat.format(new Date());
                System.out.println(content);
                //得到当前用户的颜色
                String color = cm.getColor(name);
                String mass = "<font color = '"+color+"'>" + name + "    " + date + "</font><br><span
                        style = 'color:#6495ED;' >  " + content + "</span><br>";
                cm.setMassage(mass);
                return "loadData.do";
        }
        /**
         * 转义字符
         * @param source
         * @return
         */
        private String filer(String source){
                StringBuffer result = new StringBuffer(source);
                Pattern p = Pattern.compile("[^0-9|^a-z|^A-Z|^\u4e00-\u9fa5]");
                Matcher m = p.matcher(source);
            boolean f = true;
            List<Integer> a = new ArrayList<Integer>();
            while (f) {
                f = m.find();
```

```
                if (f) {
                    int con = m.start();
                    a.add(con);
                }
            }
            int n = 0;   // '\'的数量
            for(int i:a){
              result.insert(i+n, "\\\\");
              n++;
            }
            return result.toString();
        }
    }
```

值得注意的是，以上代码中的 filer()方法匹配了数字、26 个大小写英文字符以及中文字符。

4. 信息处理

接收到用户发送的信息之后，需要 LoadDataAction 将这些信息转换成 JSON 数据。转换后的数据通过 chat.jsp 文件在聊天界面上显示。显示格式在 SendMassageAction 中已经做了定义。LoadDataAction 的代码如下：

```
public class LoadDataAction implements Action {
    public Object execute(HttpServletRequest req, HttpServletResponse res) {
        HttpSession session = req.getSession();
        String numb = req.getParameter("num");
        //上次加载时客户端信息总数
        int num;
        if(numb == null){
            num = Integer.valueOf(session.getAttribute("massageNumber").toString());
        }else{
            num = Integer.valueOf(numb.trim());
        }
        ChatMassage cm = ChatMassage.Instance();
        //得到对话信息
        String mas = cm.getMassage(num);
        //得到信息总数
        int massageNumber = cm.mass_num;
        session.setAttribute("massageNumber", massageNumber);
        JSONObject json = new JSONObject();
        json.put("massage", mas);
```

```
            json.put("massageNumber", massageNumber);
            return json;
        }
}
```

chat.jsp 文件通过 loadMassage()方法加载所有用户的信息，并将 LoadDataAction 返回的 JSON 数据通过 eval()方法解析。chat.jsp 文件的代码如下：

```
<script type = "text/javascript" src = "jsFile/Ajax.js"></script>
<script type = "text/javascript">
//信息总数
var massageNumber = 0;
//信息
var massages = "";
var id;
var isScroll = false;
//加载信息
window.onload = function(){
    window.setInterval(function(){
        loadMassage();
        if(!isScroll){
            scroll();
        }
    },1000);
}
//自动滚动
function scroll(){
    isScroll = true;
    id = window.setInterval(function(){
        window.scrollTo(0,document.body.offsetHeight);
    },500);
}
//停止滚动
window.onscroll = function(){
    isScroll = false;
    window.clearInterval(id);
}
function loadMassage(){
        ajax({
            data: "num = "+massageNumber,
            url: "loadData.do",
```

```
                Success: function(msg){
                    eval("res = "+msg);
                    //当前信息总数
                    massageNumber = parseInt(res.massageNumber);
                    //当前信息
                    massages += res.massage;
                    document.body.innerHTML = massages;
                }
            });
    }
    </script>
```

5. 用户退出

如果用户想要退出聊天室，则会调用 main.jsp 文件中的 window.onunload 询问是否关闭聊天窗口。代码如下：

```
window.onunload = function(){
    var sure = window.confirm("确定退出聊天室吗！");
    if(sure){
        exit();
    }else{
        event.returnValue = false;
    }
}
function exit(){
    ajax({
        url: "exit.do",
        data: "",
        Success: function(msg){
        }
    });
}
```

如果用户确定退出聊天室，则会调用 exit()方法，再一次使用 ajax()方法把请求发送给 ExitAction 处理。ExitAction 接收到请求后，获取当前退出的用户名，将当前用户数减 1，并将结果返回给 users.jsp 文件来显示。代码如下：

```
public class ExitAction implements Action {
    public Object execute(HttpServletRequest req, HttpServletResponse res) {
        HttpSession session = req.getSession();
        ChatMassage cm = ChatMassage.Instance();
        Object name = session.getAttribute("username");
```

```
            if(name != null){
            cm.setMassage("<font color = '#708090'>" + name.toString() + " 退出了聊天室！
                </font><br>");
                cm.exit(name.toString());
            }
            return null;
        }
    }
```

Action.java 文件的代码如下：

```
    import javax.servlet.http.HttpServletRequest;
    import javax.servlet.http.HttpServletResponse;
    public interface Action {
        public Object execute(HttpServletRequest req, HttpServletResponse res);
    }
```

传统聊天室采用经典的 B/S 结构，客户端向服务器发送请求，服务器生成对客户端的响应。在这样的模式里页面无法异步发送请求，即用户请求与服务器响应严格交替。如果没有用户发送请求，服务器则不会生成响应；如果服务器响应没有完成，则用户无法再次发送请求。服务器的响应总是完整的页面，大量下载和更新重复资源。本实例中所开发的 Ajax 聊天室(其运行效果如图 4-7 所示)使用异步方式发送请求，每次请求只需更新指定的部分数据，不用每次都把所有的数据重读一次，这样可以减少用户等待时间和服务器负担，提高响应速度。

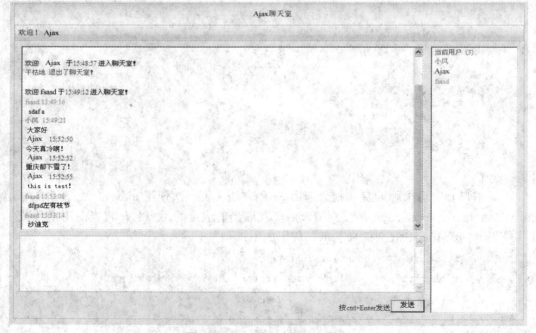

图 4-7　Ajax 聊天室的运行效果

本 章 小 结

本章主要介绍了 Ajax 技术及其核心对象 XMLHttpRequest，并将 Ajax 与传统 Web 开发做了比较。在 JQuery 框架下使用 Ajax 方法，简化了 Ajax 的代码编写，也解决了浏览器兼容性的问题。同时，本章还介绍了 JSON 数据格式，包括纯文本数据格式 JSON 的生成和解析，以及 JSON 在 Java EE 平台、RESTful Web 服务中的处理方法。最后，以一个实例开发进一步认识了 Ajax 和 JSON 的使用。“jQuery+Ajax+JSON”的绑定处理已经成为目前比较流行的 Web 开发模式。

习　题

1. 什么是 Ajax 技术？它与传统 Web 开发有什么不同？
2. jQuery 中提供了哪些与 Ajax 相关的方法？各有什么功能？
3. JSON 数据有哪些结构？如何生成和解析 JSON 数据？
4. 如何使用 JsonReader 对象从输入流中读取 JSON 数据并创建对象模型？
5. 如何使用 JsonWriter 对象将不同类型的对象模型写入一个流？
6. 在 Java EE RESTFull Web 服务中如何处理 JSON 数据？

第 5 章　Hibernate 基础

数据处理已成为计算机应用中非常重要的功能，而数据的存储无疑是开发一个应用系统最重要的工作之一。为了方便处理，绝大多数系统都会采用数据库来进行数据的持久化操作。Hibernate 是一个开放源代码的对象—关系映射(Object Relational Mapping，ORM)框架，它对 JDBC 进行了轻量级的对象封装，使得 Java 程序员可以随心所欲地使用面向对象的编程思维来操纵数据库。它可以将 Java 中的对象与对象关系映射至关系型数据库中表与表之间的关系。Hibernate 的功能结构如图 5-1 所示。

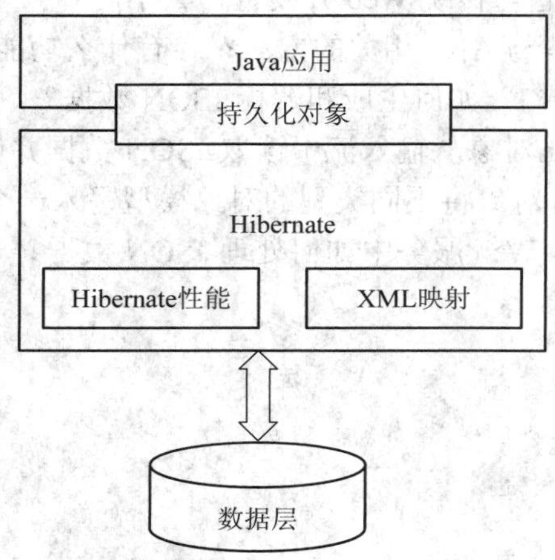

图 5-1　Hibernate 的功能结构

Hibernate 可以应用在任何使用 JDBC 的场合，既可以在 Java 的客户端程序使用，也可以在“Servlet/JSP”的 Web 应用中使用，最具革命意义的是，Hibernate 可以在应用 EJB 的 J2EE 架构中取代 CMP，完成数据持久化的任务。

5.1　ORM 基本概念

对象—关系映射(可简写为对象关系映射)用于实现面向对象编程语言中不同类型系统的数据之间的转换，主要功能是完成对象持久化并封装数据访问的细节。在对象—关系映射中涉及两个关键点：对象(Object)和关系(Relation)。它们分别代表了应用系统中所要处理的绝大多数工作，即对象的操作和关系型数据库的访问。

目前应用系统开发中大多采用了 MVC 体系结构，将系统的逻辑实现与显示界面分离，其结构模型如图 5-2 所示。为了提高系统开发效率，降低开发成本和难度，更多的系统开发人员是从业务逻辑层中分离出一个单独的持久层，进行数据的持久化操作。持久化操作的结构模型如图 5-3 所示。这样开发人员可以从繁琐的数据处理中解脱出来，专注于系统的逻辑实现。这里所谓的“持久化操作”实际上就是将数据保存到可掉电存储设备的过程，通常采用关系型数据库系统。

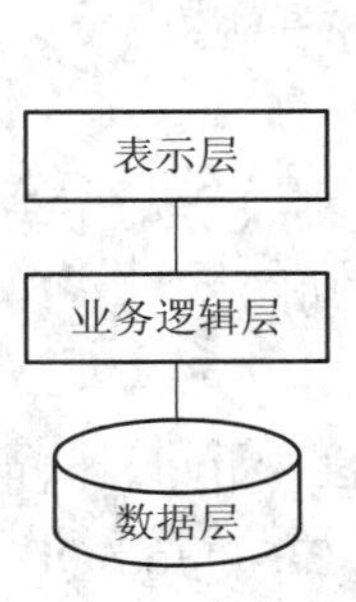

图 5-2 MVC 结构模型

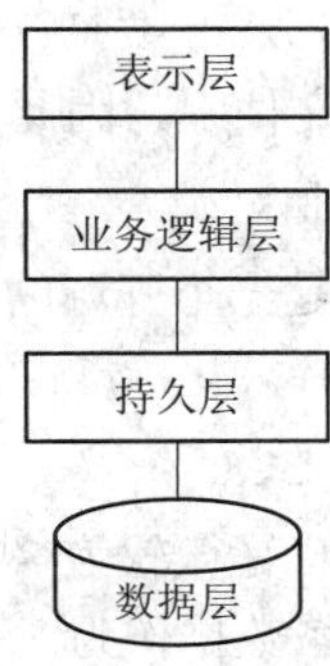

图 5-3 持久化操作的结构模型

5.1.1 ORM 框架简介

ORM 是随着面向对象的软件开发方法发展而产生的。面向对象的开发方法是当今企业级应用开发环境中的主流开发方法，关系数据库是企业级应用环境中永久存放数据的主流数据存储系统。对象和关系数据是业务实体的两种表现形式，业务实体在内存中表现为对象，在数据库中表现为关系数据。内存中的对象之间存在关联和继承关系，而在数据库中，关系数据无法直接表达多对多关联和继承关系。因此，ORM 系统一般以中间件的形式存在，主要实现程序对象到关系数据库数据的映射。

目前主流的 ORM 框架有基于 Java 系列的 APACHE OJB、Hibernate、IBATIS、EclipseLink 以及.NET 平台的 LINQ To SQL 等。这些 ORM 框架各有各的特点与不足，下面对以上框架做简要介绍：

1. APACHE OJB

APACHE OJB(APACHE ObJect Relational Bridge)是一个对象—关系映射工具，支持将 Java 对象透明持久化为关系数据库。OJB 为用户提供了多个持久化 API，Persistence Broker 作为 OJB 的内核，OTM、ODMG、JDO 都是建立在它之上的 API。OJB 使用 XML 配置文件实现对象—关系映射，通过一个简单的 Meta-Object-Protocol(MOP)操作改变持久化内核的行为。

2. Hibernate

2001 年末，Hibernate 的第一个版本正式发布，并得到大家的支持和赞许。2002 年 6 月，Hibernate 2 的发布则为 Hibernate 的成功奠定了坚实的基础。随后，Hibernate 获得了 Jolt 2004 大奖并被著名的开源组织 JBoss 收纳为子项目。2005 年 3 月，Hibernate 3 正式发布，在性能、灵活性和可扩展性方面进一步得到提升，在很大程度上超越了其他的持久化技术。它提供了强大、高效的将 Java 对象进行持久化操作的服务，使用 Hibernate 提供的 API 以及 HQL(Hibernate Query Language)完成 Java 对象和关系型数据库之间的转换。

3. IBATIS

相对于 Hibernate 和 OJB 等一站式 ORM 框架而言，IBATIS 是一种半自动化的 ORM 实现。它需要手写 SQL 语句，也可以生成一部分，工作量要比 Hibernate 多很多。涉及数据库字段的修改，IBATIS 要把那些 SQL Mapping 的地方一一修改。由于 IBATIS 的 SQL 语句都保存在单独的文件中，因此其维护性方面要比 Hibernate 好一些。

4. EclipseLink

EclipseLink 是一个开源的 Java 持久化解决方案。EclipseLink JPA 为开发人员提供了一个基于对象关系持久化标准的框架，同时还提供了很多高级功能。

5. LINQ To SQL

LINQ To SQL 是微软为 SQL Server 数据库提供的一个基于.NET 平台的 ORM 框架，它提供了用于将关系数据作为对象管理运行时的基础结构。在 LINQ to SQL 中，关系数据库的数据模型映射到用开发人员所用的编程语言表示的对象模型。当应用程序运行时，LINQ to SQL 会将对象模型中的语言集成查询转换为 SQL，然后将它们发送到数据库中去执行。当数据库返回结果时，LINQ to SQL 会将它们转换回编程语言所能处理的对象。

5.1.2 ORM 中的映射关系

对象提供了封装、继承、多态等特性，既可以表示对象的状态，又能表示对象的行为，便于构建大型企业级应用系统。关系模型基于关系代数等数学理论，便于描述数据的存储结构。对象—关系映射(ORM)的目的就是在对象和关系模型之间建立一个中间桥梁，完成对象和关系模型的透明映射和无缝交互，提供基于关系型数据库的面向对象操作。

ORM 将对象模型中的类和关系数据库中的表映射起来，开发人员可以直接使用对象来操作数据库，实现透明的数据持久化操作。ORM 中的映射关系如图 5-4 所示。

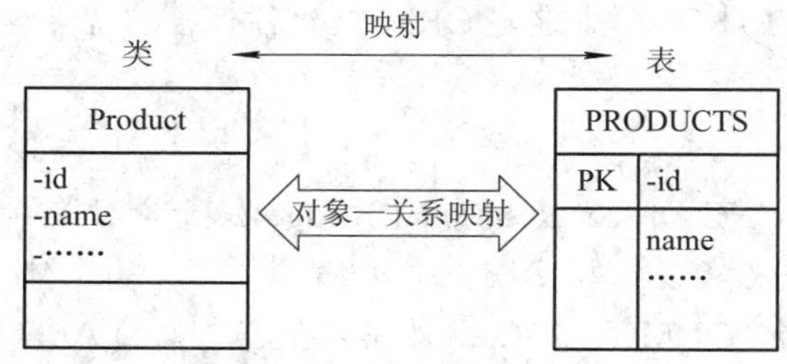

图 5-4 ORM 中的映射关系

一个完整的对象—关系映射框架，一般应该具备以下四个方面：

- 一个元数据映射规范，负责持久化类、类属性和数据库表、字段的映射，实现对象和关系的语义连接。
- 一组对象操作接口，用于完成数据的增加、删除、修改和更新等操作。
- 一种面向对象的查询语言，该语言能理解继承、多态和关联等面向对象特性，实现基于对象的查询，并在对象之间导航。
- 一系列与数据库相关的技术实现，保证系统的完整性并提高系统的可用性和可扩展性。

ORM 的核心是解决对象和关系模型的语义映射问题，因此，必须定义两种模型的元数据映射规范，将对象模型中的类、属性、关联等特性和关系模型中的表、字段、约束等特性的语义结构对应起来，完成两种模型的畅通交互。这种语义结构的映射成为对象关系映射模型，可以分为三个层次：类属性和数据表字段的映射、类和数据表的映射、类之间关联和数据表约束的映射。

ORM 封装关系数据库的数据存取细节，使应用程序开发人员能够以统一的、面向对象的方式进行数据的存取，而不需关心底层的数据库实现，提高了应用程序的开发效率。

5.2　Hibernate 的体系结构

Hibernate 独立于特定的关系数据库，使用映射文件实现持久化类和数据库表的映射关系。在映射文件中，将持久化对象的属性与关系数据库表的字段对应起来，通过对象的操作完成数据库表的增加、删除、查询、修改等操作。Hibernate 主要包括以下三个组件：

(1) 连接管理组件。Hibernate 的连接管理服务提供了高效的数据库连接管理。数据库连接是和数据库进行交互的唯一渠道，建立和关闭一个数据库连接要耗费大量的资源。因此，应用程序都采用连接池的方法来管理与数据库的连接，避免频繁地建立和关闭数据库连接。

(2) 事务管理组件。事务管理是数据库应用程序中需要特别处理的工作，通过事务，能够一次执行多个 SQL 语句，而且能保证这些语句都执行成功或者都不执行。

(3) 对象—关系映射组件。对象—关系映射组件可以实现从对象模型到数据库关系模型的映射工作，通过这一组件，Hibernate 实现了对象的持久化操作。

由于 Hibernate 非常灵活，而且提供了多种运行时的结构组成方案，因此使用较广。在这里介绍的是一个比较全面的体系结构，它最大程度地完成了对持久化层功能的封装，使得开发人员所要完成的工作量减少。在这个体系结构中，将 JDBC/JTA 都交给了 Hibernate 去完成，而不需要对这一部分进行任何处理。Hibernate 的体系结构如图 5-5 所示。

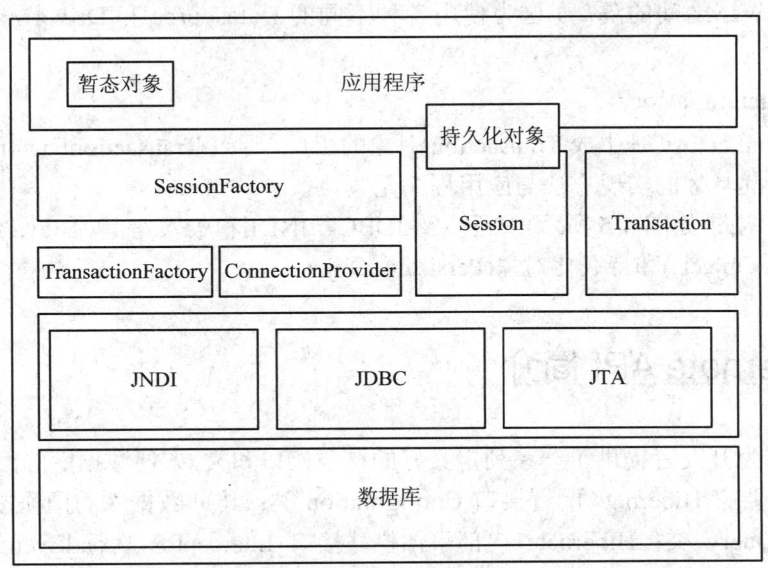

图 5-5　Hibernate 的体系结构

下面来看一下 Hibernate 各个部分的主要功能：

1) SessionFactory

SessionFactory 中保存了对应当前数据库配置的所有映射关系，它将某个数据库的所有映射关系经过编译后保存在内存中。因此 SessionFactory 的初始化过程非常复杂，同时也将耗费大量的资源。为了解决这个问题，Hibernate 设计人员对 Hibernate 采用了线程安全的设计，只是在程序初始化时产生一个 SessionFactory 实例，然后多个线程可以并发调用，实现 SessionFactory 实例的共享。SessionFactory 还是生成 Session 的工厂，它在进行实例化的过程中会使用到 ConnectionProvider。

2) Session

Session 是 Hibernate 进行持久化操作的基础，所有持久化操作都是在 Session 的基础上完成的。Hibernate 中的 Session 就相当于 JDBC 中的 Connection 对象，它包含了与数据库建立的连接对象。同时，Session 也是 Transaction 的工厂。

Session 是 Hibernate 的持久化管理器的核心，提供了一系列的持久化操作方法，如 save、update、delete、find 等。另外，Session 还有一个针对持久化对象的一级缓存，在遍历持久化对象或者根据持久化标识查找对象时将会使用到。

3) Transaction

Transaction 是一个单线程、短生命周期的对象。应用程序用 Transaction 来表示一批任务的原子操作。从作用上来说，它与数据库中的事务是一样的，通过 Transaction 对象实现了对数据库中事务的控制。Transaction 对象是通过 Session 对象产生的，在开发中是否使用 Transaction 对象是可选的，但事务边界的开启和关闭则是必不可少的。

4) ConnectionProvider

ConnectionProvider 用于生成与数据库建立连接的 JDBC 对象，同时，它还将作为数据库连接的缓冲池。通过 ConnectionProvider 对象实现了应用程序和底层的 Datasource 及 DriverManager 之间的隔离，这为使用各种不同的 Datasource 和 DriverManager 提供了可能。

5) TransactionFactory

TransactionFactory 是生成 Transaction 对象的工厂，通过 TransactionFactory 实现了对事务的封装，使其具体的实现方法与应用程序无关。

在体系结构图(如图 5-5 所示)中还涉及 JDBC、JNDI 和 JTA 等其他 Java 组件以及暂态对象(Transient Objects)和持久化对象(Persistent Objects)。

5.3 Hibernate API 简介

Hibernate 为开发者提供了一系列定义好的核心接口和类，方便数据库的面向对象操作。常用的接口主要有 Hibernate 配置接口 Configuration 类；访问数据库的操作接口 Session、Transaction、Query 类；Hibernate 内部事件拦截接口 Interceptor、LoadEventListener 等；Hibernate 扩展功能接口 UserType 和 IdentifierGenerator 类等。其中，Hibernate 核心接口的框图如图 5-6 所示。

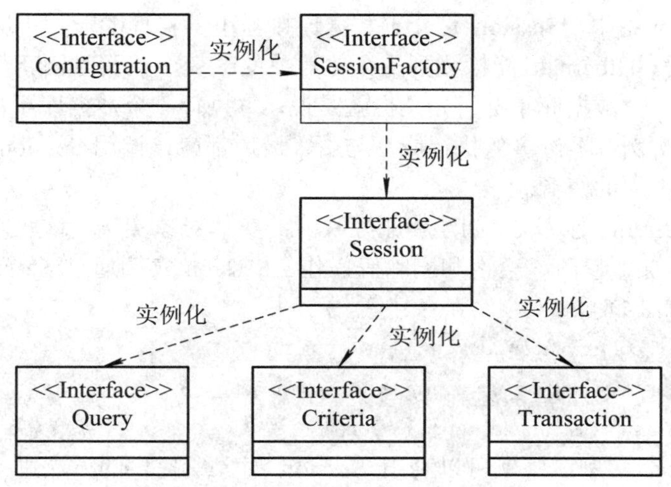

图 5-6　Hibernate 核心接口的框图

下面介绍 Hibernate 应用中比较核心的接口，结合 Hibernate 的体系结构，加深对 Hibernate 的理解。

1. Configuration 接口

Configuration 是 Hibernate 的入口，其作用是读取配置文件并创建 SessionFactory 对象。为了能创建一个 SessionFactory 对象，必须在 Hibernate 初始化时创建一个 Configuration 实例。也就是说，Configuration 对象只存在于系统的初始化阶段，之后所有的持久化操作都通过创建的 SessionFactory 对象进行。创建 Configuration 实例的代码如下：

```
Configuration config = new Configuration( ).configure( );
```

在创建 Configuration 实例时，Hibernate 会在当前 CLASSPATH 所指定的路径内查找“hibernate.cfg.xml”配置文件，并将其内容加载到内存中。如果该文件不存在，系统将打印错误信息“hibernate.cfg.xml not found”。

Hibernate 初始化并创建完 Configuration 对象之后，可通过 Configuration 对象提供的各种方法对配置参数进行修改。当 SessionFactory 对象创建成功后，Configuration 对象也就没用了。

2. SessionFactory 接口

SessionFactory 的主要作用是生成 Session 对象，如果应用程序只有一个数据存储源，则只需创建一个 SessionFactory 实例，创建好的 SessionFactory 实例是不能被改变的。创建 SessionFactory 实例的代码如下：

```
Configuration config = new Configuration( ).configure( );
SessionFactory sessionfactory = config.buildSessionFactory( );
```

创建 SessionFactory 实例是根据 Configuration 对象读取的配置文件内容确定的，一旦创建成功之后，任何对 Configuration 对象的改变都不会影响到已经构建的 SessionFactory 实例。如果在应用中需要访问多个数据库，则需要根据不同的配置文件创建多个 Configuration 实例，并构建与每个不同数据库相对应的 SessionFactory 实例。

3. Session 接口

在 Hibernate 应用中，Session 是介于数据连接与事务管理的一种中间接口，是一个持久化对象的缓冲区。Hibernate 能检测到持久化对象的改变，并及时刷新数据库。通常将一个 Session 实例与一个数据库事务绑定，也就是说，每执行一个数据库事务，都应该先创建一个新的 Session 实例。不论事务执行成功与否，最后都应该调用 Session 的 close( )方法释放 Session 实例所占用的资源。

Session 的主要功能是读取、创建和删除映射的实体对象实例，这些操作将被转化为对数据表中数据的增加、修改、查询和删除等操作。Session 实例通过 SessionFactory 对象创建而来，其创建方法如下：

```
Configuration config = new Configuration( ).configure( );
SessionFactory sessionfactory = config.buildSessionFactory( );
Session session = sessionfactory.openSession( );
```

在得到 Session 实例后，就可以利用 Session 对象所提供的方法进行对象的持久化操作了。

4. Transaction 接口

Transaction 接口是对事务实现的一个抽象，用户可以通过 Transaction 对象定义多个对数据库的操作，通过 Session 对象的 beginTransaction( )方法可以得到一个 Transaction 实例。代码如下：

```
Session session = sessionfactory.openSession( );
Transaction ta;
try
{      //开始一个事务
ta = session.beginTransaction();
     //执行事务
...
     //提交事务
ta.commit();
}
catch(Exception e)
{  //出现异常，撤销事务
if(ta != null)
{
ta.rollback();
}
throw e;
}
finally
{  //关闭 Session
```

```
    session.close();
    }
```

5．Query 接口

Query 接口能方便地对数据库进行查询操作，通过 Session 对象的 createQuery( )方法创建 Query 实例，通过 Query 对象设置查询语句的参数，执行查询语句并返回查询结果。代码如下：

```
Query query = session.createQuery("from Customer c where c.name = :name");
query.setParameter("name","tom",Hibernate.STRING);
```

Hibernate 具有三种检索方式，分别是 HQL(Hibernate Query Language)、QBC 和 SQL 检索方式。其中，HQL 是面向对象的查询语言，它和 SQL 有些相似，在检索应用中得到了广泛的使用。

6．Criteria 接口

Criteria 接口可以看成是传统 SQL 的对象化表示，它本身只是一个查询容器，具体的查询条件需要通过 Criteria.add( )方法添加到 Criteria 实例中。Criteria 接口采用了 QBC 检索方式，它将数据的查询条件封装成一个对象。Criteria 实例通过调用 Session 对象的 createCriteria( )方法创建，通过 Restrictions 类或者 Expression 类来创建查询条件对象，然后调用 Criteria 对象的 list( )方法执行查询语句。代码如下：

```
Criteria criteria = session.createCriteria(TestCase.class)
        .add( Restrictions.like("name","fiz%"))
        .addOrder( Order.asc("age"));
criteria.setMaxResults(50);
List test = criteria.list();
```

以上的实例相当于执行了如下所示的 SQL 语句：

```
select * from TestCase where name like 'fiz%' order by age asc
```

Hibernate 在运行时会根据 Criteria 接口指定的查询条件生成相应的 SQL 语句，其中上例的 setMaxResults( )方法表示指定获取的结果集的范围。

5.4　Hibernate 的配置文件

Hibernate 配置文件主要用于配置 Hibernate 连接数据库的参数以及其他一些 Hibernate 在运行时需要使用到的各种参数。它告知 Hibernate 如何连接数据库、如何将持久化类和数据表通过映射文件对应起来。Hibernate 配置文件可以采用以下两种方式实现：

(1) Java 属性文件：配置属性采用键/值对的方式进行配置。例如，“connection.username = mysql”，表示所使用的数据库连接用户名为“mysql”。采用这种方式的配置文件默认文件名为“hibernate.properties”。

(2) XML 配置文件：XML 是 Java 属性文件的替代文件，也是目前应用开发中常用的格式。Hibernate 所使用的 XML 配置文件的默认名称为“hibernate.cfg.xml”。

在 Hibernate 中使用 XML 格式的配置文件可以实现映射文件的自动加载，而采用 Java

属性文件格式的配置文件需要自己编程去加载映射的对象，每次增加映射对象后，还需要增加相应的代码去加载这个对象，这明显不如使用 XML 格式的配置文件直接增加一个配置元素来得方便。

配置文件一般放在应用的 CLASSPATH 所指定的路径中，Hibernate 在初始化阶段会自动加载配置文件。以 MySQL 数据为例，Hibernate 配置文件的格式如下：

```
<?xml version = '1.0' encoding = 'UTF-8'?>
<!DOCTYPE hibernate-configuration PUBLIC
    "-//Hibernate/Hibernate Configuration DTD 3.0//EN"
    "http://hibernate.sourceforge.net/hibernate-configuration-3.0.dtd">
     <hibernate-configuration>
     <session-factory>
<property name = "connection.driver_class">com.mysql.jdbc.Driver</property>
        <property name = "connection.url">jdbc:mysql://localhost:3306/webases</property>
        <property name = "connection.username">root</property>
        <property name = "connection.password">274507</property>
        <property name = "dialect">org.hibernate.dialect.MySQLDialect</property>
        <property name = "show_sql">true</property>
        <mapping resource = "com/Hibernate/test_products.hbm.xml" />
     </session-factory>
     </hibernate-configuration>
```

Hibernate 具有许多可选配置参数，这些参数必须包含在<session-factory>中。以上配置文件中各个属性参数的含义如表 5-1 所示。

表 5-1　数据库连接参数的含义

参　数	含　义
connection.driver_class	数据库 JDBC 驱动程序
connection.url	数据库连接 URL
connection.username	访问数据库的用户名
connection.password	访问数据库的密码
dialect	数据库方言
show_sql	系统运行时，输出 SQL 语句到控制台

值得注意的是，除了表 5-1 所列的常用配置参数之外，配置文件中还有一个非常重要的参数<mapping>。其中，resource 指定了 Hibernate 中持久化类映射文件的位置。当系统启动时，Hibernate 根据 resource 属性自动查找映射文件，并初始化持久化类和数据表之间的对应关系。另外，Dialect 参数是和所使用的数据库种类相关的。它的作用是通过不同的 Dialect 生成不同的 SQL 语句。一个 Dialect 对应一个数据库，由于不同数据库所支持的 SQL 语句存在着一些差异，所以要针对不同的数据库选择合适的 Dialect。

5.5　Hibernate 中的持久化类

在 Hibernate 项目中实现数据库的面向对象操作，需要创建一个持久化类，通过映射文件将持久化对象与数据表建立关联，并在配置文件中通过<mapping>参数告知 Hibernate 映射文件的位置。

5.5.1　对象状态

在 Hibernate 中创建的实例对象通常包含三种不同的状态，分别是瞬时态(Transient)、持久态(Persistent)和脱离态(Detached)。在具体应用中一个实体对象可能会经历这三种状态，也可能只经历其中部分状态。

1．瞬时态

瞬时态是指对象通过 new 操作创建，与数据库中的数据没有任何关联。瞬时态对象不会被持久化到数据库中，也不会被赋予持久化标识符。下面是持久化类实例“Customer.java”的代码：

```
Customer testPerson = new Customer();
testPerson.setFirstname("Jerry");
testPerson.setLanguage("Chinese");
```

通过持久化类 Customer 创建的对象 testPerson，此时并没有通过 Session 实例对它进行任何持久化操作。也就是说，testPerson 对象此时与数据库中的记录没有任何关系，它处于瞬时态。

2．持久态

持久态是指该对象处于 Hibernate 框架所管理的状态。它与 Session 实例相关，对其所做的任何变更操作都会被 Hibernate 持久化到数据库中。下面是持久化类实例“Tempory.java”的代码：

```
Session session = SessionFactory.openSession( );
Transaction tr = session.beginTransaction();   //创建一个事务
Customer testPerson = new Customer();
testPerson.setFirstname("Jerry");
testPerson.setLanguage("Chinese");   //至此，testPerson 仍为瞬时态
session.save(testPerson); //该语句执行后，testPerson 变为持久态，被 Hibernate 纳入管理器
tr.commit(); //提交事务，此时会将 testPerson 的数据同步到数据库中
```

上面这段代码可以理解为：当一个实体对象通过 Session 与数据库发生了关联且处于 Session 的有效期内时，那么这个对象就处于持久态。

3．脱离态

当与持久对象关联的 Session 被关闭后，该对象就变为脱离态了。脱离对象如果重新关

联到某个新的 Session 上时，会再次进入持久态。代码如下：

```
Session session = SessionFactory.openSession( );
Transaction tr = session.beginTransaction();
Customer testPerson = new Customer();
testPerson.setFirstname("Jerry");
testPerson.setLanguage("Chinese");
session.save(testPerson);
tr.commit();
session.close(); //至此，testPerson 对象进入脱离态
```

对象的状态可以通过 Session 的一系列方法进行相互转换，其转换关系图如图 5-7 所示。

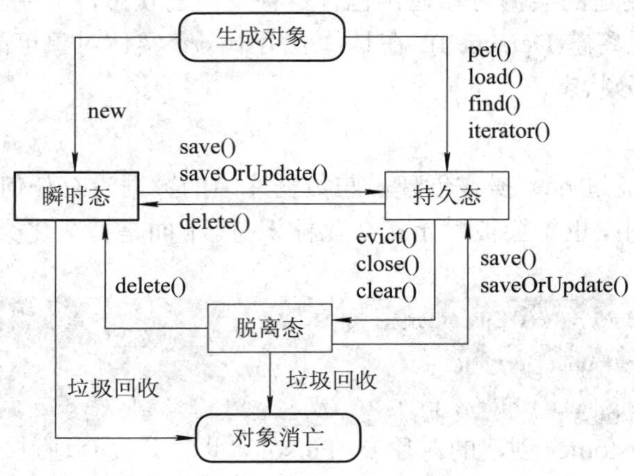

图 5-7　对象状态转换关系图

5.5.2　创建持久化类

持久化类是指其对象实例需要被 Hibernate 持久化到数据库中的类，创建持久化类需要注意以下几点：

(1) 持久化类符合 JavaBean 的规范，包含一些属性以及与之对应的 getXXX()和 setXXX()方法。get/set 方法必须符合特定的命名规则，get 和 set 后面紧跟属性的名字，并且属性名的首字母为大写。

(2) name 属性的 get 方法为 getName()，如果写成 getname()或 getNAME()会导致 Hibernate 在运行时抛出以下异常：

net.sf.hibernate.PropertyNotFoundException:Could not find a getter for porperty name in class mypack XXX。

(3) 如果持久化类的属性为 boolean 类型，那么它的 get 方法名既可以用 get 作为前缀，也可以用 is 作为前缀。

(4) 持久化类需有一个 id 属性，用来唯一标识类的每一个对象。这个 id 属性被称为对象标识符(Object Identifier，OID)。

(5) 持久化类必须提供一个不带参量的默认构造方法，在程序运行时，Hibernate 运用

Java 反射机制，调用 java.Lang.raflect.Constructor.newInstance()方法来构造持久化类实例。

下面创建一个简单的持久化类实例“Customer.java”。代码如下：

```
public class Customer {
private Integer id; //对象 id
private String username; //用户名
private String password; //密码

public Integer getId(){
    return id;
}

public void setId(Integer id){
    this.id = id;
}

public String getUserName(){
    return username;
}

public void setUserName(String username){
    this.username = username;
}

public String getPassword(){
    return password;
}

public void setPassword(String password){
    this.password = password;
}
}
```

该持久化类包括三个属性信息：id、用户名和密码。每个属性都可以通过映射文件“Customer.hbm.xml”与数据表中的字段建立对应关系。创建好持久化类之后，就可以通过 Session 对象实例对数据库进行操作。持久化类实例“HibernateTest.java”的代码如下：

```
//部分代码省略
public class HibernateTest {
public static void main(String[] args){
SessionFactory sessions = new Configuration().configure().buildSessionFactory();
Session session = sessions.openSession();
```

```
Transaction tx = null;
try{
tx = session.beginTransaction();
Customer cus = new Customer();
cus.setUserName("zhangsan");
cus.setPassword("123456");
System.out.println("开始插入数据到数据库... ");
session.save(cus);
tx.commit();
//部分代码省略
```

5.6 Hibernate 的对象—关系映射文件

Hibernate 映射文件中包含了基本的映射信息，它描述了每一个持久化类与其对应的数据表之间的关联信息。在 Hibernate 工作的初始化阶段，这些信息通过“hibernate.cfg.xml”的<mapping>节点被加载到 Configuration 和 SessionFactory 实例上，从而实现将对数据库的操作转换为面向对象的操作。通过映射文件，Hibernate 才能知道所操作的对象到底对应哪个数据表以及它们之间的映射关系。对象—关系映射文件在 Hibernate 应用中所处的位置如图 5-8 所示。

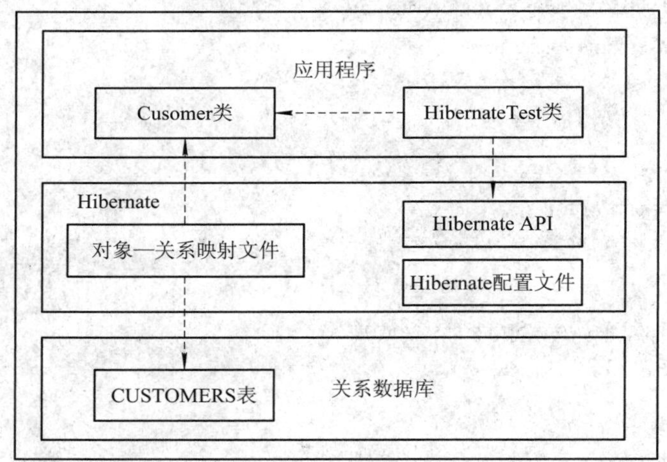

图 5-8　对象—关系映射文件所处的位置

映射文件的名称一般与 Java 对象的名称保持一致，扩展名使用“.hbm.xml”，以便于和普通的 xml 文件进行区分，并且与映射文件所对应的 Java 对象放在同一个目录中。下面来具体看一下映射文件是如何实现持久化类到数据表的映射。

1．创建数据库表 CUSTOMERS

现以 5.5.2 节定义的持久化类实例“Customer.java”为例，在 MySQL 数据库中创建与之对应的数据表 CUSTOMERS。其 DDL 定义如下：

```
create table CUSTOMERS (
ID int(20)   not null   primary key   auto_increment,
NAME   varchar(20)   not null,
PASSWORD varchar(20)   not null);
```

在 CUSTOMERS 表中定义了三个字段，即 ID、NAME 和 PASSWORD。其中，ID 字段作为主键与持久化类 Customer 的 id 属性对应。

2．创建对象—关系映射文件

创建映射文件“Customer.hbm.xml”，把对象—关系映射的逻辑放在此文件中。当操作对象时，该文件通过 Java 反射机制产生的方法，会把对象的方法转换为关系的方法。代码如下：

```
<?xml version = "1.0"?>
<!DOCTYPE hibernate-mapping PUBLIC "-//Hibernate/Hibernate Mapping DTD3.0//EN"
"http://hibernate.sourceforge.net/hibernate-mapping-3.0.dtd">
<hibernate-mapping package = "hibernate.ch05">
    <class name = "Customer" table = "CUSTOMERS">
        <id name = "id" column = "ID" type = "integer">
            <generator class = "identity"/>
        </id>
    <property name = "username" column = "NAME" type = "string" length = "20"></property>
<property name = "password" column = "PASSWORD" type = "string" length = "20"></property>
    </class>
</hibernate-mapping>
```

根据以上映射文件代码，分析如下。

1) <hibernate-mapping>元素

在“Customer.hbm.xml”映射文件中，<hibernate-mapping>是对象—关系映射的根元素，其他元素必须嵌入其内。在这里使用了一个 package 属性，它是指映射文件所使用的 Java 对象的包。引入 package 属性之后，在<hibernate-mapping>内的配置内容如果需要使用到某个 Java 对象，就不用再写全路径了。与此同时，<hibernate-mapping>元素还包含很多其他属性以及子元素。其元素的属性和子元素分别如表 5-2 和表 5-3 所示。

表 5-2　<hibernate-mapping>元素的属性

属 性	功 能 描 述	默认值
schema	数据库的 schema 名称	
auto_import	设定在映射文件中是否可以在查询语言中使用非完整类名	True
default-cascade	默认的级联方式	None
default-lazy	对于没有设定延迟加载的类和集合是否设定延迟加载	True
default-access	属性访问方式	Property
catalog	数据库的 catalog 名称	
package	映射文件中类默认的包的名称	

表 5-3　<hibernate-mapping>子元素

子元素	功 能 描 述
filter-def	定义过滤器
sql-query	定义一个 SQL 查询
query	定义一个 HQL 查询
union-subclass	定义一个联合子类
joined-subclass	定义一个连接子类
subclass	进行多态持久化时定义父类的子类
class	定义一个持久化类
import	显式地引用一个类
typedef	定义新的 Hibernate 数据类型
meta	设置类或属性的元数据属性，与具体的映射无关

2) <class>元素

在<hibernate-mapping>内定义了一个 class 元素，它用来描述持久化类与数据库中表的映射关系。其中，name 属性指定类名，table 属性指定所对应的表名。其元素的属性和子元素分别如表 5-4 和表 5-5 所示。

表 5-4　<class>元素的属性

属 性	功 能 描 述	默认值
name	持久化类的 Java 类全名	
table	对应的数据库的表名	类名
discriminator-value	子类识别标识	类名
mutable	表明该类的实例是否可以改变	false
schema	数据库的 schema 名称	
catalog	数据库的 catalog 名称	
proxy	指定延迟加载代理类	
dynamic-update	指定用于 UPDATE 的 SQL 语句是否动态生成	false
dynamic-insert	指定用于 INSERT 的 SQL 语句是否动态生成	false
select-before-update	设定在 Hibernate 执行 UPDATE 之前是否通过 SELECT 语句来确定对象是否被修改	false
polymorphism	设定使用多态查询的方式	implicit
where	指定一个附加的 SQL 语句的 WHERE 条件	
persister	指定一个 Persister 类	
batch-size	设定批量操作记录的数目	1
optimistic-lock	指定乐观锁定的策略	version
lazy	指定是否使用延迟加载	
entity-name	实体名称	类名
check	指定一个 SQL 语句，用于生成 schema 前的条件检查	
subselect	将一个不可变的只读实体映射到一个数据库的子查询中	
abstract	联合子类中标识抽象的超类	false

表 5-5　<class>子元素

子元素	功 能 描 述
meta	用于设定类或属性的元数据属性
subselect	定义一个子查询
cache	定义缓存的策略
synchronize	指定持久化类需要用到的同步资源
comment	定义表的注释
id	映射类中与数据表主键相对应的标识字段
composite-id	映射类中与数据表主键相对应的标识字段(表中为联合字段的主键)
discriminator	定义一个鉴别器
natural-id	声明一个唯一的业务主键
version	指定表所包含的附带版本信息的数据
timestamp	指定表中包含的时间戳的数据
property	定义一个持久化类的属性
many-to-one	定义对象间多对一的关联关系
one-to-one	定义对象间一对一的关联关系
component	定义组件映射
dynamic-component	定义动态组件映射
properties	定义一个包含多个属性的逻辑分组
any	定义 any 映射类型
map	Map 类型的集合映射
set	Set 类型的集合映射
list	List 类型的集合映射
bag	Bag 类型的集合映射
ibag	IBag 类型的集合映射
array	array 类型的集合映射
primitive-array	primitive-array 类型的集合映射
query-list	映射有查询返回的集合
join	将一个类中的属性映射到多张表中
sub-class	声明多态映射中的子类
joined-subclass	声明多态映射中的连接子类
union-subclass	声明多态映射中的联合子类
loader	定义持久化对象的加载器
sql-insert	使用定制的 SQL 语句执行 INSERT 操作
sql-update	使用定制的 SQL 语句执行 UPDATE 操作
sql-delete	使用定制的 SQL 语句执行 DELETE 操作
filter	Hibernate 使用的过滤器
query	定义装载实体的 HQL 语句
sql-query	定义装载实体的 SQL 语句

3) <id>元素

在 class 元素内定义了一个 id 元素，它用来描述持久化类 Customer 的 OID 与数据表的主键的映射。其中，name 属性指定类的主键，column 指定表的主键。值得一提的是，子元素 generator 用于指定类中主键的生成策略，即生成器，关于这部分知识将在 6.3 节做详细介绍。<id>元素的属性如表 5-6 所示。

表 5-6　<id>元素的属性

属 性	功 能 描 述	默认值
name	映射类中与主键相对应的属性的名称	
type	主键属性的数据类型	
column	主键字段的名称	属性的名称
unsaved-value	用于判断这个对象是否进行了保存	
access	Hibernate 访问主键属性的策略	property

4) <property>元素

property 元素用于描述普通字段的关联，即某个对象的属性与数据表中字段的对应关系。其元素的属性如表 5-7 所示。

表 5-7　<property>元素的属性

属 性	功 能 描 述	默认值
name	映射类属性的名称	
column	对应数据表中的字段名	属性的名称
type	字段的数据类型	
update	UPDATE 操作时是否包含本字段的数据	true
insert	INSERT 操作时是否包含本字段的数据	true
formula	定义一个 SQL 表达式来计算这个属性的值	
access	Hibernate 访问属性的策略	property
lazy	设置字段是否采用延迟加载策略	false
unique	设置该字段的值是否唯一	false
not-null	设置该字段的值是否可以为空	false
optimistic-lock	指定属性在做更新操作时是否需要获得乐观锁定	true

值得注意的是，数据类型的处理需要十分小心。<property>元素是通过 type 属性值来指定数据类型的。Hibernate 支持的数据类型可以大致分为以下几类：

- Hibernate 基础类型，如 integer、string、character、date、timestamp、float、binary、serializable、object 等。
- 一个 Java 类的名字，这个类属于默认的基础类型，如 int、float、char、java.lang.String、

java.util.Date、java.lang.Integer、java.sql.Clob 等。

- 一个可以序列化的 Java 类的名字。
- 一个自定义类型的类的名字，如 cn.hxex.type.MyCustomType 等。

5.7　Hibernate 关系映射

通过对象—关系映射文件的学习，我们已经掌握了持久化类和数据表之间的映射关系，然而在一个 Hibernate 应用中往往不止一个类。如果需要映射多个持久化类，可以在同一个映射文件中映射所有类，也可以为每个类创建单独的映射文件，映射文件与类同名即可。后一种做法通常更值得推荐，原因是在团队开发中有利于管理和维护映射文件。与此同时，类与类之间也存在着关联关系，这种关联关系可以直接通过映射文件体现到数据表之间的关联上。其包括一对一、一对多和多对多的关联关系，下面来详细看一下数据对象之间的这些关联关系是如何配置的。

5.7.1　一对一关联

一对一关联比较容易理解，即 A 对象与 B 对象一一对应。例如，现假设学校宿舍是单人间，那么学生对象 Student 和宿舍对象 Dormitory 就是一对一关系，即一个学生只能住一个宿舍，而一个宿舍里也只能住一个学生。要建立它们之间的一对一关联，可以使用<one-to-one>元素进行设置。

首先，需要在 Student 对象的映射文件“Student.hbm.xml”中定义到 Dormitory 对象的关联。代码如下：

```
<?xml version = "1.0"?>
<!DOCTYPE hibernate-mapping PUBLIC "-//Hibernate/Hibernate Mapping DTD3.0//EN"
"http://hibernate.sourceforge.net/hibernate-mapping-3.0.dtd">
<hibernate-mapping>
    <class name = "sec1.Student" table = "STUDENT">
        <id name = "id" column = "ID" type = "integer">
            <generator class = "identity"/>
        </id>
    <property name = "name" column = "NAME" type = "string" length = "20"></property>
    </class>
<one-to-one name = "dormitory" class = "Dormitory">
</hibernate-mapping>
```

同样地，还需要在 Dormitory 对象的映射文件“Dormitory.hbm.xml”中定义到 Student 对象的关联。代码如下：

```
<one-to-one name = "student" class = "Student" constrainted = "true">
```

其中，<one-to-one>元素的属性如表 5-8 所示。

表 5-8　<one-to-one>元素的属性

属 性	功 能 描 述	默认值
name	映射类属性的名称	
class	映射的目标类名称	
cascade	操作时的级联关系	
constrainted	当前类对应的表与被关联的表之间是否存在外键约束	false
fetch	抓取数据的策略	
property-ref	指定关联类的属性名，此属性和本类的主键相对应	关联类的主键
access	Hibernate 访问这个属性的策略	property
formula	定义一个 SQL 表达式来计算这个属性的值	
lazy	指定对于此关联对象是否使用延迟加载以及延迟加载的策略	proxy
entity-name	被关联类的实体名	

5.7.2　一对多关联

现假设学生宿舍是六人间，宿舍对象 Dormitory 与学生对象 Student 之间就是一对多关联；反之，Student 与 Dormitory 就是多对一关联。也就是说，一个学生只能住一间宿舍，而一间宿舍可以供多个学生居住。同样，在 Hibernate 中需要在两个对象的映射文件中进行对象关系的定义。

1．一对多

对于一对多关联的定义，Dormitory 与 Student 之间是一对多关联，那么 Dormitory 对象的实例就要对应多个 Student 对象的实例。在 Hibernate 中这种关联通过集合对象来处理，这里使用<set>元素完成配置。

首先，在"Dormitory.hbm.xml"映射文件中添加<one-to-many>元素。代码如下：

```
<set name = "student" inverse = "true" cascade = "sace-update">
        <key column = "Dorm_id"/>
       <one-to-many class = "Student"/>
</set>
```

其中，<key>标签指定对应字段。inverse 属性默认为 false。inverse 为 false 则表示本端可以维护关系；如果 inverse 为 true，则本端不能维护关系，会交给另一端维护关系，本端失效。因此一对多关联映射通常在"多"的一端维护关系，让"一"的一端失效。<set>元素的属性如表 5-9 所示。

表 5-9　<set>元素的属性

属 性	功 能 描 述	默认值
name	映射类属性的名称	
access	Hibernate 访问属性的策略	property
table	关联的目标数据表名称	
schema	目标数据表的 schema 名称	

续表

属 性	功 能 描 述	默认值
catalog	目标数据表的 catalog 名字	
lazy	是否延迟加载	
subselect	定义一个子查询	
sort	设置排序顺序	unsorted
inverse	用于标识双向关联中被动的一方	false
mutable	标识被关联对象是否可以改变	true
cascade	设置操作中的级联策略	
order-by	设置排序规则	
where	增加筛选条件	
batch-size	当采用延迟加载时，依次读取数据的数量	1
fetch	设置抓取数据的策略	

2．多对一

与一对多相反，Student 与 Dormitory 之间是多对一关联，则需要在“Student.hbm.xml”映射文件中添加<many-to-one>元素。代码如下：

```
<many-to-one    name = "dormitory" column = "Dorm_id"/>
```

值得注意的是，<key>标签和<many-to-one>标签加入的字段必须保持一致，否则会产生数据混乱。<many-to-one>元素的属性如表 5-10 所示。

表 5-10　<many-to-one>元素的属性

属 性	功 能 描 述	默认值
name	映射类属性的名称	
column	关联的字段	
class	关联类的名称	
cascade	操作时的级联关系	
fetch	设置抓取数据的策略	select
update	进行 update 操作时，是否包含此字段	true
insert	进行 insert 操作时，是否包含此字段	true
property-ref	指定关联类的属性名，这个属性将会和本类的关联相对应	关联类的主键
access	Hibernate 访问此属性的策略	property
unique	设置此字段的值是否唯一	false
not-null	设置此字段的值是否可以为空	false
optimistic-lock	指定这个属性在做更新操作时，是否需要获得乐观锁定	true
lazy	指定对于此关联对象是否需要使用延迟加载	proxy
not-found	指定外键引用的数据不存在时，该如何处理	exception
entity-name	被关联类的实体名	

5.7.3 多对多关联

在多对多关联中，Java 对象和数据表之间并不是一对一的关系。在 Java 中，被关联对象的多个实例是通过集合对象<set>来实现的，而数据库中则需要通过一个中间表来将多对多的关系转换为一个对象到中间表的多对一的关系以及中间表到另一个对象的一对多的关系来实现。Hibernate 配置多对多关联时使用<many-to-many>元素，它需要作为<set>等集合元素的子元素来使用。

例如，学生 Student 对象与课程 Course 对象之间就是多对多关联，即一个学生可以选修多门课程，而一门课程可以被多名学生选修。要完成多对多关联配置，需要在两个对象的映射文件中同时进行配置。与此同时，还需要创建一张中间表“t_stu_cour”。

首先，在映射文件“Student.hbm.xml”中添加以下代码：

```
<set name = "course" table = "t_stu_cour" inverse = "true" cascade = "save-update">
        <key column = "Stu_id"/>
        <many-to-many class = "Course" column = "Cour_id"/>
</set>
```

同样，在映射文件“Course.hbm.xml”中添加以下代码：

```
<set name = "student" table = "t_stu_cour" inverse = "true" cascade = "save-update">
        <key column = "Cour_id "/>
        <many-to-many class = "Student" column = "Stu_id"/>
</set>
```

其中，“Stu_id”和“Cour_id”是中间表“t_stu_cour”中的两个字段。<many-to-many>元素的属性如表 5-11 所示。

表 5-11 <many-to-many>元素的属性

属 性	功 能 描 述	默认值
column	中间关联表中映射到关联目标表的关联字段	
class	关联的目标类	
fetch	设置抓取数据的策略	select
lazy	指定对于此关联对象是否使用延迟加载策略	proxy
not-found	指定外键引用的数据不存在时的处理方式	exception
entity-name	被关联类的实体名	
formula	定义一个 SQL 表达式来计算此属性的值	

在这里只是对 Hibernate 的映射文件及关联的基础知识做了简单介绍，并没有很全面地进行阐述，还有一些其他的元素需要在之后的项目中去逐步了解，并理解 Hibernate 配置的工作原理。

5.8 通过 Hibernate API 操纵数据库

数据库的操作无非就是增加、删除、修改和查询等操作，通过对象—关系映射文件在数据表和持久化类之间建立了对应关系，这使得对数据表的操作可以转化为面向对象的操作。JDBC API 与 Hibernate API 访问数据库如图 5-9 所示。在配置文件“hibernate.cfg.xml”中定义了数据库的连接，解释了持久化类与数据表的映射关系，构建了整个 Hibernate 应用的运行环境。

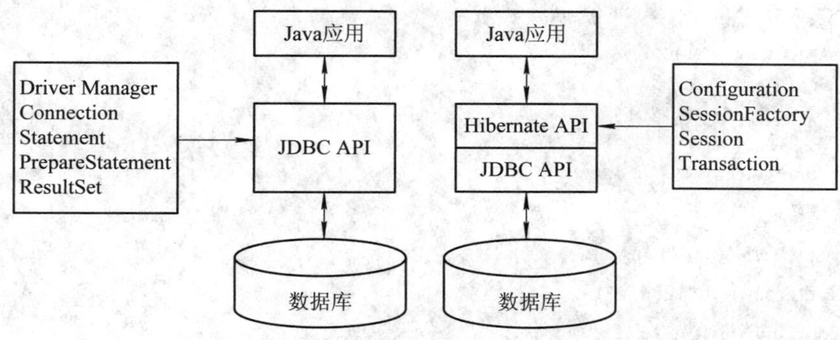

图 5-9　JDBC API 与 Hibernate API 访问数据库

根据配置文件，建立全局范围内的 SessionFactory 对象，该对象是产生 Session 的工厂。Session 对象是 Hibernate 操作数据库的核心，贯穿了整个 Hibernate 的应用。为了安全地使用 Session 对象，又不至于造成系统资源的浪费，通常应用 Java 中一种线程绑定机制——ThreadLoal。ThreadLoal 能够隔离多线程环境中的并发访问，减少 Session 对象的创建和销毁次数，降低系统资源的浪费。下面我们具体看一下 Hibernate 的初始化步骤以及数据库的操纵：

1．创建一个 Configuration 对象实例

创建一个 Configuration 对象实例，为接下来读取配置文件做好准备工作。代码如下：

```
Configuration   config = new Configuration( );
```

2．读取配置文件

在得到 config 对象之后，接下来就是读取配置文件。在默认情况下，Hibernate 会在 CLASSPATH 所指定的路径下寻找“hibernate.cfg.xml”文件或者“hibernate.properties”文件。读取配置文件的工作是通过 Configuration 对象的 configure( )方法完成。

3．创建 SessionFactory 对象实例

调用 Configuration 类的 buildSessionFactory( )方法创建一个 SessionFactory 对象实例，并把 Configuration 对象所包含的所有配置信息拷贝到 SessionFactory 对象的缓存中。SessionFactory 代表一个数据库存储源，如果应用只有一个数据库，则只需创建一个 SessionFactory 实例。

在完成以上三个步骤之后，Hibernate 初始化基本完成。接下来就可以通过 Hibernate 提供的 API 对数据库进行操作了。

4．创建 Session 对象

Hibernate 初始化完成后，就可以调用 SessionFactory 对象的 oepnSession( )方法创建 Session 对象实例，通过 Session 对象执行访问数据库的操作。其中，Session 接口提供了操

纵数据库的多种方法。

(1) save( )方法：将 Java 对象保存至数据库中。

通过调用 Session 对象的 save( )方法，可以把对象持久化到数据库中，相当于执行数据库的 INSERT 语句。代码如下：

```
Session session = sessions.openSession();
Transaction tx = null;
try{
tx = session.beginTransaction();
Customer cus = new Customer();
cus.setId("1");
cus.setUserName("zhangsan");
cus.setPassword("123456");
session.save(cus);
tx.commit();
```

当运行 session.save(cus)方法时，Hibernate 执行以下 SQL 语句：

```
insert into CUSTOMERS (ID, NAME, PASSWORD)
values (1,'zhangsan','123456');
```

值得注意的是，save( )方法并不会立即执行 SQL 语句。只有当 Session 清理缓存时，才会执行 SQL INSERT 语句。

(2) update( )方法：更新数据库中的 Java 对象。

通常根据标识符或者表中的主键字段来更新实体对象所对应的数据库中的记录。代码如下：

```
Customer cus = new Customer();
cus.setId("2");
cus.setUserName("wangwu");
cus.setPassword("225599");
session.update(cus);
tx.commit();
```

(3) delete( )方法：删除数据库中的 Java 对象。

delete( )方法的作用是删除该实体对象所对应的数据库中的记录，相当于执行数据库的删除操作语句。值得注意的是，删除操作的依据是根据这个实体对象的标识符(主键)来进行的。代码如下：

```
Session session = sessions.openSession();
Transaction tx = session.beginTransaction();
Customer cus = new Customer();
cus.setId("1");
session.delete(cur);
tx.commit();
```

以上 delete( )方法删除了 ID = 1 的用户。相当于执行了以下 SQL 语句：

```
delete from CUSTOMERS where ID = 1;
```

(4) load( )方法：从数据库中加载 Java 对象。

load( )方法与 get( )类似，都是通过对象的标识符(主键)找到数据表中对应的记录。代码如下：

```
Session session = sessions.openSession();
Transaction tx = session.beginTransaction();
Customer cus = new Customer();
session.load(Customer.class,"2");
tx.commit();
```

以上 load( )方法相当于执行以下 SQL 语句：

```
select from CUSTOMERS where ID = 2;
```

(5) get( )方法：通过标识符得到指定类的 Java 对象实例。

get( )方法的使用与 load( )方法类似，但这两个方法存在着一定的区别。当查找的记录不存在时，get( )方法会返回 null，而 load( )方法将会抛出一个 HibernateException 异常。另外，load( )方法可以返回实体的代理类实例，而 get( )方法只能直接返回实体类。load( )方法可以充分利用 Hibernate 的内部缓存和二级缓存中现有的数据，而 get( )方法只能在 Hibernate 内部缓存中进行数据查找，如果没找到，则执行 SQL 语句进行数据查询，并生成相应的实体对象。

(6) find( )方法：从数据库中查询 Java 对象。

find( )方法可以查询所有的对象。代码如下：

```
tx = session.beginTransaction();
List customers = session.find("from Customer as cus order by cus.id asc");
tx.commit();
```

find( )方法有好几种重载形式，这里传递的参数是 Hibernate 查询语言，相当于以下 SQL 语句：

```
select * from CUSTOMERS order by ID asc;
```

5．开始一个事务(Transaction)

通常将每一个 Session 实例与一个数据库事务绑定。也就是说，每执行一个数据库事务，都应该先创建一个新的 Session 实例。如果事务执行中出现异常，应该撤销事务。并且不论事务执行成功与否，最后都应该调用 Session 的 close( )方法，释放 Session 实例占用的资源。

5.9　在 MyEclipse 中使用 Hibernate

MyEclipse 是在 Eclipse 基础上加上自己的插件开发而成的功能强大的企业级集成开发环境，主要用于 Java、Java EE 以及移动应用的开发。MyEclipse 可以支持 Java Servlet、AJAX、JSP、JSF、Struts、Spring、Hibernate、EJB3、JDBC 数据库链接工具等多项功能。MyEclipse 能对 Hibernate 的配置文件、对象—关系映射文件、持久化类进行自动生成，极大地节省开发时间，避免开发过程中的错误，把程序员从繁琐的配置文件中解放出来。

5.9.1　MyEclipse 的下载与安装

MyEclipse 是一个商业软件，官方网址为“http://www.myeclipsecn.com/ download/”。在这里下载 MyEclipse 2015 Stable 3.0 软件，如果安装文件过大，可以选择在线安装的方式进行安装。MyEclipse 的安装界面如图 5-10 所示。

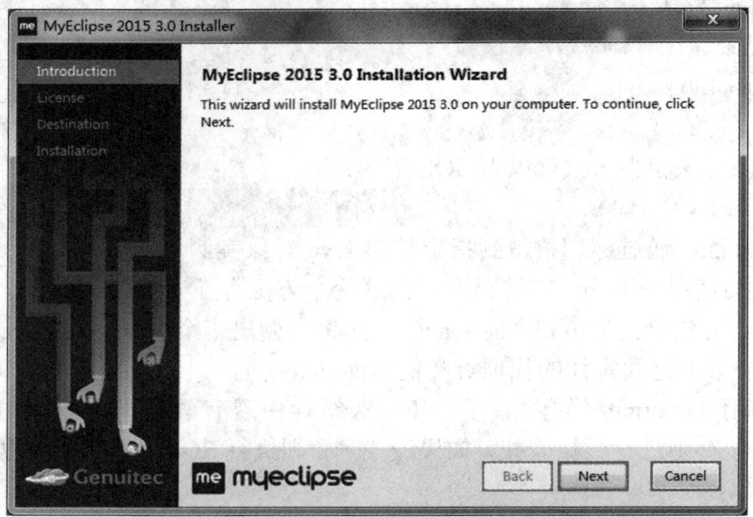

图 5-10　MyEclipse 的安装界面

在如图 5-10 所示的安装界面中点击“Next”按钮，选择接受许可协议，再点击“Next”按钮，如图 5-11 所示。

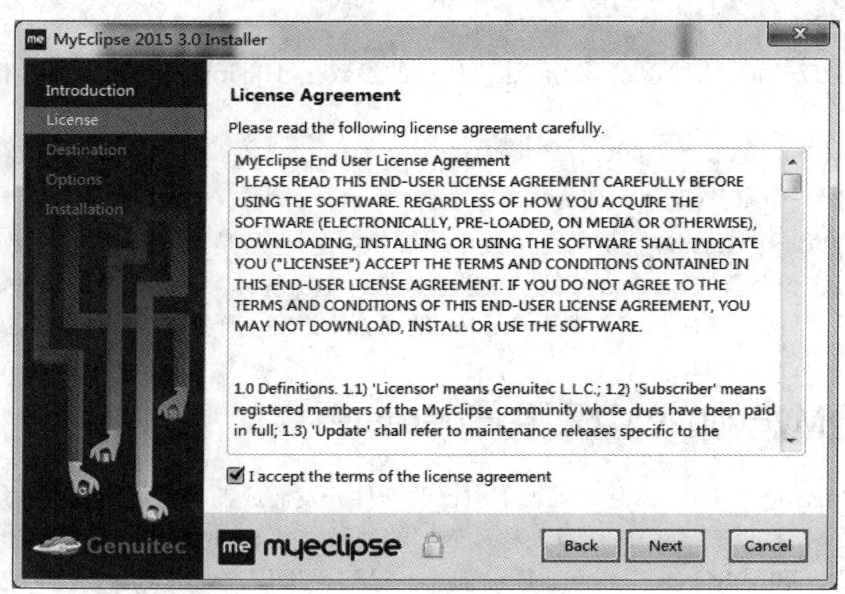

图 5-11　MyEclipse 安装许可协议

选择 MyEclipse 的安装路径，如图 5-12 所示。

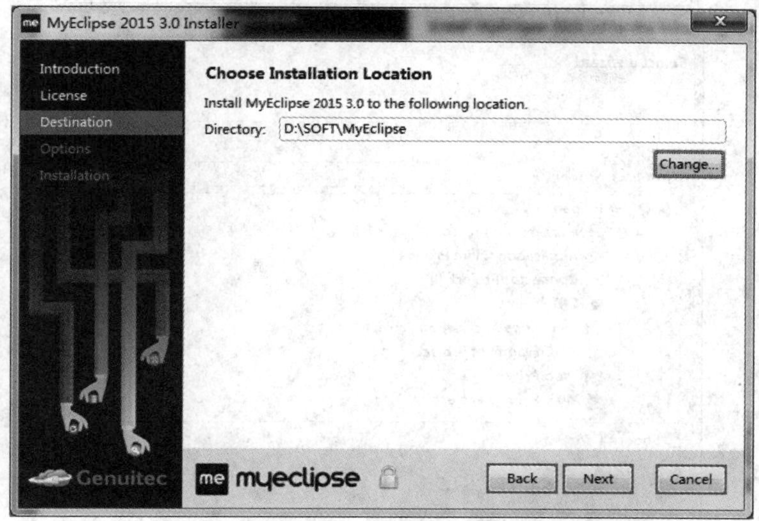

图 5-12　选择 MyEclipse 的安装路径

MyEclipse 安装完成，如图 5-13 所示。

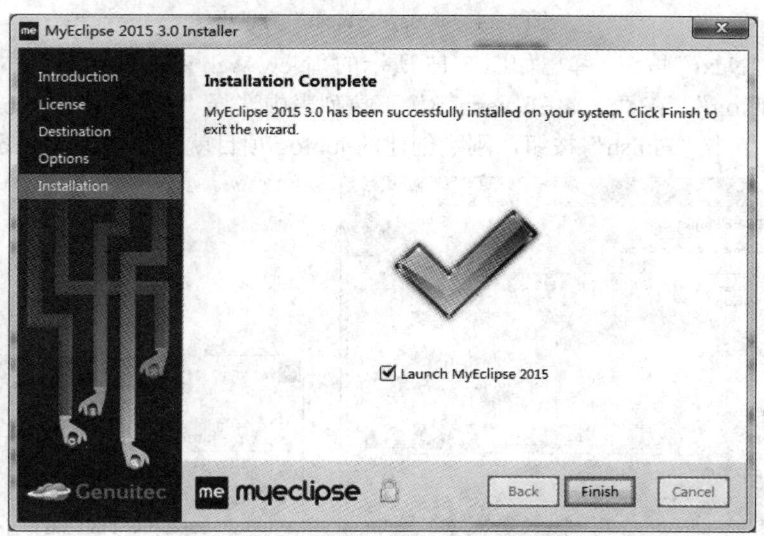

图 5-13　MyEclipse 安装完成

5.9.2　利用 MyEclipse 进行 Hibernate 项目开发

在安装好 MyEclipse 之后，就可以利用它创建一个项目。在这个项目中通过配置 Hibernate 环境，进行 Hibernate 项目的开发。

1．新建项目

(1) 打开 MyEclipse，单击“File”菜单，依次选择“New”→“Project”选项，弹出的“New Project”对话框如图 5-14 所示。在该对话框中依次选择“MyEclipse”→“Java Enterprise Projects”→“Web Project”选项。

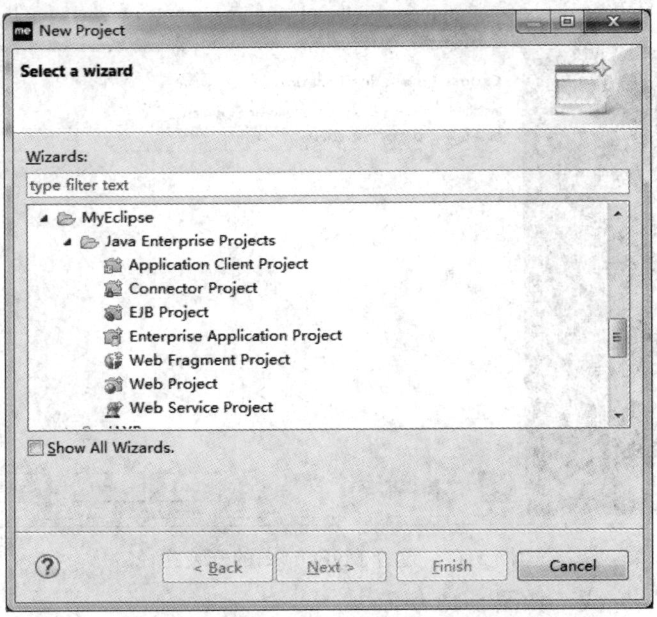

图 5-14　“New Project”对话框

(2) 单击“Next”按钮，弹出如图 5-15 所示的“New Web Project”对话框。设置“Project name”为“joblog”，在“Java EE version”下拉列表中选择“Java EE 7-Web 3.1”，其余选择默认选项，单击“Finish”按钮，刚刚创建的 joblog 项目就会出现在 MyEclipse 左侧。

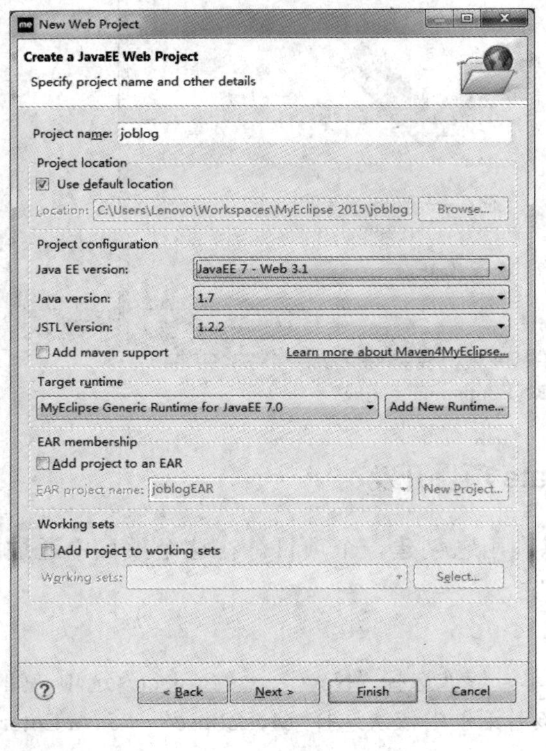

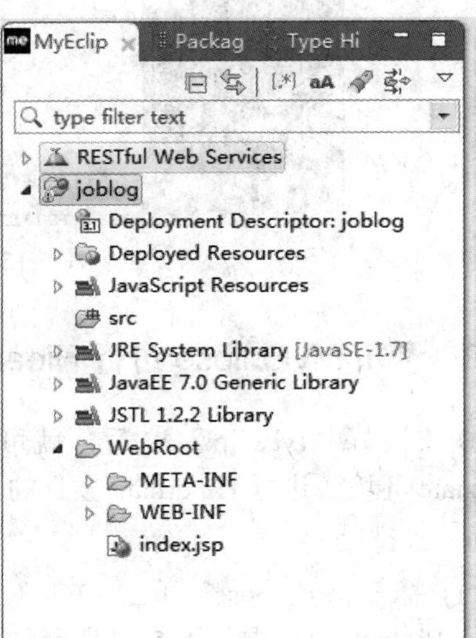

图 5-15　“New Web Project”对话框

2．创建数据库连接

数据库连接是一个配置文件，在该文件中配置好数据库的连接信息后，在 MyEclipse 中就可以直接使用该文件连接数据库了。

(1) 单击“Window”菜单，依次选择“Open Perspective”→“MyEclipse Database Explorer”选项，接着依次选择“Window”→“Show View”→“DB Browser”选项，打开“DB Browser”视图，如图 5-16 所示。

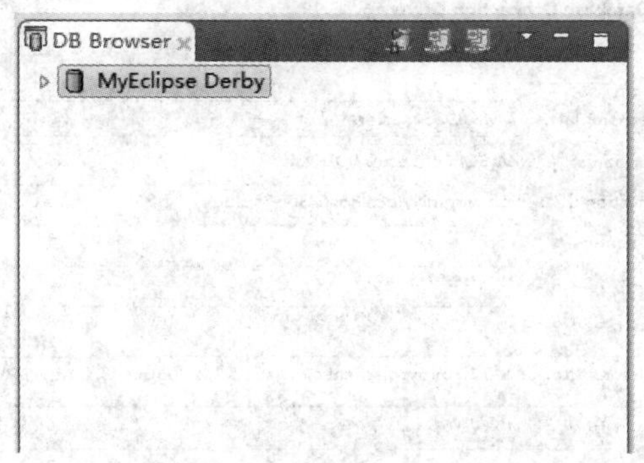

图 5-16　“DB Browser”视图

(2) 在“DB Browser”视图空白处单击右键，选择“New”菜单，弹出“Database Driver”对话框，如图 5-17 所示。

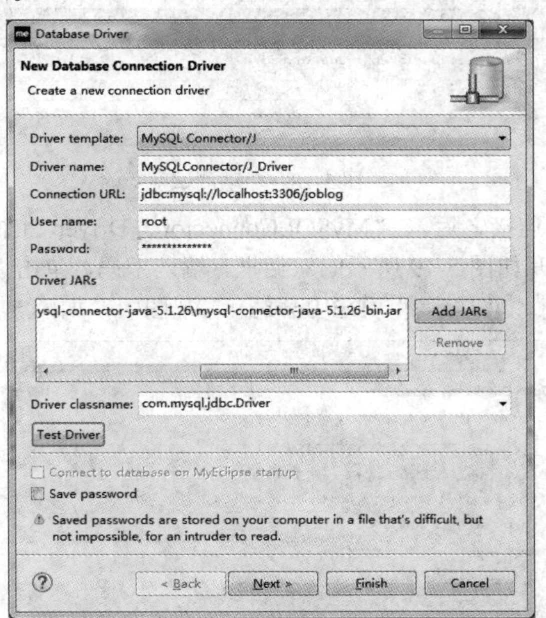

图 5-17　“Database Driver”对话框

(3) 在“Driver template”下拉列表中选择项目所使用的数据库(支持常用的 DB2、SQL Server、MySQL、Oracle 数据库)。在“Driver name”文本框中填入一个任意的连接驱动的名称“MySQLConnector/J_Driver”，这个名字最好与连接相近。在“Connection URL”中填入连接位置，如“jdbc:mysql://localhost:3306/joblog”，其中，localhost 是数据库服务器名，

3306 是 MySQL 的端口号，joblog 表示的是要连接的数据库，其他类型的数据库配置类似。在“User name”和“Password”中分别填入创建数据库时的用户名和密码。

(4) 单击“Add JARs”按钮，在弹出的对话框中找到连接 MySQL 数据库的驱动文件“mysql-connector-java-5.1.26-bin.jar”(需要下载)。

(5) 配置完成后，单击“Test Driver”按钮，连接成功，如图 5-18 所示。

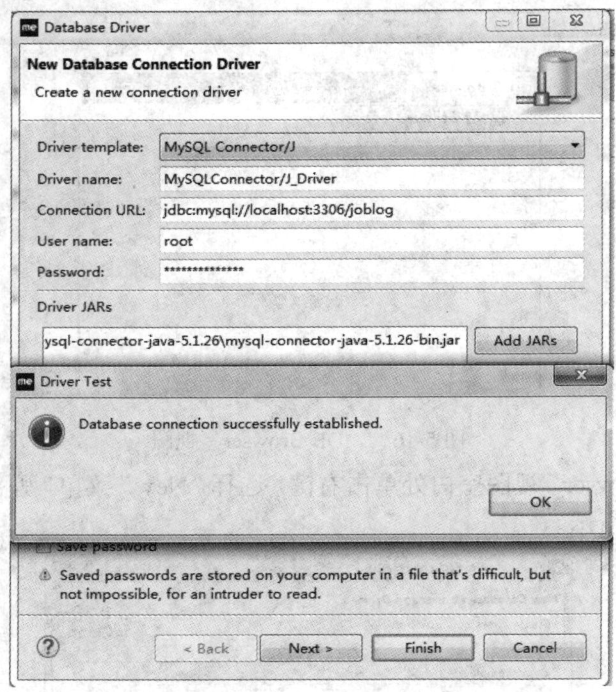

图 5-18　驱动测试

(6) 创建好数据库连接之后，在“MySQLConnector/J_Driver”上面单击右键，选择“Open Connection”菜单，打开如图 5-19 所示的对话框。输入密码，单击“OK”按钮，MyEclipse 会自动获取数据库信息，并显示在“DB Browser”视图中，如图 5-20 所示。

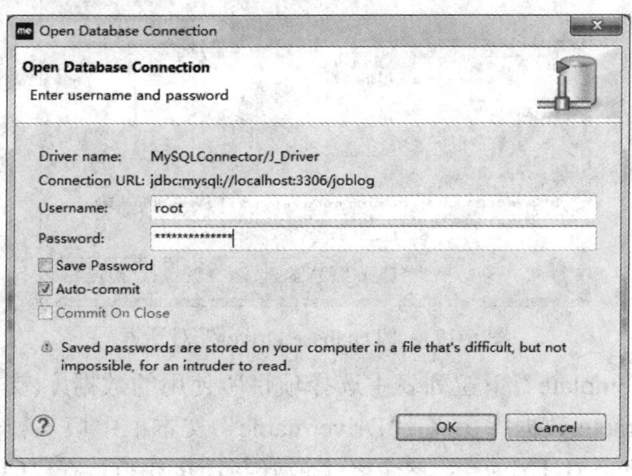

图 5-19　连接数据库

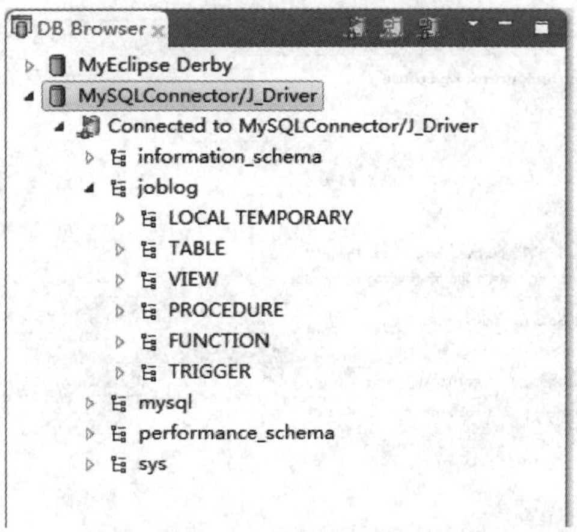

图 5-20　“DB Browser”视图中的数据库

3．在 MyEclipse 项目中加入 Hibernate

(1) 单击“Window”菜单，依次选择“Show View”→“Package Explorer”选项，打开“Package Explorer”视图。

(2) 在新建的 joblog 工程上点击右键，依次选择“MyEclipse”→“Project Facets [Capabilites]”→“Install Hibernate Facet”选项，弹出安装 Hibernate 属性的对话框，如图 5-21 所示。

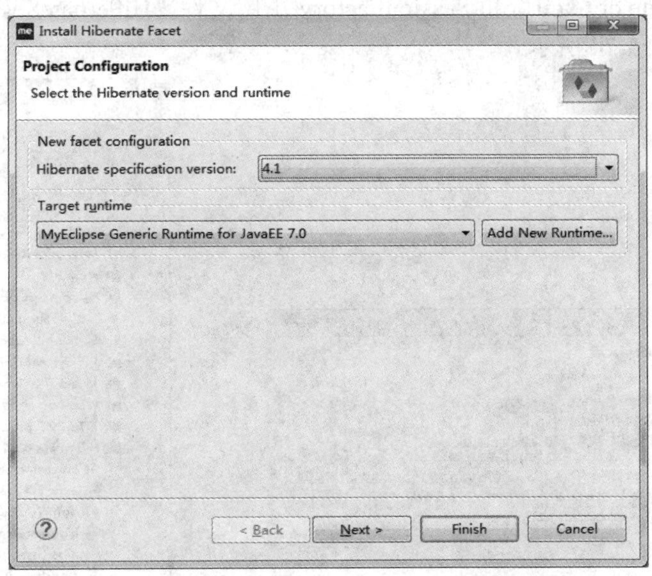

图 5-21　安装 Hibernate 属性的对话框

(3) 单击“Next”按钮，弹出如图 5-22 所示的对话框。其中，“Configuration Folder”选择默认的“src”，“Configuration File Name”也就是 Hibernate 配置文件选择默认的“hibernate.cfg.xml”。在“Create SessionFactory class”复选框下的“Java package”，单击“New”按钮，新建一个包“com.test.joblog”用来存放 SessionFactory，MyEclipse 会自动命名为“HibernateSessionFactory”。

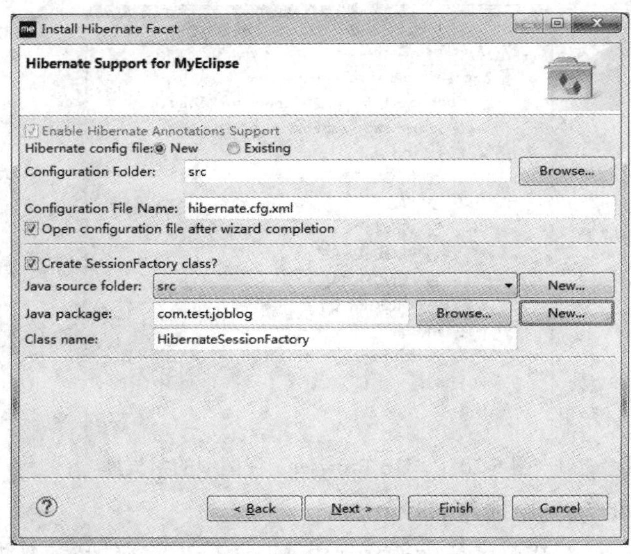

图 5-22　安装 Hibernate 属性

(4) 单击“Next”按钮，设置 Hibernate 连接数据库信息，如图 5-23 所示。在“DB Driver”下拉列表中选择刚刚配置好的“MySQLConnector/J_Driver”，其他配置选项会自动完成。

配置完成后，joblog 项目中已经加入了 Hibernate 库文件，并且 MyEclipse 会自动生成配置文件“hibernate.cfg.xml”和 SessionFactory 工厂文件“HibernateSessionFactory.java”。项目文件结构如图 5-24 所示。

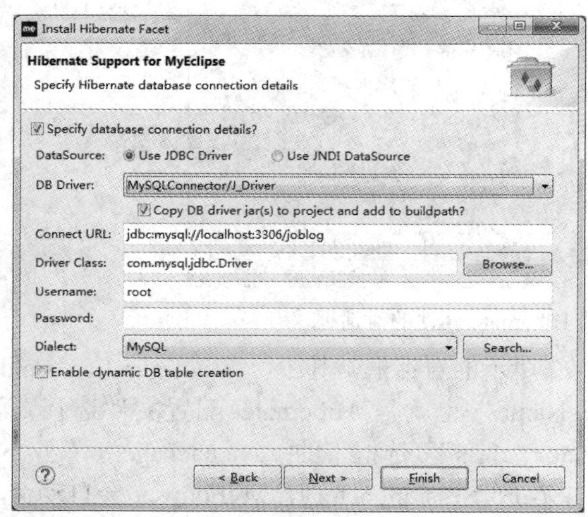

图 5-23　设置 Hibernate 连接数据库信息

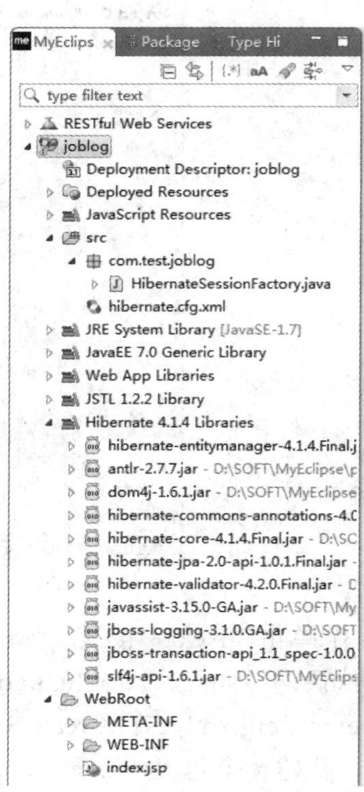

图 5-24　项目文件结构

其中，“hibernate.cfg.xml”文件的代码如下：

```
<?xml version = '1.0' encoding = 'UTF-8'?>
<!DOCTYPE hibernate-configuration PUBLIC
        "-//Hibernate/Hibernate Configuration DTD 3.0//EN"
        "http://www.hibernate.org/dtd/hibernate-configuration-3.0.dtd">
<!-- Generated by MyEclipse Hibernate Tools.                    -->
<hibernate-configuration>
    <session-factory>
        <property name = "dialect">org.hibernate.dialect.MySQLDialect</property>
        <property name = "connection.url">jdbc:mysql://localhost:3306/joblog</property>
        <property name = "connection.username">root</property>
        <property name = "connection.password">830622-wuyuxin</property>
        <property name = "connection.driver_class">com.mysql.jdbc.Driver</property>
        <property name = "myeclipse.connection.profile">MySQLConnector/J_Driver</property>
        </session-factory>
</hibernate-configuration>
```

生成的“HibernateSessionFactory.java”文件的代码如下：

```
import org.hibernate.HibernateException;
import org.hibernate.Session;
import org.hibernate.cfg.Configuration;
import org.hibernate.service.ServiceRegistry;
import org.hibernate.service.ServiceRegistryBuilder;
/**
 * Configures and provides access to Hibernate sessions, tied to the
 * current thread of execution.  Follows the Thread Local Session
 * pattern, see {@link http://hibernate.org/42.html }.
 */
public class HibernateSessionFactory {
    /**
     * Location of hibernate.cfg.xml file.
     * Location should be on the classpath as Hibernate uses
     * #resourceAsStream style lookup for its configuration file.
     * The default classpath location of the hibernate config file is
     * in the default package. Use #setConfigFile() to update
     * the location of the configuration file for the current session.
     */
     private static final ThreadLocal<Session> threadLocal = new ThreadLocal<Session>();
    private static org.hibernate.SessionFactory sessionFactory;
     private static Configuration configuration = new Configuration();
```

```
        private static ServiceRegistry serviceRegistry;
         static {
         try {
                        configuration.configure();
                        serviceRegistry = new ServiceRegistryBuilder().applySettings(configuration.get
                           Properties()).buildServiceRegistry();
                        sessionFactory = configuration.buildSessionFactory(serviceRegistry);
                } catch (Exception e) {
                        System.err.println("%%%% Error Creating SessionFactory %%%%");
                        e.printStackTrace();
                }
        }
        private HibernateSessionFactory() {
        }
        /**
         * Returns the ThreadLocal Session instance.  Lazy initialize
         * the <code>SessionFactory</code> if needed.
         *
         *   @return Session
         *   @throws HibernateException
         */
    public static Session getSession() throws HibernateException {
            Session session = (Session) threadLocal.get();
              if (session == null || !session.isOpen()) {
                    if (sessionFactory == null)
                    {
                            rebuildSessionFactory();
                    }
                    session = (sessionFactory != null) ? sessionFactory.openSession()
                                : null;
                    threadLocal.set(session);
              }
            return session;
        }
/**
         *  Rebuild hibernate session factory
         *
         */
        public static void rebuildSessionFactory() {
```

```
            try {
                configuration.configure();
                serviceRegistry = new ServiceRegistryBuilder().applySettings(configuration.get
                    Properties()).buildServiceRegistry();
                sessionFactory = configuration.buildSessionFactory(serviceRegistry);
            } catch (Exception e)
            {
                System.err.println("%%%% Error Creating SessionFactory %%%%");
                e.printStackTrace();
            }
        }
        /**
        *  Close the single hibernate session instance.
        *
        *  @throws HibernateException
        */
    public static void closeSession() throws HibernateException {
            Session session = (Session) threadLocal.get();
            threadLocal.set(null);
            if (session != null)
            {
                session.close();
            }
        }
        /**
        *  return session factory
        *
        */
        public static org.hibernate.SessionFactory getSessionFactory() {
            return sessionFactory;
        }
        /**
        *  return hibernate configuration
        *
        */
        public static Configuration getConfiguration() {
            return configuration;
        }
    }
```

4．用 MyEclipse 自动生成对象—关系映射文件和持久化类文件

(1) 在 MyEclipse 中回到“DB Brower”视图，打开需要创建映射文件的 contents 表，如图 5-25 所示。在 contents 表上单击右键，选择“Hibernate Reverse Engineering”选项，打开 Hibernate 映射文件配置的对话框，如图 5-26 所示。

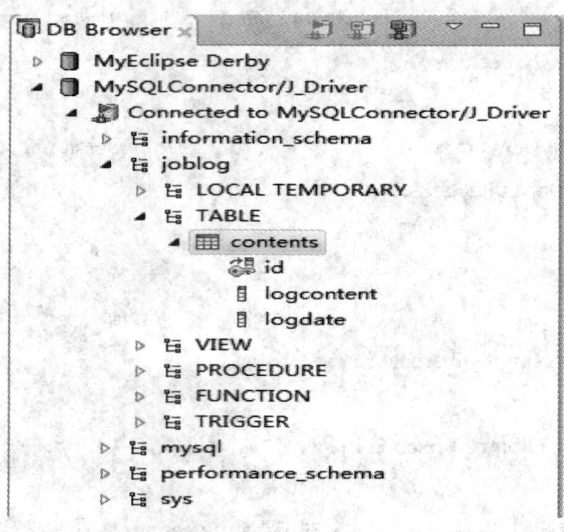

图 5-25　joblog 数据库视图

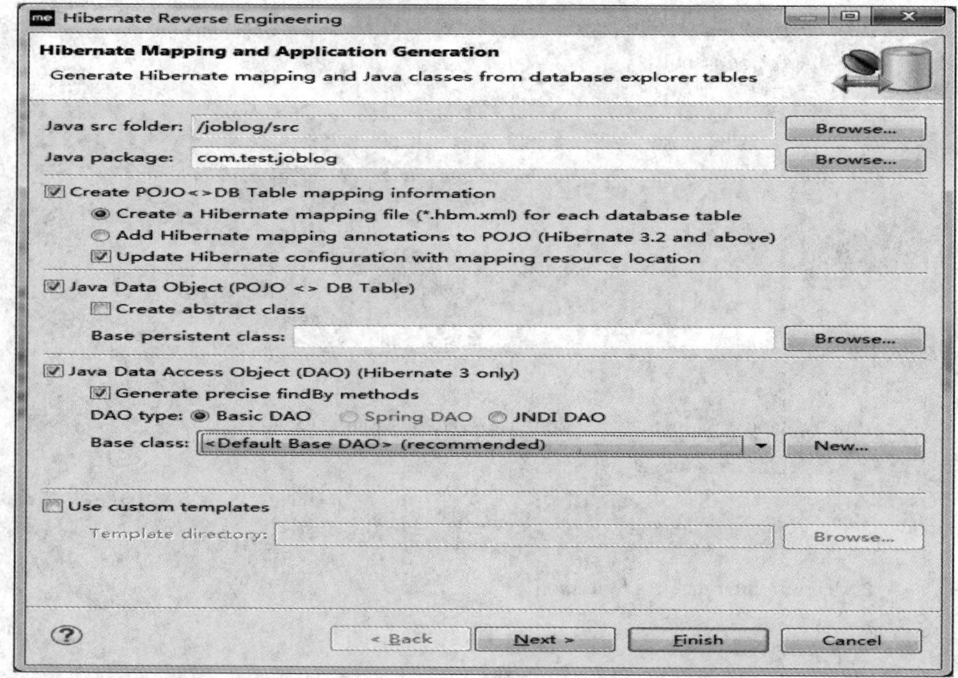

图 5-26　Hibernate 映射文件配置的对话框

(2) 在“Java src folder”中选择所创建的项目“joblog/src”，这里需要勾选两个非常重要的选项：一个是“Create POJO”下的“Create a Hibernate mapping file(*.hbm.xml) for each database table”选项，该选项意味着 MyEclipse 会为每张表单独地生成映射文件，并生成持

久化类文件；另一个是“Java Data Oject”选项。

(3) 在“ID Generator”选项中选择“identity”，再选择“Hibernate types”，单击“Next”按钮。如图 5-27 所示。

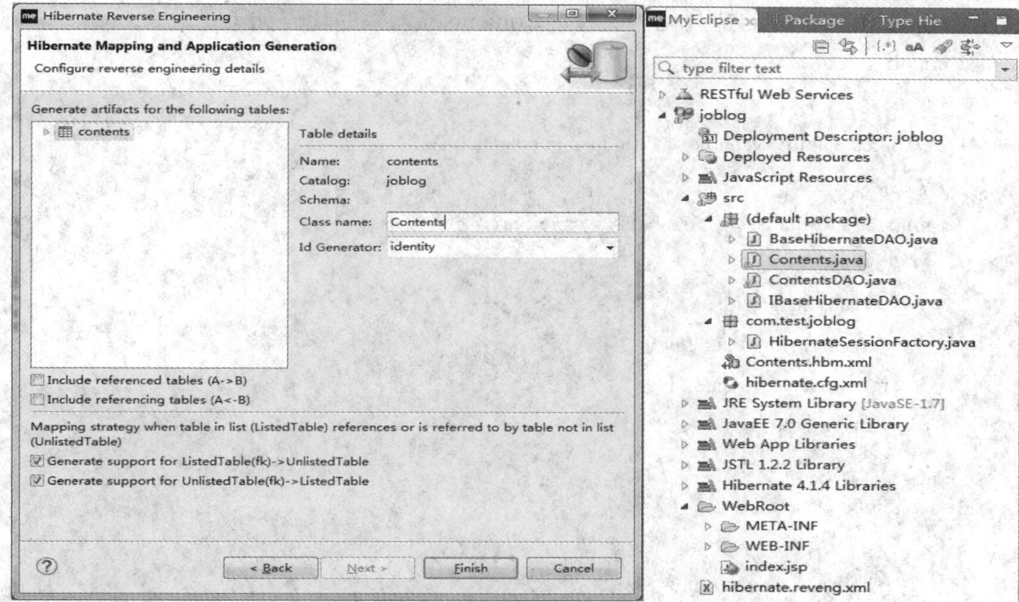

图 5-27　配置数据库表到映射文件反向工程

(4) 选中 contents 表，在右侧“Class name”中填入类名“Contents”，在“ID Generator”选项中选择“identity”，单击“Finish”按钮完成配置。

MyEclipse 自动生成的映射文件“Contents.hbm.xml”的代码如下：

```
<?xml version = "1.0" encoding = "utf-8"?>
<!DOCTYPE hibernate-mapping PUBLIC "-//Hibernate/Hibernate Mapping DTD 3.0//EN"
"http://www.hibernate.org/dtd/hibernate-mapping-3.0.dtd">
<!--
    Mapping file autogenerated by MyEclipse Persistence Tools
-->
<hibernate-mapping>
    <class name = "Contents" table = "contents" catalog = "joblog">
        <id name = "id" type = "integer">
            <column name = "id" />
            <generator class = "identity"></generator>
        </id>
        <property name = "logcontent" type = "string">
            <column name = "logcontent" length = "45" not-null = "true" />
        </property>
        <property name = "logdate" type = "timestamp">
            <column name = "logdate" length = "19" />
```

```
        </property>
    </class>
</hibernate-mapping>
```

MyEclipse 自动生成的持久化类文件“Contents.java”的代码如下：

```
import java.util.Date;
/**
 * Contents entity. @author MyEclipse Persistence Tools
 */
public class Contents    implements java.io.Serializable {
    // Fields
     private Integer id;
     private String logcontent;
     private Date logdate;
    // Constructors
    /** default constructor */
    public Contents() {
    }
     /** minimal constructor */

    public Contents(String logcontent) {
        this.logcontent = logcontent;
    }
    /** full constructor */
    public Contents(String logcontent, Date logdate) {
        this.logcontent = logcontent;
        this.logdate = logdate;
    }
    // Property accessors
    public Integer getId() {
        return this.id;
    }
    public void setId(Integer id) {
        this.id = id;
    }
public String getLogcontent() {
        return this.logcontent;
    }
    public void setLogcontent(String logcontent) {
        this.logcontent = logcontent;
```

```
        }
        public Date getLogdate() {
            return this.logdate;
        }
        public void setLogdate(Date logdate) {
            this.logdate = logdate;
        }
    }
```

本 章 小 结

本章主要介绍了 ORM 框架技术，对常用的 ROM 框架做了简要介绍，其中，Hibernate 作为目前主流的 ROM 框架得到广泛应用。Hibernate 对 JDBC 进行了面向对象封装，使得 Hibernate 可以很容易地对数据库进行操作。本章还对 Hibernate 项目开发的流程进行了介绍，包括 Hibernate 与数据库的连接、Hibernate 持久化类的生成、Hibernate 的映射文件和配置文件的配置，以及 Hibernate 是如何通过 API 对数据库进行操作的。最后介绍了在 MyEclipse 中开发 Hibernate 项目的详细步骤。由于 MyEclipse 能自动地完成映射文件、持久化类、配置文件的生成，从而极大地节约了 Hibernate 项目的开发时间。

习　题

1. 目前有哪些主流的 ORM 框架？一个完整的对象关系映射应该具备哪些要素？
2. Hibernate 主要包含哪些组件？如何实现持久化类与数据表之间的映射关系？
3. Hibernate 提供了哪些核心 API？各有什么功能？
4. 在 Hibernate 对象—关系映射文件中有哪些主要元素？各有什么功能？
5. 如何通过 Hibernate 提供的 API 实现对数据库的操作？
6. 请简述调用 Criteria 接口查询数据库的步骤。

第 6 章　Hibernate 高级编程

通过对 Hibernate 的一些基础知识的学习，包括 Hibernate 持久化操作、映射文件的生成和配置文件的处理，以及 Hibernate 利用 API 操纵数据库，让我们对 Hibernate 的体系结构及工作机制有了初步的认识。接下来通过对 Hibernate 核心类、主键生成策略以及 Hibernate 查询语言的学习，更进一步地了解 Hibernate 的工作原理。

6.1　深入认识 Hibernate

6.1.1　Configuration

Configuration 是一个核心类，类的路径是“org.hibernate.cfg.Configuration”。通过前面的学习我们已经知道，Configuration 主要负责在 Hibernate 初始化时加载配置文件，读取这些配置并创建一个 SessionFactory 对象。一个 Configuration 实例代表了一个应用程序中 Java 类型到数据库映射的完整集合，映射定义则由不同的 XML 映射定义文件编译而来。表 6-1 中列举了 Configuration 类的 API。

表 6-1　Configuration 类的 API

方 法	功 能 描 述	返回类型
add(org.dom4j.Document doc)	加入文档到配置文件中	protected void
addAuxiliaryDatabaseObject(Auxiliary-DatabaseObject object)	加入辅助数据对象	void
addCacheableFile(File xmlFile)	添加缓存的 XML 配置文件	Configuration
addCacheableFile(String xmlFile)	添加缓存的 XML 配置文件	Configuration
addClass(Class persistentClass)	从程序的资源目录读取对象关系映射文件	Configuration
addDirectory(File dir)	从指定的目录中读取所有的对象关系映射文件	Configuration
addDocument(org.w3c.dom.Document doc)	从 DOM 文档中读取对象关系映射文件	Configuration
addFile(File xmlFile)	从 XML 配置文件中读取对象关系映射文件	Configuration
addFile(String xmlFile)	从 XML 配置文件中读取对象关系映射文件	Configuration
addFileterDefinition(FilterDefinition definition)	添加定义的过滤器	void
addInputStream(InputStream xmlInputStream)	从输入流读取对象关系映射文件	Configuration

续表一

方　法	功 能 描 述	返回类型
addJar(File jar)	从 jar 文件中读取所有的对象关系映射文件	Configuration
addProperties(Properties extraProperties)	设置参数给定的属性	Configuration
addResource(String path)	从程序资源路径中读取所有对象关系映射文件	Configuration
addResource(String path, ClassLoader classLoader)	从指定的资源路径中读取对象关系映射文件	Configuration
addURL(URL url)	从指定的 URL 地址读取对象关系映射文件	Configuration
addXML(String xml)	从参数指定的字符串读取对象关系映射文件	Configuration
buildMappings( )	调用此方法保证所有的对象关系映射文件已经编译	void
buildSessionFactory( )	使用配置文件和对象关系映射文件实例化一个 SessionFactory	SessionFactory
buildSettings( )	创建配置属性的面向对象视图	Settings
configure( )	使用 hibernate.cfg.xml 文件中的映射和属性进行配置	Configuration
configure(org.w3c.dom.Document document)	使用指定的 XML 文件中的映射和属性进行配置	Configuration
configure(File configFile)	使用指定的配置文件中的映射和属性进行配置	Configuration
configure(String resource)	使用字符串指定的文件作为映射和属性设定进行配置	Configuration
configure(URL url)	使用 URL 参数指定的位置中的映射和属性进行配置	Configuration
createMappings( )	创建新的对象关系映射文件	Mappings
doConfigure(org.dom4j.Document doc)	配置 Dom4j 的文档	Protected Configuration
doConfigure(InputStream stream, String resourceName)	使用参数指定的资源进行对象关系映射文件配置	Protected Configuration
findPossibleExtends( )	查找第一个可能的扩展	protected org.dom4j.Document
generateSchemaUpdateScript(Dialect dialect, DatabaseMetadata database Metadata)	为更改表产生 DDL	String[]
generateDropSchemaUpdateScript(Dialect dialect)	为删除表产生 DDL	String[]
generateSchemaCreationScript(Dialet dialect)	为添加表产生 DDL	String[]

续表二

方 法	功 能 描 述	返回类型
getClassMapping(String persistentClass)	从持久化类得到配置文件	PersistentClass
getClassMappings( )	得到所有的类映射	Iterator
getCollectionMapping(String role)	从一个 Collection 得到映射	Collection
getCollectionMappings( )	从一个 Collection 得到映射	Iterator
getConfigurationInputStream(String resource)	从输入流中获得一个配置文件	rotected InputStream
getImports( )	获得一个查询语言的输入	Map
getInterceptor( )	返回一个配置拦截器	Interceptor
getNamedQueries( )	获得命名查询	Map
getNamedSQLQueries( )	获得命名 SQL 查询	Map
getProperties( )	获得所有属性	Properties
getProperty(String propertyName)	获得一个属性	String
getSqlResultSetMappings( )	获得 SQL 的结果缓存	Map
getTableMappings( )	获得表的映射	Iterator
setCacheConcurrencyStrategy(String clazz, String concurrencyStrategy)	建立一个实体类缓存	Configuration
setCacheConcurrencyStrategy(String clazz, String concurrencyStrategy, String region)	建立一个实体类缓存	void
setCollectionCacheConcurrencyStrategy(String collectionRole, String concurrencyStrategy)	建立一个集合角色缓存	Configuration
setCollectionCacheConcurrencyStrategy(String collectionRole, String concurrencyStrategy, String region)	设置集合缓存并发访问策略	void
setEntityResolver(org.xml.sax.EntityResolver entityResolver)	设置一个自定义的实体解析	void
setInterceptor(Interceptor interceptor)	配置一个拦截器	Configuration
setListener(String type, Object listener)	设置一个监听	void
setListener(String type, Object[] listeners)	设置一个监听	void
setNamingStrategy(NamingStrategy nameingStrategy)	指定自定义的命名策略	Configuration
setProperties(Properties properties)	指定一个完整新的属性	Configuration
setProperties(String propertiesName, String value)	设置一个属性	Configuration
validateSchema(Dialect dialect, DatabaseMetadata databaseMetadata)	验证数据库 Schema	void

通过表 6-1 可以看出，只要返回类型为 Configuration 对象的，基本上就是配置方法。Configuration 使用 configure( )方法读取配置文件以及映射文件的装载，可以通过以下几种方式实现：

(1) 使用默认的“hibernate.cfg.xml”文件。

首先实例化一个 Configuration 对象。代码如下：

```
Configuration    mycfg = new Configuration().configure( );
```

在实例化 mycfg 对象的同时调用了不带任何参数的 configure( )方法，Hibernate 会在 CLASSPATH 下寻找“hibernate.cfg.xml”文件，将所有系统环境变量(System.getProperties( ))也添加到 GLOBAL_PROPERTIES 中。如果“hibernate.cfg.xml”文件存在，系统还会验证一下这个文件配置的有效性，对于一些已经不支持的配置参数，系统将打印警告信息。

configure()方法首先会访问<session-factory>，并获取该元素的 name 属性。如果非空，将用这个配置的值来覆盖 hibernate.session_factory_name 的值。紧接着 configure()方法会访问<session-factory>的子元素，然后依次访问<mapping>元素、<jcs-class-cache>元素以及<jcs-collection-cache>和<collection-cache>元素。

其中，必须通过配置<mapping>元素，configure( )才能访问到系统定义的 Java 对象和关系数据库表的映射文件(“hbm.xml”)。

(2) 使用自定义配置文件。

Configuration 对象也可以通过 configure( )方法使用不同的参数来调用自定义的配置文件。例如：

```
File file = new File( "E:\dev\testapp\etc\myhibernate.xml" );
Configuration    mycfg = new Configuration( ).configure( file );
```

或者使用以下方法：

```
Configuration    mycfg = new Configuration( ).configure("myhibernate.xml");
```

要使用自定义的配置文件，需要手工的配置好各项属性值，以免系统出现错误。

(3) 指定映射文件。

可以直接实例化 Configuration 来获取一个实例，并为它指定 XML 映射文件。如果映射文件在类路径中，则使用 addResource( )方法进行加载。代码如下：

```
Configuration mycfg = new Configuration().addResource("com/demo/hibernate/beans/
                    User.hbm.xml");
```

(4) 指定持久化类。

当实例化 Configuration 时，addClass( )方法可以通过指定一个被映射的持久化类来加载对应的映射文件。

```
Configuration mycfg = new Configuration().addClass(com.demo.hibernate.beans.User.class);
```

Hibernate 将会在类路径中找到名为“/com/demo/hibernate/beans/User.hbm.xml”映射文件，消除了任何对文件名的硬编译。与此同时，还可以通过调用 setProperty( )方法指定配置属性值。

```
Configuration mycfg = new Configuration().addClass(com.demo.hibernate.beans.User.class)
.setProperty("hibernate.dialect","org.hibernate.dialect.MySQLInnoDBDialect")
```

```
.setProperty("hibernate.connection.datasource","java:comp/env/jdbc/test")
.setProperty("hibernate.order_update","true");
```

6.1.2 SessionFactory

SessionFactory 是一个工厂类，在 Hibernate 初始化阶段负责创建 Session 对象。SessionFactory 在 Hibernate 中实际上起到了一个缓冲区的作用，它缓冲了 HIbernate 自动生成 SQL 语句和其他的映射数据，还缓冲了一些将来有可能重复利用的数据。SessionFactory 有以下特点：

- 它是线程安全的，这意味着它的同一个实例可以被应用的多个线程共享。
- 它是重量级的，不能随意创建或销毁它的实例。如果应用只需要一个数据库，则只需要创建一个 SessionFactory 实例。如果需要访问多个数据库，则需要为每个数据库创建一个单独的 SessionFactory 实例。

SessionFactory 需要一个缓存，用来存放预定义的 SQL 语句以及映射元数据等。开发人员还可以为 SessionFactory 配置一个缓存插件——Hibernate 二级缓存，该缓存用来存放被工作单元读过的数据，将来其他工作单元可能会重用这些数据。

创建 SessionFactory 对象实例的代码如下：

```
Configuration mycfg = new Configuration().configure();
SessionFactory sessions = mycfg.buildSessionFactory();
```

然而在 Hibernate 4 及其以上版本中新增了一个接口 ServiceRegistry，所有基于 Hibernate 的配置或者服务都必须统一向这个 ServiceRegistry 注册后才能生效。不难看出 Hibernate 4 的配置入口不再是 Configuration 对象，而是 ServiceRegistry 对象，Configuration 对象将通过 ServiceRegistry 对象获取配置信息。其使用方法如下：

```
import org.hibernate.HibernateException;
import org.hibernate.SessionFactory;
import org.hibernate.cfg.Configuration;
import org.hibernate.service.ServiceRegistry;
import org.hibernate.service.ServiceRegistryBuilder;
public class Test {
    private static Configuration configuration = null;
    private static SessionFactory sessionFactory = null;
    private static ServiceRegistry serviceRegistry = null;
    public static void main(String[] args) {
        try {
                configuration = new Configuration().configure();
                serviceRegistry = newServiceRegistryBuilder()
                  .applySettings(configuration.getProperties()).buildServiceRegistry();
                sessionFactory = configuration.buildSessionFactory(serviceRegistry);
        } catch (HibernateException e) {
```

```
                e.printStackTrace();
            }
        }
    }
```

表 6-2 列出了 SessionFactory 类所有的方法。

表 6-2　SessionFactory API

方 法	功 能 描 述	返回类型
close( )	销毁 SessionFactory 实例，释放所有资源	void
evict(Class persistentClass)	清空第二级缓存中指定的持久化对象	void
evict(Class persistentClass, Serializable id)	清空第二级缓存中指定的持久化对象	void
evictCollection(String roleName)	清除第二级缓存里对象的连接	void
evictCollection(String roleName, Serializable id)	清除第二级缓存里对象的连接	void
evictEntity(String entityName)	清空第二级缓存里指定的实体	void
evictEntity(String entityName, Serializable id)	清空第二级缓存里指定的实体	void
evictQueries( )	清除默认查询缓存里的查询结果集	void
evictQueries(String cacheRegion)	清除指定查询缓存里的查询结果集	void
getAllClassMetadata( )	从实体名到对象的映射中获取元数据	Map
getAllCollectionMetadata()	从角色名到对象的映射中获取连接元数据	Map
getClassMetadata(Class persistentClass)	根据指定的实体类获取元数据	ClassMetadata
getClassMetadata(String entityName)	根据指定的实体名称获取元数据	ClassMetadata
getCollectionMetadata(String roleName)	根据连接角色名获取连接元数据	CollectionMetadata
getCurrentSession()	获取 Session 对象	Session
getDefinedFilterNames()	获得一组在 SessionFactory 上定义的过滤器	Set
getFilterDefinition(String filterName)	根据名字获得过滤器定义	FilterDefinition
getStatistics( )	获得 Session 工厂的统计数据	Statistics
isClosed( )	判断 SessionFactory 是否关闭	boolean
openSession()	创建一个 Session 对象	Session
openSession(Connection connection)	在指定连接上创建 Session	Session
openSession(Connection connection, Interceptor interceptor)	在指定连接上创建 Session，并指定拦截器	Session
openSession(Interceptor interceptor)	创建数据库连接打开 Session，并指定拦截器	Session
openStatelessSession()	获取一个新的无状态的 Session	StatelessSession
openStatelessSession(Connection connection)	为指定的 JDBC 连接获取新的无状态 Session	StatelessSession

6.1.3　Session

Session 是 Hibernate 的核心接口，与数据库之间发生的操作几乎都与 Session 相关。然而 Session 并不是线程安全的，也就是说，当多个线程同时使用一个 Session 实例进行数据存取时，将会导致数据错乱的问题。Session 的创建和销毁不需要消耗太多的系统资源，因此在实际应用中可以为每次事务处理单独创建 Session 实例。与此同时，每个 Session 实例也会有一个缓存，称为 Hibernate 第一级缓存，这个缓存只能被当前工作单元访问。

1．Session 的使用

Session 是由 SessionFactory 所创建的，创建方法非常简单。代码如下：

```
Configuration   mycfg = new Configuration( ).configure( );
SessionFactory sessionfactory = mycfg.buildSessionFactory( );
Session session = sessionfactory.openSession( );
```

创建好 Session 对象实例后，就可以使用它所具备的方法进行多种数据库操作。表 6-3 列出了 Session 所有的 API，其中，最主要的应用包括以下几个方法：

- get( )：从数据库获取数据对象，不存在时返回 null。
- load( )：从数据库获取数据对象，不存在时抛出异常。
- createQuery( )：根据条件查询数据对象。
- save( )：将对象保存到数据库。
- update( )：更新对象到数据库。
- delete( )：根据对象删除数据库数据。

以上方法的使用在 5.8 节已经做了介绍，其中，createQuery( )方法使用 Hibernate 查询语言 HQL 进行数据库查询，在 6.2 节将做详细介绍。

表 6-3　Session 所有的 API

方 法	功 能 描 述	返回类型
beginTransaction( )	开始一个工作单位，并返回相关的事务对象	Transaction
buildLockRequest(LockOptions lockOptions)	建立一个 LockRequest 指定 LockMode，悲观锁超时和锁的范围	Session.LockRequest
cancelQuery ()	取消当前查询的执行	void
clear ()	彻底清除 Session	void
close ()	结束释放 JDBC 连接	Connection
connection ()	获取 Session 的 JDBC 连接	Connection
contains (Object object)	检查这个对象实例是否与当前的 Session 关联	boolean
createCriteria(Class persistentClass)	为给定的实体类或超类创建一个新的标准的实体类的实例	Criteria
createCriteria(Class persistentClass, String alias)	为给定的实体类或超类创建一个新的标准的实体类的实例，并赋予实体类一个别名	Criteria
createCriteria(String entityName)	根据给定的实体的名称，创建一个新的 Criteria 实例	Criteria

续表一

方 法	功 能 描 述	返回类型
createCriteria(String entityName, String alias)	根据给定的实体的名称，创建一个新的 Criteria 实例，并赋予实体类一个别名	Criteria
createFilter(Object collection, String queryString)	根据给定的 collection 和过滤字符串创建一个新的 Query 实例	Query
createQuery (String queryString)	根据指定的 HQL 查询条件创建一个新的 Query 实例	Query
createSQLQuery(String queryString)	根据给定的 SQL 查询条件创建一个新的 SQLQuery	SQLQuery
delete (Object object)	从数据库中移除持久化对象的实例	void
delete (String entityName, Object object)	从数据库中移除持久化对象的实例	void
disableFetchProfile (String name)	禁用当前 Session 的名称过滤器	void
disconnect ()	断开 Session 与当前的 JDBC 连接	Connection
enableFetchProfile (String name)	打开当前 Session 的名称过滤器	Filter
evict (Object object)	将当前对象实例从 Session 缓存中清除	void
flush ()	强制提交刷新 Session	void
get (Class clazz, Serializable id)	根据给定的标识和实体类返回持久化对象的实例	Object
get (Class clazz, Serializable id, LockMode lockMode)	根据给定的标识和实体类返回持久化对象的实例	Object
get (Class clazz, Serializable id, LockOptions lockOptions	根据给定的标识和实体类返回持久化对象的实例	Object
get(String entityName, Serializable id)	根据给定的标识和实体类返回持久化对象的实例	Object
get(String entityName, Serializable id, LockMode lockMode)	根据给定的标识和实体类返回持久化对象的实例	Object
getCacheMode ()	得到当前的缓存模式	CacheMode
getCurrentLockMode(Object object)	检测给定对象当前的锁定级别	LockMode
getEnabledFilter(String filterName)	根据名称获取一个当前允许的过滤器	Filter
getEntityMode ()	获取这个 Session 有效的实体模式	EntityMode
getEntityName (Object object)	返回一个持久化对象的实体名称	String
getFlushMode ()	获得当前的刷新提交模式	FlushMode
getIdentifier (Object object)	获取给定对象实例在 Session 缓存中的标识	Serializable
getNamedQuery(String queryName)	从映射文件中根据给定的查询的名字字符串获取一个 Query 实例	Query
getSession(EntityMode entityMode)	根据给定的实体模式开始一个新的 Session	Session
getSessionFactory ()	获取 SessionFactory 实例	SessionFactory

续表二

方 法	功 能 描 述	返回类型
getStatistics ()	获取这个 Session 的统计信息	Session Statistic
getTransaction ()	获取与这个 Session 关联的 Transaction 实例	Transaction
isConnected ()	检查当前 Session 是否处于连接状态	boolean
isDirty ()	当前 Session 是否包含需要与数据库同步的变化	boolean
isOpen ()	检查当前 Session 是否打开	boolean
load (Class theClass, Serializable id)	根据给定的实体类，标识符返回持久化状态的实例	Object
load (Class theClass, Serializable id, LockMode lockMode)	根据给定的实体类，标识符以及所定级别返回持久化状态的实例	Object
load (Object object, Serializable id)	将与给定的标识对应的持久化状态复制到给定的自由状态实例上	void
lock(Object object,LockMode lockMode)	从给定的对象上获取指定的锁定级别	void
merge (Object object)	将给定的对象的状态复制到具有相同标识符的持久化对象上	Object
persist (Object object)	将一个自由状态的实例持久化	void
persist(String entityName, Object object)	将一个自由状态的实例持久化	void
reconnect(Connection connection)	手工的重新连接	void
refresh (Object object)	从数据库中重新读取给定实例的状态	void
replicate(Object object, Replication Mode replicationMode)	使用当前的标识值持久化给定的游离态实体	void
save (Object object)	持久化对象	Serializable
save (String entityName, Object object)	持久化对象，并生成标识符	Serializable
saveOrUpdate (Object object)	根据给定实例的标识属性值来决定执行 save()或update()	void
saveOrUpdate(String entityName, Object object)	根据给定实例的标识属性值来决定执行 save()或update()	void
setCacheMode(CacheMode cacheMode)	设置缓存模式	void
setFlushMode(FlushMode flushMode)	设置刷新模式	void
setReadOnly(Object entityOrProxy, boolean readOnly)	将一个未经更改的持久化对象设置为只读模式	void
update (Object object)	根据对象标识更新对应的持久化实例	void
update(String entityName, Object object)	根据对象标识更新对应的持久化实例	void

为了解决 Session 多线程之间数据共享的问题，通常使用 ThreadLoal 类来建立一个 Session 管理的辅助类，它能有效隔离执行所使用的数据。ThreadLoal 的使用方法有两种：一种是自己实现 ThreadLoal 的子类，并重写 initialValue( )方法；另一种方法是定义一个静态的 ThreadLoal 实例，通过使用 set( )方法来初始化这个线程局部变量的值。代码如下：

```
public class HibernateUtil {
  private static Log log = LogFactory.getLog(HibernateUtil.class);
  private static final SessionFactory.sessionFactory;
  static {
    try
    {   //创建 SessionFactory
      sessionFactory = new Configuration().configure.buildSessionFactory();
    }
    catch(Throw ex){
      //...
    }
  }
  public static final ThreadLocal thread_var = new ThreadLocal();
  public static Session currentSession() {
    Seesion s = thread_var.get();
    //如果这个线程为空，打开一个新的 Session
    if(s == null)
    {
      s = sessionFactory.openSession();
      thead_var.get(s);
    }
    return s;
  }
  public static void closeSession(){
    Session s = thread_var.get();
    if(s != null)
    s.close();
    thread_var.set(null);
  }
}
```

使用 ThreadLocal thrad_var = new ThreadLocal( )语句生成的 thrad_var 变量是一个只在当前线程有效的变量。也就是说，不同线程所拥有的 thrad_var 变量是不一样的。只要这个线程没有结束，都可以通过 thrad_var 变量的 get( )方法取出原先放入的对象，如图 6-1 所示。

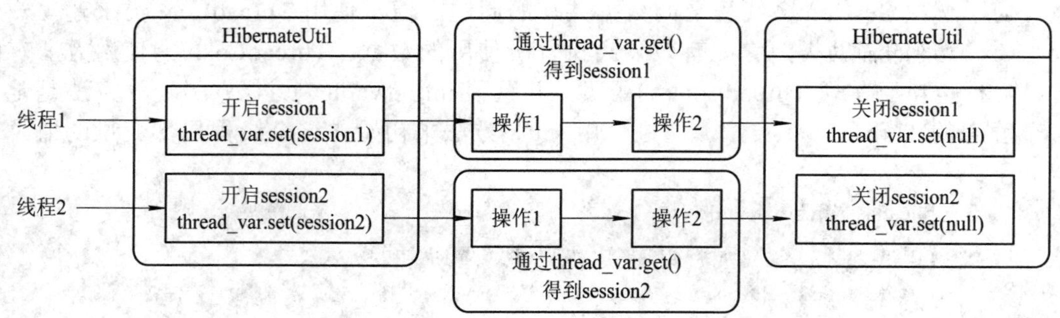

图 6-1　ThreadLocal 变量的使用

2. Session 缓存

Hibernate 中缓存分为两种：一级缓存(Session 级别)和二级缓存(SessionFactory)，如图 6-2 所示。每一个 Session 实例都可以看成是一个容器，当给 save( )、update( )、saveOrUpdate( )方传递一个对象时，或使用 load( )、get( )、list( )、iterate( )方法获得一个对象时，该对象都将被加入到 Session 的内部缓存中。

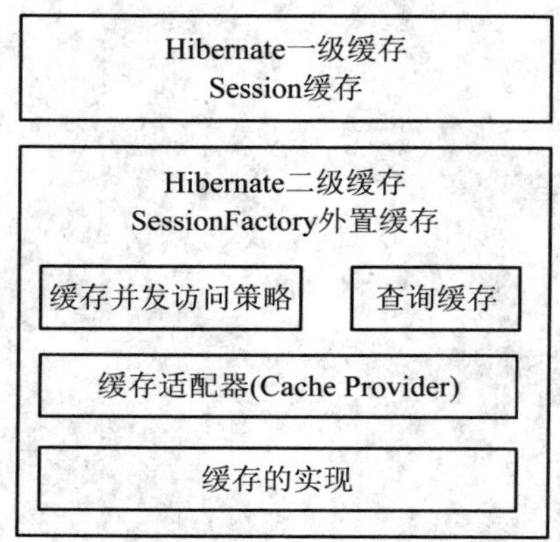

图 6-2　Hibernate 的二级缓存结构

Session 缓存的作用如下：

(1) 减少程序访问数据库的次数。很多对象数据不是经常改变的，第一次访问这些对象时，Hibernate 会将它放入缓存中，以后只要这个对象没有改变过，访问这个对象时 Hibernate 就不会去数据库中加载它，而是从内存中直接返回。

(2) 保证缓存中的数据与数据库同步。缓存中的数据有可能与数据库中的数据不一致，这时 Hibernate 会负责将缓存中的数据同步到数据库中，这取决于 FlushMode 参数的取值。

一个事务中，对数据进行了操作使其改变了值，这种变化往往不会立即传递到数据库，而是通过缓存机制先写入缓存。当清理缓存时，Hibernate 会根据缓存中对象的状态变化来同步更新数据库。Session 为应用程序提供了两个管理缓存的方法：

(1) evict( )：从缓存中清除参数指定的持久化对象。

(2) clear( )：清空缓存中所有持久化对象。

6.2　批量查询方法

在 Hibernate 中如果直接通过 JDBC API 查询数据库，则必须在应用程序中嵌入冗长的 SQL 语句，这就显得很麻烦。对于数据检索，Hibernate 提供了三种方式，分别是 HQL、QBC 和 SQL 检索方式。对比这三种检索方式，HQL 是应用得最为广泛的一种。

6.2.1　HQL

HQL(Hibernate Query Language)是一种面向对象的查询语言，它的语法与 SQL 有些相似。然而 SQL 操作的是数据库中的表、视图、字段等，HQL 操作的是对象及对象的属性。在应用中，Hibernate 会根据对象的映射文件将 HQL 转换成可以在相应的数据库中执行的 SQL 语句。HQL 主要具有以下功能：

- 在查询语句中设定各种查询条件。
- 支持投影查询，即仅检索出对象的部分属性。
- 支持分页查询。
- 支持连接查询。
- 支持分组查询，允许使用 having 和 group by 关键字。
- 提供各种聚集函数，如 sum( )、min( )和 max( )等。
- 支持各种子查询，即嵌入式查询。
- 能够调用自定义 SQL 函数。
- 支持动态绑定查询参数。

1. HQL 的使用

先来看一个使用 HQL 语言进行查询的例子，检索姓名为“Jerry”，并且年龄为 29 岁的 Customer 对象。代码如下：

```
//创建一个 Query 对象
Query query = session.createQuery("from Customer as c where c.name =: customerName" + "and
c.age =:customerAge");
    //动态绑定参数
query.setString("customerName","Jerry");
query.setInteger("customerAge",29);
//执行查询语句，返回查询结果
List list = query.list();
```

从上面的例子可以看出，使用 HQL 语句执行查询数据库的操作主要包括以下步骤：

(1) 创建 Query 对象。通过 Session 对象的 createQuery( )方法创建一个 Query 对象，其中 createQuery( )方法需要使用一个 HQL 查询语句作为参数，该语句中可以包含一系列的参数。

(2) 动态绑定参数。Query 接口提供了给各种类型参数设置其具体值的方法，如表 6-4 所示。

表 6-4　Query 接口中设置动态参数的接口

方 法	功 能 描 述
setBigDecimal( )	设置映射类型为 big_decimal 的参数值
setBigInterger( )	设置映射类型为 big_integer 的参数值
setBinary( )	设置映射类型为 binary 的参数值
setBoolean( )	设置映射类型为 boolean、yes、no 或 true、false 的参数值
setByte( )	设置映射类型为 byte 的参数值
setCalendar( )	设置映射类型为 calendar 的参数值
setCalendarDate( )	设置映射类型为 calendar_data 类型的参数值
setDate( )	设置映射类型为 dated 参数值
setEntity( )	设置实体参数值
setFloat( )	设置映射类型为 float 的参数值
setInteger( )	设置映射类型为 int 或 integer 的参数值
setLocale( )	设置映射类型为 locale 的参数值
setLong( )	设置映射类型为 long 类型的参数值
setProperties( )	设置 Bean 中的属性值为参数的值
setShort( )	设置映射类型为 short 的参数值
setString( )	设置映射类型为 string 的参数值
set Text( )	设置映射类型 text 的参数值
setTime( )	设置映射类型为 time 的参数值
setTimestamp( )	设置映射类型为 timestamp 的参数值

表 6-4 中每个方法都有两种设置参数的方式：一种是根据名称来设置参数；另一种是根据参数的位置来设置。具体采用哪一种方式取决于 HQL 语句的书写方式。

(3) 执行查询语句并返回结果。调用 Query 的 list( )方法执行查询语句，该方法返回 List 类型的查询结果，在 List 集合中存放了符合查询条件的持久化对象。当运行 Query 的 list( ) 方法时，Hibernate 执行以下 SQL 语句：

```
select * from CUSTOMER where NAME = 'Jerry'   and   AGE = 29;
```

除了 list( )方法以外，Query 对象还可以通过 iterator( )和 uniqueResult( )方法得到查询语句的执行结果。

2．HQL 语法

除了 Java 类与属性的名称外，HQL 查询语句对大小写并不敏感。因此，SeLeCT 与 sELEct 以及 SELECT 是相同的，但是 org.hibernate.eg.FOO 并不等价于 org.hibernate.eg.Foo，并且 foo.barSet 也不等价于 foo.BARSET。也就是说，对于对象以及对象属性的名字是必须区分大小写的。

1) from 子句

当只想要查询一个对象实例或者所有对象的集合时，就可以使用 from 子句完成。Hibernate 中最简单的查询语句的形式如下：

```
from eg.Cat
```

该子句简单的返回 eg.Cat 类的所有实例。通常我们不需要使用类的全限定名。因为 auto-import(自动引入)是缺省的情况，所以我们几乎只使用如下的简单写法：

```
from Cat
```

在大多数情况下，可以指定一个别名，原因是可能需要在查询语句的其他部分引用到 Cat。其形式如下：

```
from Cat as cat
```

这个语句把别名 cat 指定给类 Cat 的实例，这样我们就可以在随后的查询中使用此别名。别名关键字 as 是可选的，可以这样写：

```
from Cat cat
```

子句中可以同时出现多个类，其查询结果是产生一个笛卡儿积或产生跨表的连接。代码如下：

```
from Formula, Parameterfrom
from Formula as form, Parameter as param
```

查询语句中别名的开头部分小写被认为是实践中的好习惯，这样做与 Java 变量的命名标准保持了一致(如 domesticCat)。

2) select 子句

当查询的内容只是某个对象的某个属性时，为了提高检索效率和满足不同的业务需求，就不需要取出该实体对象的所有属性信息，只需要查询其中的一部分，那么就可以使用 select 子句来查询指定的属性。下面看一下查询单个属性：

```
String hql = "select u.name from User u";
Query query = session.createQuery(hql);
Iterator it = query.iterator();
while(it.hasNext())
{
    System.out.println(it.next());
}
```

上面这段程序将所有用户的用户名输出到控制台，在这个查询中只返回了 User 的 name 属性。由于在查询中只返回了一个字段的值，因此其返回结果的每个条目只包含一个 String 类型的用户名数据。

对于一次需要查询多个属性值的情况，查询结果返回的方式就有点不同：

```
String hql = "select u.name, u.password from User u";
```

```
Query query = session.createQuery(hql);
Iterator it = query.iterator();
while(it.hasNext())
{
    Object[ ] result = (Object[ ]) it.next();
    System.out.println(Object [0]);
    System.out.println(Object [1]);
}
```

在一次查询多个属性值时，查询结果的每一个条目应该是一个 Object 数组，数组中包含了某一条数据库记录中被查询属性的值。

3) 条件查询(where 子句)

在无条件查询中，选出的对象或者属性数据有一些并不是我们想要的，这时就可以在查询语句中通过 where 子句添加查询条件。where 子句的使用方法与 SQL 中的 where 非常相似，只不过 HQL 语言中的 where 子句使用的是对象的属性，而 SQL 中的 where 操作的是表的字段名。下面看一个带查询条件的 HQL 语句：

```
String hql = "from User as u where u.name = 'Jerry'";
Query query = session.createQuery(hql);
User u = (User)query.uniqueResult();
```

以上 HQL 查询语句的目的是得到 Jerry 用户的实体对象的实例。HQL 语言中的 where 子句用来指定实体对象属性所要满足的查询条件，同时 HQL 语言几乎支持标准 SQL 语言中所有查询条件的设定方法。HQL 语言所支持的运算符和含义以及使用方法与 SQL 几乎完全一致，可以在 where 子句中利用表达式设定查询条件，例如：

```
from User as u where u.age > 20
```

HQL 所支持的运算符如表 6-5 所示。

表 6-5　HQL 查询语句所支持的运算符

运 算 符	含　义
=	等于
<>	不等于
>	大于
<	小于
<=	小于等于
is null	值为空
is not null	值非空
in(value1, value2, …)	等于列表中的某个值
not in(value1, value2, …)	不等于列表中的某个值

续表

运　算　符	含　义
between value1 and value2	大于等于 value1 并且小于等于 value2
not between value1 and value2	小于 value1 或者大于 value2
like	字符串匹配模式
and	逻辑与
or	逻辑或
not	逻辑非

需要注意的是，在使用运算符时，参与逻辑比较的是对象的属性而非数据库中表的字段。在 like 子句中使用通配符与标准 SQL 是一样的，“%”表示任意长度的任意字符，“_”表示单个任意的字符，where 子句中运算符的优先级可以使用括号( )来改变。

4) 连接查询

SQL 中两张表之间可以通过两个字段进行相互关联，而在 HQL 中对象与对象之间也可以通过各自的某个属性进行关联。HQL 支持的连接类型有内连接(inner join)、左外连接(left outer join)、右外连接(right outer join)和全连接(full join)，例如：

```
from Cat as cat inner join cat.mate as mate
from Cat as cat left outer join cat.kittens as kitten
from Formula form full join form.parameter param
```

通常在连接查询中使用 inner join 内连接，inner join 可以简写为 join。

5) 聚集函数查询

在使用 HQL 进行实体对象的查询时，还可以使用 SQL 中所支持的聚集函数。Hibernate 中所支持的聚集函数如表 6-6 所示。

表 6-6　Hibernate 中所支持的聚集函数

聚集函数	含　义
count( )	计算符合条件的记录的条数
avg( )	计算符合条件的平均值
max( )	取最大值
min( )	取最小值
sum( )	计算符合条件的数值的和

各个函数的使用举例如下：

检索计算机系的人数：

```
select   count(*)   from   Student   s   where s.sdept = '计算机系'
```

检索学生的平均年龄：

```
select avg(s.age) from Student s
```

检索课程号为“1”的课程的最高分：

```
select max(s.grade) from Sc s where s.cno = 1
```

检索课程号为“1”的课程的最低分：

```
select min(s.grade) from Sc s where s.cno = 1
```

检索课程表(course)的所有课程号的学分的总和：

```
select sum(c.ccredit) from Course c
```

6) 分组与排序

与 SQL 语句的使用类似，HQL 也支持 group by、having 子句和 order by 子句。一个返回聚集值的查询可以按照一个返回的对象中的任何属性(Property)进行分组。其使用方法如下：

```
select cat.color, sum(cat.weight), count(cat)    from Cat cat group by cat.color
```

having 子句在这里也可以使用：查询男生人数多于 500 人的系。代码如下：

```
select s.sdept from Student s where s.ssex = 'M' group by s.sdept    having conut(*)>500
```

以上查询过程中同时使用“group by”和“having”关键字，查询步骤解释如下：

- 检索符合 s.ssex = 'M' 的所有男生。
- 根据 s.sdept 分组成不同的系。
- 对于每一个分组，计算分组中记录条数大于 500 的系。
- 将符合上述条件的 s.sdept 筛选出来。

order by 关键字的作用是对查询结果按照指定的属性进行排序，其中，asc 表示升序，desc 表示降序。例如，将学生表中的学生按照年龄升序排列：

```
from Student s order by s.age
```

7) 子查询

HQL 支持在 where 子句中嵌套查询语句，称为子查询语句。一个子查询语句必须被圆括号包围起来。例如：

```
from Student s where s.sno in (select sno from sc where cno = '1')
```

where 关键字后还可以使用其他运算符，使用方法与 SQL 语言类似，这里就不一一举例说明了。

6.2.2 Criteria

除了利用 HQL 语言执行数据查询以外，Hibernate 还支持 QBC(Query by Criteria)的检索方式，它也是一种面向对象的检索方式，将数据的查询条件封装成为一个对象。使用 QBC 检索方式的就是 Criteria 接口，具体的查询条件通过 add( )方法进行添加。先来看一个例子，查询姓名以字符“J”开头且年龄大于 20 岁的 Customer 对象。代码如下：

```
Criteria criteria = session.createCriteria(Customer.class);
criteria.add(Restrictions.like("name", "J%"));
criteria.add(Restrictions.gt("age", 20));
List result = criteria.list();
```

Hibernate 将执行以下 SQL 语句：

```
select * from CUSTOMERS where NAME like 'J%' and AGE > 20;
```

通过上面的查询语句可以看出，使用 Criteria 进行数据库检索的操作主要包括以下步骤：

(1) 调用 Session 对象的 createCriteria( )方法创建一个 Criteria 对象。

(2) 设定查询条件。可以通过 Restrictions 类或者 Expresssion 类创建查询条件对象的实例。

(3) 调用 Criteria 的 list( )方法执行查询语句。

1. Criteria 接口的方法

Criteria 接口用于执行对象封装的数据库查询，其主要方法如表 6-7 所示。

表 6-7　Criteria 接口 API

方 法	功 能 描 述
add( )	设置查询条件，参数为 Restrictions 类或者 Expresssion 类创建的 Criteria 对象的实例
addOrder( )	设置结果集的排序规则，参数为一个 Order 对象的实例
createCriteria( )	创建 Criteria 对象
list( )	执行数据库查询，返回查询结果
scroll( )	执行数据库查询，返回 ScrollableResult 类型的结果
setFetchSize( )	设置获取记录的数目
setFirstResult( )	设置获取第一个记录的位置，从 0 开始计算
setProjection( )	设置查询 Projecttion 对象的实例
uniqueResult( )	得到唯一的结果对象的实例

2. Restrictions 类

Restrictions 类主要用于生成 Criteria 接口执行数据查询时所需要的查询条件，通过 Restrictions 类可以构建出常用的 SQL 运算符，如表 6-8 所示。

表 6-8　Restrictions 类的方法

方 法	功 能 描 述	备 注
Restrictions.eq( )	等于	相当于 SQL 中的“=”
Restrictions.allEq( )	设置一系列的相等条件	参数为 Map 对象的实例，其中包含多个属性和值的对应关系
Restrictions.eqProperty( )	设置两个属性值相等的查询条件	
Restrictions.ge( )	大于等于	相当于 SQL 中的“>=”
Restrictions.geProperty( )	大于等于	用于两个属性值的比较
Restrictions.gt( )	大于	相当于“>”
Restrictions.gtProperty( )	大于	用于两个属性值的比较
Restrictions.idEq( )	设置 ID 属性的值与某个值相等的查询条件	

续表

方 法	功 能 描 述	备 注
Restrictions.le( )	小于等于	相当于“<=”
Restrictions.leProperty( )	小于等于	用于两个属性值的比较
Restrictions.lt( )	小于	相当于“<”
Restrictions.ltProperty( )	小于	用于两个属性值的比较
Restrictions.between( )	对应 SQL 中的 between 语句	
Restrictions.like( )	对应 SQL 中的 like 语句	
Restrictions.ilike( )	不区分大小写的 like 语句	
Restrictions.in( )	对应 SQL 中的 in 运算符	
Restrictions.isNull( )	判断属性是否为空	
Restrictions.isNotNull( )	判断属性是否非空	
Restrictions.ne( )	不等于	相当于“<>”
Restrictions.neProperty( )	不等于	用于两个属性的比较
Restrictions.sqlRestriction( )	用于自己编写的 SQL 作为查询条件	
Restrictions.and( )	用于两个表达式的 and 组合	相当于 SQL 中的 and
Restrictions.or( )	表达式的 or 组合	
Restrictions.not( )	对原表达式进行取反运算	

以上比较运算符的第一个参数都是属性的名字。例如，查询年龄小于 28 岁的姓王的员工：

```
Criteria criteria = session.createCriteria(Employee.class);
criteria.add(Restrictions.and(Restrictions.lt("age", 28), Restrictions.like("name", "王%"));
List result = criteria.list();
```

3．Order 类

使用 Criteria 接口执行查询时是通过 Order 类来设置排序规则，在执行中一般只用到 Order 类的两个静态方法，即 asc( )方法和 desc( )方法。这两个方法的参数是需要进行排序的属性名，其中，asc( )进行升序排列，desc( )进行降序排列。下面看一个使用 Order 类设置排序规则的例子：查询所有员工信息，按照年龄升序排列。代码如下：

```
Criteria criteria = session.createCriteria(Employee.class);
criteria.addOrder(Order.asc("age"));
List result = criteria.list();
```

4．Projections 类

在实际开发中，执行查询后可能只需要返回表中的指定列信息或者进行统计查询，Criteria 接口提供 setProjection(Projection projection)方法用于实现投影查询操作。Projections 类用于帮助 Criteria 接口完成数据的分组查询和统计功能，其包含的主要方法如表 6-9 所示。

表 6-9　Projections 类的方法

方 法	功 能 描 述
avg( )	计算某个属性的平均值
count( )	统计某个属性的数目
max( )	取得某个属性的最大值
min( )	取得某个属性的最小值
sum( )	计算某个属性的和
rowCount( )	返回满足条件的记录的数目

下面来看两个例子：

第一个例子：查询员工的 name 和 age 属性。代码如下：

```
Criteria criteria = session.createCriteria(Employee.class);
criteria.setProjection(Projections.projectionList( )
    .add(Projections.property("name"))
    .add(Projections.property("age"));
List<Object [ ]> result = criteria.list();
```

第二个例子：查询每个部门的员工数量。代码如下：

```
Criteria criteria = session.createCriteria(Employee.class);
//对部门分组，统计 id 数量
criteria.setProjection(Projections.projectionList()
    .add(Projections.groupProperty("department"))
    .add(Projections.count("id")));
    //执行查询
List<Object[]> result = criteria.list();
```

Projections 的 groupProperty( )方法用于设置参加分组的字段。与此同时，Projections 类还有一个 distinct( )方法，用于增加查询结果唯一性的限制。

使用 Criteria 接口实现对象的查询避免了编写 SQL 或 HQL 带来的麻烦，所有查询的设置都通过调用类的方法来实现，简化了开发的难度。但是这个方法并没有实现得尽善尽美，有些地方还存在着一定的局限性。因此在开发过程中需要根据自己的实际情况来选取一种合适的查询语言。

6.3　Hibernate 主键

Hibernate 主键也称为对象标识符(Object Identifier)，简称 OID。与关系数据库表中主键的功能一样，Hibernate 赋予每个对象一个唯一的 ID，以此区分不同的持久化对象。作为主键，必须满足以下条件：

- 不允许为 null。
- 每条记录或每个持久化对象具有唯一的主键值，不允许主键值重复。

- 每条记录或每个持久化对象的主键值永远不会改变。

6.3.1 主键生成策略

持久化对象与数据表之间是通过“hbm.xml”映射文件建立关联，Hibernate 通过映射文件中的<id>元素下可选<generator>子元素控制主键的生成方式。在 Hibernate 中提供了几种内置的生成器，所有的生成器都实现“net.sf.hibernate.id.IdentifierGenerator”接口，某些应用程序可以选择自己特定的实现。下面介绍各种不同主键生成方式及其特点。

1．increment

由 Hibernate 从数据库中取出主键的最大值(每个 Session 只取 1 次)，以该值为基础，每次增量为 1，在内存中生成主键，不依赖于底层的数据库，因此可以跨数据库。代码如下：

```
<id name = "id" column = "ID">
    <generator class = "increment" />
</id>
```

Hibernate 调用 org.hibernate.id.IncrementGenerator 类中的 generate( )方法，使用 select max(idColumnName) from tableName 语句获取主键最大值。该方法被声明成了 synchronized，所以在一个独立的 Java 虚拟机内部是没有问题的，然而，在多个 JVM 同时并发访问数据库 select max 时，就可能取出相同的值，再 insert 就会发生 Dumplicate entry 的错误。因此只能有一个 Hibernate 应用进程访问数据库，否则就可能产生主键冲突。所以不适合多进程并发更新数据库。

特点：跨数据库，不适合多进程并发更新数据库，适合单一进程访问数据库，不能用于群集环境。

2．identity

identity 由底层数据库生成标识符，但这个主键必须设置为“自增长”，使用 identity 的前提条件是底层数据库支持自动增长字段类型，如 DB2、SQL Server、MySQL、Sybase 和 HypersonicSQL 等，Oracle 这类没有自增字段的则不支持。代码如下：

```
<id name = "id" column = "ID">
    <generator class = "identity" />
</id>
```

例如，如果使用 MySQL 数据库，则主键字段必须设置成 auto_increment。代码如下：

```
id int(11) primary key auto_increment
```

特点：只能用在支持自动增长的字段数据库中使用，如 MySQL。

3．native

native 由 hibernate 根据使用的数据库自行判断采用 identity、hilo、sequence 其中一种作为主键生成方式，灵活性很强。如果能支持 identity 则使用 identity，如果支持 sequence 则使用 sequence。代码如下：

```
<id name = "id" column = "ID">
    <generator class = "native" />
```

```
</id>
```

例如，MySQL 使用 identity，Oracle 使用 sequence。需要注意的是，如果 Hibernate 自动选择 sequence 或者 hilo，则所有的表的主键都会从 Hibernate 默认的 sequence 或 hilo 表中取。在使用 sequence 或 hilo 时，可以加入参数，指定 sequence 名称或 hi 值表名称等。例如：

```
<param name = "sequence">hibernate_id</param>
```

特点：根据数据库自动选择，项目中如果用到多个数据库时，可以使用这种方式，使用时需要设置表的自增字段或建立序列、表等。

4．uuid

uuid 是 Universally Unique Identifier 的缩写，是指在一台机器上生成的数字，它保证对在同一时空中的所有机器都是唯一的。按照开放软件基金会(OSF)制定的标准计算，用到了以太网卡地址、纳秒级时间、芯片 ID 码和许多可能的数字，标准的 uuid 格式为："xxxxxxxx-xxxx-xxxx-xxxx-xxxxxxxxxxxx (8-4-4-4-12)"。其中，每个 x 是 0～9 或 a～f 范围内的一个十六进制的数字。代码如下：

```
<id name = "id" column = "ID">
   <generator class = "uuid" />
</id>
```

Hibernate 在保存对象时，生成一个 uuid 字符串作为主键，保证了唯一性，但其并无任何业务逻辑意义，只能作为主键，唯一缺点长度较大，32 位(Hibernate 将 uuid 中间的"-"删除了)的字符串，占用存储空间大，但是有两个很重要的优点，Hibernate 在维护主键时，不用去数据库查询，从而提高效率，而且它是跨数据库的，以后切换数据库极其方便。

特点：uuid 长度大，占用空间大，跨数据库，不用访问数据库就生成主键值，因此其效率高且能保证唯一性，移植非常方便，推荐使用。

5．hilo

hilo(high low，高低位方式)是 Hibernate 中最常用的一种生成方式，需要一张额外的表保存 hi 的值。保存 hi 值的表至少有一条记录(只与第一条记录有关)，否则会出现错误。它可以跨数据库。代码如下：

```
<id name = "id" column = "ID">
     <generator class = "hilo">
          <param name = "table">hibernate_hilo</param> //指定保存 hi 值的表名
          <param name = "column">next_hi</param> //指定保存 hi 值的列名
          <param name = "max_lo">100</param> //指定低位的最大值
     </generator>
</id>
```

当然，也可以省略 table 和 column 配置，其默认的表为 hibernate_unique_key，列为 next_hi。代码如下：

```
<id name = "id" column = "ID">
     <generator class = "hilo">
```

```
            <param name = "max_lo">100</param>
        </generator>
    </id>
```

hilo 生成器生成主键的过程(以 hibernate_unique_key 表中的 next_hi 列为例)如下：

(1) 获得 hi 值：读取并记录数据库的 hibernate_unique_key 表中 next_hi 字段的值，数据库中此字段值加 1 保存。

(2) 获得 lo 值：从 0 到 max_lo 循环取值，差值为 1，当取值为 max_lo 值时，重新获取 hi 值，然后 lo 值继续从 0 到 max_lo 循环。

(3) 根据公式 hi * (max_lo + 1) + lo 计算生成主键值。

注意：当 hi 值是 0 时，那么第一个值不是 0*(max_lo+1)+0 = 0，而是 lo 跳过 0 从 1 开始，直接是 1、2、3…max_lo 配置的大小一般根据具体情况而定，如果系统一般不重启，而且需要用此表建立大量的主键，可以把 max_lo 配置大一点，这样可以减少读取数据表的次数，提高效率；反之，如果服务器经常重启，可以把 max_lo 配置小一点，可以避免每次重启主键之间的间隔太大，造成主键值主键不连贯。

特点：跨数据库，hilo 算法生成的标志只能在一个数据库中保证唯一。

6. sequence

采用数据库提供的 sequence 机制生成主键，需要数据库支持 sequence。例如，oralce、DB、SAP DB、PostgerSQL、McKoi 中的 sequence。MySQL 这种不支持 sequence 的数据库则不行(可以使用 identity)。代码如下：

```
<generator class = "sequence">
    <param name = "sequence">hibernate_id</param> //指定 sequence 的名称
</generator>
```

Hibernate 在生成主键时，查找 sequence 并赋给主键值，主键值由数据库生成，Hibernate 不负责维护，使用时必须先创建一个 sequence，如果不指定 sequence 名称，则使用 Hibernate 默认的 sequence，名称为 hibernate_sequence，前提要在数据库中创建该 sequence。

特点：只能在支持序列的数据库中使用，如 Oracle。

7. seqhilo

通过 hilo 算法实现的主键生成机制，只是将 hilo 中的数据表换成了序列 sequence，需要数据库中先创建 sequence，适用于支持 sequence 的数据库，如 Oracle。代码如下：

```
<id name = "id" column = "ID">
    <generator class = "seqhilo">
        <param name = "sequence">hibernate_seq</param>
        <param name = "max_lo">100</param>
    </generator>
</id>
```

特点：与 hilo 类似，只能在支持序列的数据库中使用。

8. foreign

使用另外一个相关联的对象的主键作为该对象主键。其主要用于一对一关系中。代码如下：

```
<id name = "id" column = "ID">
    <generator class = "foreign">
        <param name = "property">user</param>   </generator>
</id>
<one-to-one name = "user" class = "domain.User" constrained = "true" />
```

该例使用 domain.User 的主键作为本类映射的主键。

特点：很少使用，大多用在一对一关系中。

9．assigned

主键由外部程序负责生成，在 save( )之前必须指定一个。Hibernate 不负责维护主键生成。与 Hibernate 和底层数据库都无关，可以跨数据库。在存储对象前，必须要使用主键的 setter 方法给主键赋值，至于这个值怎么生成，完全由用户自己决定，这种方法应该尽量避免。代码如下：

```
<id name = "id" column = "ID">
   <generator class = "assigned" />
</id>
```

特点：可以跨数据库，人为控制主键生成，应尽量避免。

6.3.2　复合主键

Hibernate 内置的标识符生成器只能适用于主键包含单个字段(属性)的情况，此时主键不包含任何业务逻辑信息，便于业务的扩展。然而在实际应用中，有时需要使用两个字段或两个以上的字段作为主键，这种主键称为复合主键。使用复合主键，需在定义映射文件时将持久化类的多个属性作为标识符属性，以维护对象和数据表记录的对应关系。Hibernate 通过在映射文件中使用<composite-id>元素配置复合主键，复合主键主要有两种形式：一种是基于持久化类属性的复合主键；另一种是基于主键类的复合主键。下面看一个例子。

建立一张用户表 user(firstname, lastname, age)，以 firstname 和 lastname 两个字段作为复合主键。建表语句如下：

```
create table user(
   firstname varchar(50) not null,
   lastname varchar(50) not null,
   age integer default 0,
   primary key(firstname, lastname)
)
```

1．基于持久化类属性的复合主键

实体类 User 中包含了复合主键属性 firstname、lastname。Hibernate 要求复合主键类重写 equals( )和 hashCode( )方法，以作为不同数据间的识别的标志。“User.java”的代码如下：

```
public class User implements Serializable{
   private String firstname;
```

```
    private String lastname;
    private int age;
    public int getAge() {
        return age;
    }
    public void setAge(int age) {
        this.age = age;
    }
    public String getFirstname() {
        return firstname;
    }
    public void setFirstname(String firstname) {
        this.firstname = firstname;
    }
    public String getLastname() {
        return lastname;
    }
    public void setLastname(String lastname) {
        this.lastname = lastname;
    }
    public boolean equals(Object obj){
        if(!(obj instanceof User)){
            return false;
        }else{
            User user = (User)obj;
            return new EqualsBuilder().appendSuper(super.equals(obj))
            .append(this.firstname, user.firstname)
            .append(this.lastname, user.lastname)
            .isEquals();
        }
    }
    public int hashCode(){
        return new HashCodeBuilder(-528253723, -475504089)
        .appendSuper(super.hashCode())
        .append(this.firstname)
        .append(this.lastname)
        .toHashCode();
    }
}
```

使用 Hibernate 建立 user 表与 User 类之间的映射，与之对应的“User.hbm.xml”映射文件的关键代码配置如下：

```
<class name = "User" table = "user">
<composite-id>
<key-property name = "lastname" column = "lastname" type = "string"/>
<key-property name = "firstname" column = "firstname" type = "string"/>
</composite-id>
<property   name = "Age" column = "age" type = "integer" not-null = "false" length = "10"/>
</class>
```

通过 composite-id 节点声明了一个复合主键，是由“firstname”和“lastname”组成。元素<key-property>将 User 类的主键属性和数据表 user 的主键字段一一对应。紧接着可以利用 Session.load( )方法，将 User 类对象本身作为查询条件进行数据库操作。代码如下：

```
User user = new User();
user.setFirstname("zhang");
user.setLastname("san");
user = (User)session.load(User.class, user);
System.out.println("age: " + user.getAge());
```

基于持久化类的复合主键映射时，需要注意以下几个问题：

- 持久化类本身就是自己的主键。
- 持久化类必须实现 java.io.Serializable 接口。
- 为了实现对象标识的比较，需要重写 hashCode( )方法和 equals( )方法。
- 装载对象时，需要先初始化持久化类的实例，填充主键属性，再用 Session 对象装载对象。

2. 基于主键类的复合主键

可以将主键与逻辑加以分离，以一个单独的主键类对复合主键进行描述。现在把 User 中的 firstname 和 lastname 提取到一个独立的主键类 UserPK 中。“UserPK.java”的代码如下：

```
public class UserPK implements Serializable{
  private String firstname;
  private String lastname;
  public String getFirstname( ) {
    return firstname;
  }
  public void setFirstname(String firstname) {
    this.firstname = firstname;
  }
  public String getLastname( ) {
    return lastname;
  }
```

```
    public void setLastname(String lastname) {
        this.lastname = lastname;
    }
    //此处省略 hashCode( )和 equals( )方法
}
```

修改“User.java”的代码如下：

```
public class User implements Serializable{
    private UserPK userPk;
    private int age;
    public int getAge() {
        return age;
    }
    public void setAge(int age) {
        this.age = age;
    }
    public UserPK getUserPk() {
        return userPk;
    }
    public void setUserPk(UserPK userPk) {
        this.userPk = userPk;
    }
}
```

此时，User 类中不再有 firstname 和 lastname 两个主键属性，而是由主键类 UserPK 进行管理。持久化类 User 使用主键类 UserPK 属性作为标识符，唯一识别系统中的对象。

修改“User.hbm.xml”映射文件中的< composite-id >节点。代码如下：

```
<composite-id   name = "userPk" class = "UserPK">
<key-property   name = "lastname" column = "lastname" type = "string"/>
<key-property   name = "firstname" column = "firstname" type = "string"/>
</composite-id>
<property name = "Age" column = "age" type = "integer" not-null = "false" length = "10"/>
```

保存数据前，需要先初始化主键类 UserPK，然后使用主键类的对象初始化持久化类 User 的实例，接下来才能实现数据的持久化操作。同样，从数据库装载对象时，需要先初始化主键，然后使用 Session 对象装载对象。代码如下：

```
UserPK userPk = new UserPK();
userPk.setFirstname("zhang);
userPk.setLastname("san");
User user = (User)session.load(User.class, userPk);
System.out.println("age: " + user.getAge());
```

基于主键类的复合主键映射时，需要注意以下几个问题：

- 主键类必须实现“java.io.Serializable”接口。
- 主键类需要重写 hashCode( )方法和 equals( )方法。
- 持久化类不再包含主键属性。
- 映射文件中<composite-id>元素的 class 属性是必选项。

6.4　动态实体模型

在 Hibernate 的应用中，关系映射的双方一般是持久化类对象实体(Entity)和数据表(Table)。将持久化实体表示为 POJO 类或 JavaBean 对象，这种面向对象的操作为程序开发带来很多便利，同时可以将大量动态过程隐蔽在对象包之下。然而映射为 Java 类的一个主要问题在于无法在程序运行时对程序进行修改，而数据结构的局部修改几乎是无法避免的。

Hibernate 支持动态实体模型(Dynamic Entity Models，DEM)。它允许我们把 Entity 映射为 Map 数据类型，当数据结构发生变化时，只需要修改 hbm 文件即可改变映射模型，而不需要修改 Java 实体类代码。动态实体模型抛弃了 Java 类的定义，通过定义映射文件，即可在程序中直接使用 Map 进行实体操作。例如，一个持久化类 Person 的代码如下：

```
package chapter6.model;
public class Person {
   private int id;
   private int age;
   private String name;
   //setter、getter 方法此处省略
   ……
}
```

使用动态模型映射就不再需要编写这个 Person 类，同时在动态映射文件中也不需要指定 name 属性，而是指定 entity-name 属性，将 Entity 映射为一个 Map 而非 Java 类。映射文件的代码如下：

```
<hibernate-mapping>
     //此处不需要类名和包名
     <class entity-name = "PersonEntity" table = "person_entity">
          <id name = "id" type = "integer">
               <generator class = "native"/>
          </id>
          <property name = "age" column = "AGE" type = "integer"/>
          <property name = "name" column = "NAME" type = "string"/>
     </class>
</hibernate-mapping>
```

然后在程序中就可以通过 Map 直接对实体进行操作。代码如下：

```
Session session = sessionfactory.openSession( );
```

```
session.beginTransaction( );
// 通过 Map 映射持久化实体与数据库
Map test = new HashMap( );
test.put("age", new Integer(20));
test.put("name", "动态映射测试");
session.save("PersonEntity", test);
session.getTransaction().commit( );
session.close();
```

动态实体模型的优点在于数据变化所需要的时间更少，因为原型不需要实现实体类。其缺点是无法进行编译期的类型检查，并可能由此会处理很多的运行期异常。但是有了 Hibernate 映射，它使得数据库的 Schema 能很容易规格化和合理化。

本章小结

本章主要对 Hibernate 的三个核心接口、查询语言以及 Hibernate 主键进行了介绍，同时也介绍了动态实体模型的使用。首先，作为 Hibernate 的核心接口，对 Configuration、SessionFactory 和 Session 的所有 API 以及缓存管理做了详细的介绍，深入认识了 Hibernate 的持久化操作。其次，介绍了 Hibernate 的两种检索方式 HQL 和 QBC，包括 HQL 的使用步骤以及语法，Criteria 接口的使用及功能，紧接着介绍了 Hibernate 的主键生存策略以及复合主键的使用。最后，介绍了如何在 Hibernate 中使用动态实体模型，通过动态映射文件的定义即可在程序中直接使用 Map 进行实体操作。

习　题

1. 如何解决 Session 多线程之间数据的共享问题？
2. 什么是 HQL 语言？如何使用 HQL 语句查询数据库？
3. 作为 Hibernate 主键，必须满足哪些条件？
4. Hibernate 主键的生成策略有哪些？
5. 什么是复合主键？生成复合主键主要有哪些方式？

第 7 章　Spring 框架基础

7.1　Spring 4.0 简介

Spring Framework 是目前流行的 Java 开源框架，是一个轻量级的 Java EE 解决方案，可以一站式构建企业级应用。Spring 框架的主要优势之一就是其分层架构和组件化设计，分层架构允许用户选择使用需要的组件，同时为 Java EE 应用程序开发提供集成的框架。

7.1.1　Spring 产生背景

Spring 的产生源于 Java EE 专家 Rod Johnson 在 2002 年编写的《Expert One-to-one J2EE Design and Development》一书，书中对 Java EE 正统框架臃肿、低效、脱离现实的种种现状提出了质疑，并积极寻求探索革新之道。以此书为指导思想，他编写了 Interface 21 框架，这是一个力图冲破 Java EE 传统开发的困境，从实际需求出发，着眼于轻便、灵巧，易于开发、测试和部署的轻量级开发框架。Spring 框架即以 Interface 21 框架为基础，经过重新设计，并不断丰富其内涵，于 2004 年 3 月 24 日，发布了 1.0 正式版。同年他又推出了一部堪称经典的力作《Expert One-to-one J2EE Development without EJB》，该书在 Java 世界掀起了轩然大波，不断改变着 Java 开发者程序设计和开发的思考方式。在该书中，作者根据自己多年丰富的实践经验，对 EJB 的各种笨重臃肿的结构进行了逐一的分析和否定，并分别以简洁实用的方式替换之。

7.1.2　Spring 简介

Spring 作为开源的中间件，可独立于各种应用服务器，甚至无须应用服务器的支持，也能提供应用服务器的功能，如声明式事务等。

Spring 框架中使用 Java Beans 来表示应用程序中的组件，但这并不意味着该组件必须严格满足 Java Bean 的规范。

Spring 做了很多事情，但是归根到底是一些基本的思路，而所有这些思路最终都导向 Spring 的使命——简化 Java 开发。

Spring 通过下列四种策略来简化 Java 开发：

- 基于 POJO 的轻量级、最小侵入式开发。
- 通过依赖注入和面向接口编程实现松耦合。
- 通过面向切面编程(AOP)和惯例实现声明式编程。
- 通过面向切面编程和模板消除样板式代码。

Spring 致力于 Java EE 应用的各层解决方案，而不是仅仅专注于某一层的方案。可以说 Spring 是企业应用开发的“一站式”选择，并贯穿表现层、业务层及持久层。然而，Spring 并不想取代那些已有的框架，而是可与它们无缝地进行整合，如 Struts、Hibernate 等。

7.1.3　Spring 4 新特性

Spring 框架第一个版本发布于 2004 年，自发布以来已历经三次主要版本更新：Spring 2.0 提供了 XML 命名空间和 AspectJ 支持；Spring 2.5 增加了注释驱动(Annotation-driven)的配置支持；Spring 3.0 增加了对 Java 5⁺版本的支持和@Configuration 模型。

Spring 4.x 是目前最稳定的核心版本，并且已经完全支持 Java 8 的特性。当然用户仍然可以使用老版本的 Java，但是最低版本的要求已经提高到 Java SE 6(支持 JDK6 update 18)，因此建议新的基于 Spring 4.x 的项目使用 Java 7 或 Java 8。

Spring 4 的新特性主要有：

(1) 对 Java EE 6 和 Java EE 7 的支持。Spring 在 JCP 中协助定义相关的规范，框架中对这些规范提供了很好的支持。Spring 框架 4.0 考虑到了 Java EE 6 以及更高的版本规范，尤其是 JPA 2.0 和 Servlet 3.0 规范。为了更具技术前瞻性，Spring 框架 4.0 还支持 Java EE 7 中已可用的规范，包括 JMS 2.0、JTA 1.2、JPA 2.1、Bean Validation 1.1 以及 JSR-236 Concurrency Utilities。另外，对其他开源库的支持也提升到了最新版本，如 Hibernate、Quartz、EhCache 等。

(2) 对 WebSocket、SockJS 以及 STOMP 的支持。Spring 4.0 提供了一个名为 spring-websocket 的新模块，以支持基于 WebSocket 的、客户端-服务器的双向通信，它与 JSR-356 Java WebSocket API 兼容。另外，还提供了基于 SockJS(对 WebSocket 的模拟)的回调方案，以适应不支持 WebSocket 协议的浏览器。新增的 spring-messaging 模块提供了对 STOMP 的支持，以及用于路由和处理来自 WebSocket 客户端的 STOMP 消息的注解编程模型。spring-messaging 模块中还包含了 Spring Integration 项目中的核心抽象类，如 Message、MessageChannel、MessageHandler。

(3) 对动态语言 Groovy 的支持。应用可以部分或完全使用 Groovy 编写。借助于 Spring 4.0，能够使用 Groovy DSL 定义外部的 Bean 配置，这类似于 XML Bean 声明，但是语法更为简洁。使用 Groovy 还能够在启动代码中直接嵌入 Bean 的声明。

(4) 简化 Spring 的学习过程。Spring.io 网站上提供了全新的“Getting Started”指导和样例帮助开发人员学习 Spring 技术。基于 Spring 框架 4.x 构建的 Spring Boot 项目也可以极大地简化应用开发中相关配置的复杂性。

除了核心框架以外，Spring 4.x 中新增了许多新的项目以应对新的技术趋势和应用潮流，如 Spring Boot、Spring XD、Spring HATEOAS、Spring Integration、Spring Batch、Spring Social、Spring Data 等。

7.1.4　Spring 4 整体架构

Spring 共有十几个组件，其中核心组件主要有三个：Core、Context 和 Beans。图 7-1 是 Spring 4 的总体架构图。

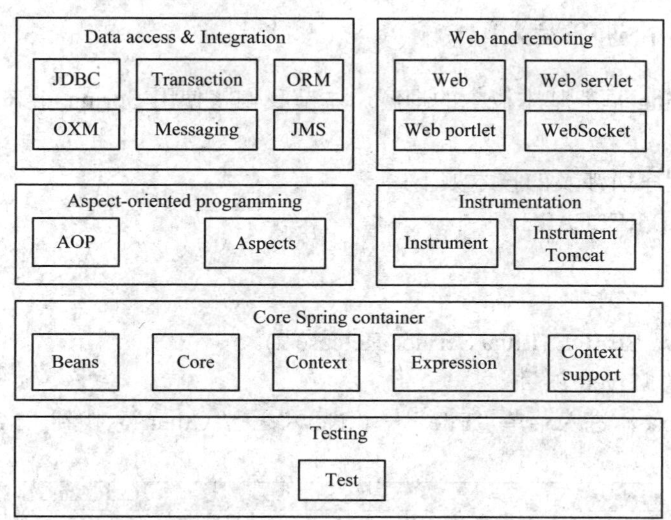

图 7-1　Spring 4 的总体架构图

组成 Spring 框架的每个模块(或组件)都可以单独存在，或者与其他一个或多个模块联合实现。每个模块的功能如下：

(1) 核心容器。核心容器提供 Spring 框架的基本功能。核心容器的主要组件是 BeanFactory，它是工厂模式的实现。BeanFactory 使用控制反转(IoC)模式将应用程序的配置和依赖性规范与实际的应用程序代码分开。

(2) Spring 上下文。Spring 上下文是一个配置文件，向 Spring 框架提供上下文信息。Spring 上下文包括企业服务，如 JNDI、EJB、电子邮件、国际化、校验和调度功能。

(3) Spring AOP。通过配置管理特性，Spring AOP 模块直接将面向方面的编程功能集成到了 Spring 框架中。所以，可以很容易地使 Spring 框架管理的任何对象支持 AOP。Spring AOP 模块为基于 Spring 的应用程序中的对象提供了事务管理服务。通过使用 Spring AOP，不用依赖 EJB 组件，就可以将声明性事务管理集成到应用程序中。

(4) Spring DAO。JDBC DAO 抽象层提供了有意义的异常层次结构，可用该结构来管理异常处理和不同数据库供应商抛出的错误消息。异常层次结构简化了错误处理，并且极大地降低了需要编写的异常代码数量(如打开和关闭连接)。Spring DAO 的面向 JDBC 的异常遵从通用的 DAO 异常层次结构。

(5) Spring ORM。Spring 框架插入了若干个 ORM 框架，从而提供了 ORM 的对象关系工具，其中包括 JDO、Hibernate 和 iBatis SQL Map。所有这些都遵从 Spring 的通用事务和 DAO 异常层次结构。

(6) Spring Web 模块。Web 上下文模块建立在应用程序上下文模块之上，为基于 Web 的应用程序提供了上下文。Web 模块还简化了处理多部分请求以及将请求参数绑定到域对象的工作。

(7) Spring MVC 框架。Spring MVC 框架是一个全功能的构建 Web 应用程序的 MVC 实现。通过策略接口，Spring MVC 框架变成为高度可配置的。Spring MVC 容纳了大量视图技术，其中包括 JSP、Velocity、Tiles、iText 和 POI。

7.1.5　Spring 4 快速开发入门

为增加对 Spring 框架基本概念的理解，本节我们将使用 Spring 4 来开发经典的 Hello World 应用程序。

开发此应用程序所涉及的技术如下：

- Spring 4.2.0.RELEASE。
- Maven 3。
- JDK 1.7。
- Eclipse Java EE IDE (Luna Service Release 2)。

第一步：创建 Maven 项目。

(1) 开启 Eclipse，进入菜单"File"→"New"→"Other"，找到"Maven Project"，如图 7-2 所示。

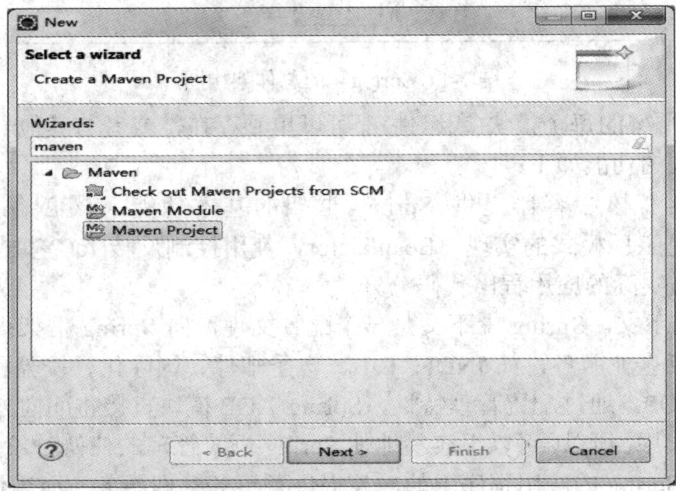

图 7-2　创建 Maven 项目

(2) 输入 Maven 项目的基本信息，如图 7-3 所示。

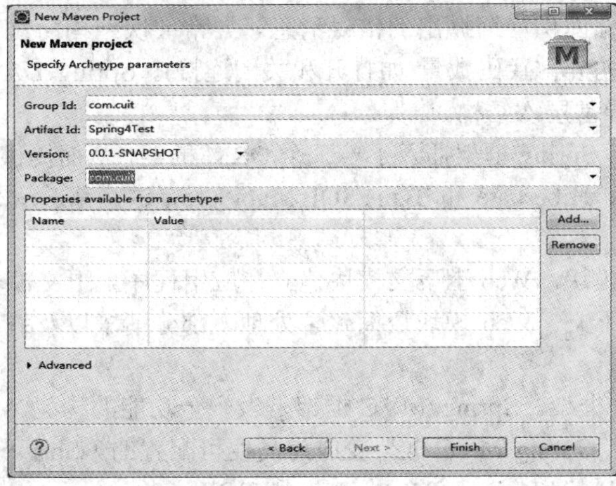

图 7-3　填写 Maven 项目信息

第二步：在“Pom.xml”文件中配置 Spring 依赖。

Spring Java Project 中至少需要依赖几个 jar 文件，请在 Maven 项目下的“Pom.xml”文件中加入依赖包：

```
<dependencies>
    <!-- 1. Spring 至少依赖包 -->    <dependency>
        <groupId>org.springframework</groupId>
        <artifactId>spring-context</artifactId>    </dependency>    <dependency>
        <groupId>org.springframework</groupId>
        <artifactId>spring-core</artifactId>
        </dependency>    <dependency>
        <groupId>org.springframework</groupId>
        <artifactId>spring-beans</artifactId>    </dependency>    <dependency>
        <groupId>commons-logging</groupId>
        <artifactId>commons-logging</artifactId>    </dependency>
        </dependencies>
```

Spring 依赖包被加载成功后，会在“Maven Dependencies”中显示，如图 7-4 所示。

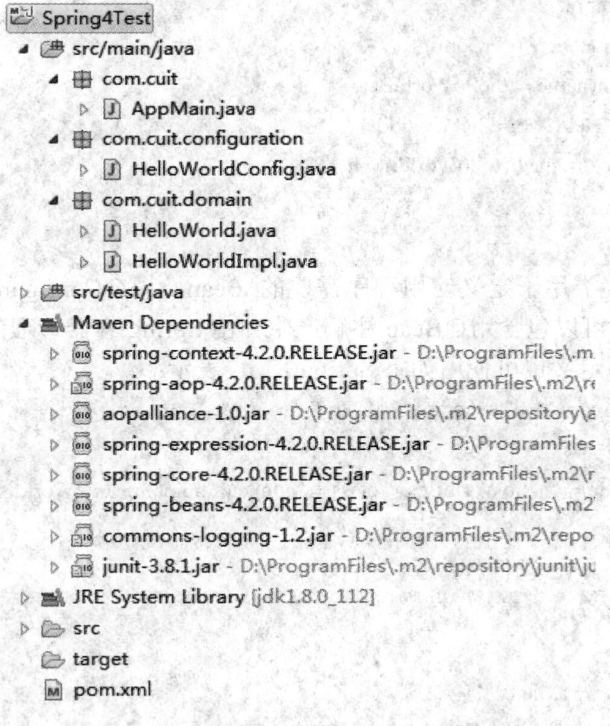

图 7-4　Maven 工程目录结构

第三步：定义 POJO 类。

【例 7.1】 在 Spring 4 中通过接口注入创建“Hello World”应用程序。

```
/* 定义 HelloWorld 接口 */
```

```
package com.cuit.domain;
public interface HelloWorld {
    void sayHello(String name);
}

/* 定义 HelloWorld 接口的实现 */
package com.cuit.domain;
public class HelloWorldImpl implements HelloWorld{
    public void sayHello(String name) {
        System.out.println("Hello "+name);
    }
}
```

第四步：定义 Spring 配置类。

```
package com.cuit.configuration;
...
 /* 定义 Spring 配置类 */
@Configuration
public class HelloWorldConfig {
    @Bean(name = "helloWorldBean")
    public HelloWorld helloWorld() {
        return new HelloWorldImpl();
    }
}
```

Spring 的配置类用于定义应用程序需要的 Bean。用@Configuration 注解声明此类为 Spring 配置类，它可以包含用@Bean 注解产生并由 Spring 容器管理的 Bean 定义。

以上配置类的定义也可使用如下 Spring XML 表示：

```
<?xml version = "1.0" encoding = "UTF-8"?>
<beans ...>
    <bean id = "helloWorldBean" class = "com.cuit.domain.HelloWorldImpl">
</beans>
```

第五步：定义 Java 运行程序。

```
package com.cuit;
...
public class AppMain {
    public static void main(String args[]) {
        //1. 创建 Spring 的 IOC 容器
        AbstractApplicationContext context = new
                AnnotationConfigApplicationContext(HelloWorldConfig.class);
        //2. 从容器中获取 Bean(依赖注入)，其实就是 new 的过程
```

```
            HelloWorld bean = (HelloWorld) context.getBean("helloWorldBean");
            //3. 执行函数
            bean.sayHello("Spring 4 !");
            //关闭容器
            context.close();
        }
    }
```

如果是使用 Spring XML 进行 Bean 配置，那么应用程序 main 的代码如下：

```
    package com.cuit;
    ...
    public class AppMain {
        public static void main(String args[]) {
            AbstractApplicationContext context = new
                    ClassPathXmlApplicationContext("Application-config.xml");
            HelloWorld bean = (HelloWorld) context.getBean("helloWorldBean");
            bean.sayHello("Spring 4.");
            context.close();
        }
    }
```

最后运行结果如下：

```
    Hello Spring 4 !
```

7.2 控制反转(IoC)

我们都知道，在采用面向对象方法设计的软件系统中，它的底层实现都是由 N 个对象组成的。所有的对象通过彼此的合作，最终实现系统的业务逻辑。软件系统中耦合的对象如图 7-5 所示。

图 7-5　软件系统中耦合的对象

如果我们打开机械式手表的后盖，就会看到与上面类似的情形，各个齿轮分别带动时针、分针和秒针顺时针旋转，从而在表盘上产生正确的时间。图 7.5 中描述的就是这样的一个齿轮组，它拥有多个独立的齿轮，这些齿轮相互啮合在一起，协同工作，共同完成某项任务。我们可以看到，在这样的齿轮组中，如果有一个齿轮出了问题，就可能会影响到整个齿轮组的正常运转。

齿轮组中齿轮之间的啮合关系，与软件系统中对象之间的耦合关系非常相似。对象之间的耦合关系是无法避免的，也是必要的，这是协同工作的基础。现在，伴随着工业级应用的规模越来越庞大，对象之间的依赖关系也越来越复杂，经常会出现对象之间的多重依赖性关系，因此，架构师和设计师对于系统的分析和设计，将面临更大的挑战。对象之间耦合度过高的系统，必然会出现牵一发而动全身的情形。对象之间复杂的依赖关系如图 7-6 所示。

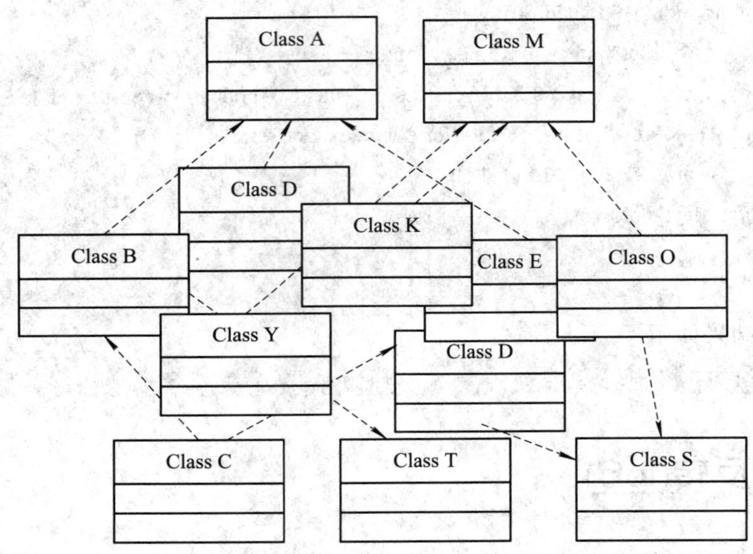

图 7-6　对象之间复杂的依赖关系

耦合关系不仅会出现在对象与对象之间，也会出现在软件系统的各模块之间，以及软件系统和硬件系统之间。如何降低系统之间、模块之间和对象之间的耦合度，是软件工程永远追求的目标之一。为了解决对象之间的耦合度过高的问题，软件专家 Michael Mattson 提出了 IoC 理论，用来实现对象之间的“解耦”，目前这个理论已经被成功地应用到实践当中，很多的 J2EE 项目均采用了 IoC 框架产品 Spring。

7.2.1　控制反转的概念

IoC 是 Inversion of Control 的缩写，多数书籍翻译成“控制反转”，还有些书籍翻译成为“控制反向”或者“控制倒置”。1996 年，Michael Mattson 在一篇有关探讨面向对象框架的文章中，首先提出了 IoC 这个概念。对于面向对象的编程思想，我们不在本书中进行详细讨论。简单来说，IoC 就是把复杂系统分解成相互合作的对象，这些对象类通过封装以后，内部实现对外部是透明的，从而降低了解决问题的复杂度，而且可以灵活地被重用和扩展。IoC 理论提出的观点大体是这样的：借助于“第三方”实现具有依赖关系的对象之间的解耦。IoC 解耦过程如图 7-7 所示。

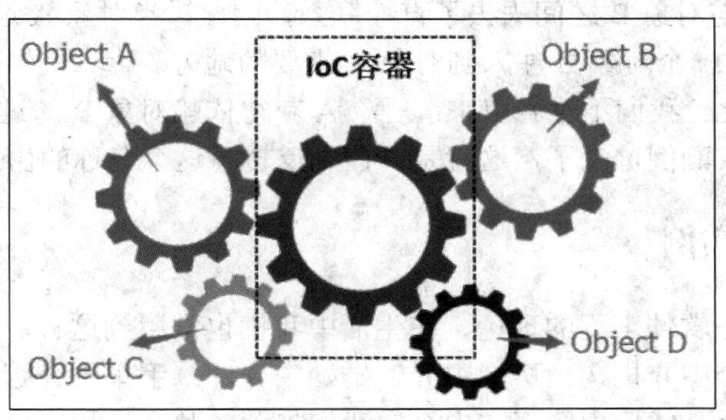

图 7-7　IoC 解耦过程

由于引进了中间位置的“第三方”，也就是 IoC 容器，使得 A、B、C、D 这四个对象没有了耦合关系，齿轮之间的传动全部依靠“第三方”，对象的控制权全部上缴给“第三方”IoC 容器。因此，IoC 容器成了整个系统的关键核心，它起到了一种类似“黏合剂”的作用，把系统中的所有对象粘合在一起发挥作用，如果没有这个“黏合剂”，对象与对象之间会彼此失去联系，这就是有人把 IoC 容器比喻成“黏合剂”的由来。

我们再来做个试验：把图 7-7 中的 IoC 容器拿掉，然后再来看看这套系统，如图 7-8 所示。

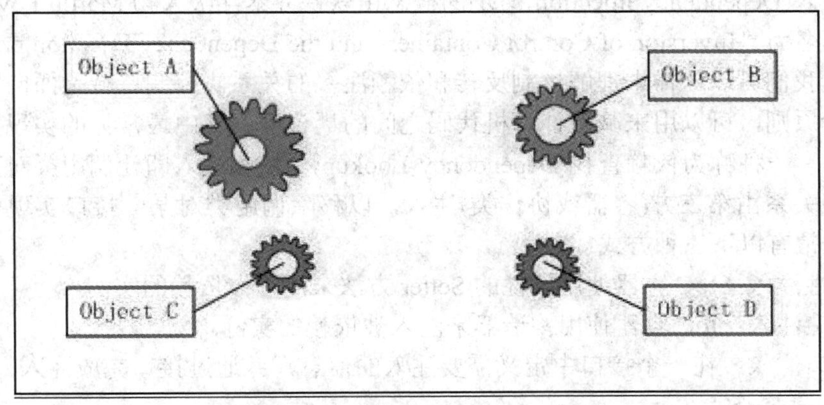

图 7-8　拿掉 IoC 容器后的系统

我们现在看到的画面，就是我们要实现整个系统所需要完成的全部内容。这时候，A、B、C、D 这四个对象之间已经没有了耦合关系，彼此毫无联系，这样的话，当用户在实现 A 的时候，根本无须再去考虑 B、C 和 D 了，对象之间的依赖关系已经降低到了最低程度。所以，如果真能实现 IoC 容器，对于系统开发而言，这将是一件多么美好的事情，参与开发的每一个成员只要实现自己的类就可以了，跟别人没有任何关系。

那么控制反转(IoC)到底为什么要起这个名字？我们来对比一下：

软件系统在没有引入 IoC 容器之前，如图 7-8 所示，对象 A 依赖于对象 B，那么对象 A 在初始化或者运行到某一点的时候，自己必须主动去创建对象 B 或者使用已经创建的对象 B。无论是创建还是使用对象 B，控制权都在自己手上。

软件系统在引入 IoC 容器之后，这种情形就完全改变了，如图 7-7 所示。由于 IoC 容器的加入，对象 A 与对象 B 之间失去了直接联系，因此，当对象 A 运行到需要对象 B 时，IoC 容器会主动创建一个对象 B 注入到对象 A 需要的地方。

通过前后的对比，我们不难看出来：对象 A 获得依赖对象 B 的过程，由主动行为变为了被动行为，控制权颠倒过来了，这就是“控制反转”这个名称的由来。

7.2.2　控制反转实例

控制反转不只是软件工程的理论，在生活中我们也常用到这种思想。例如，在我们日常生活中出现的各类中介机构，房屋中介、婚姻中介、二手车中介等。我们只需要把具体要求告诉第三方中介，然后由第三方中介向我们推荐。整个过程不再由我们自己控制，而是由第三方中介这样一个类似容器的机构来控制。Spring 所倡导的开发方式就是如此，所有的类都会在 Spring 容器中登记，告诉 Spring 它是个什么，它需要什么，然后 Spring 会在系统运行到适当的时候，把它要的东西主动给它，同时也把它交给其他需要它的地方。所有的类的创建、销毁都由 Spring 来控制。也就是说，控制对象生存周期的不再是引用它的对象，而是 Spring。

7.2.3　Spring 的核心机制——依赖注入

依赖注入(Dependency Injection，DI)的概念由软件界泰斗级人物 Martin Fowler 在 2004 发表的一篇名为“Inversion of Control Containers and the Dependency Injection pattern”的论文中提出。我们可以这样来理解控制反转和依赖注入的关系。控制反转是面向对象编程中的一种设计原则，可以用来减低计算机代码之间的耦合度。其中最常见的实现方式称为依赖注入，还有一种称为依赖查找(Dependency Lookup)。依赖注入即让调用类对某一接口实现类的依赖关系由第三方(容器或协作类)注入，以移除调用类对某一接口实现类的依赖。依赖注入通常有以下三种方式：

(1) 属性注入：IoC 容器使用属性的 Setter 方法来注入被依赖的实例。

(2) 构造注入：IoC 容器使用构造器来注入被依赖的实例。

(3) 接口注入：在一个接口中定义需要注入的信息，并通过接口完成注入。

7.3　Bean 与 Spring 容器

Spring 容器是 Spring 框架的核心。Spring 容器将创建对象，并把它们连接在一起，配置它们，同时在从创建到销毁的整个生命周期对它们进行管理。Spring 容器使用依赖注入来管理组成一个应用程序的组件。这些对象被称为 Spring Beans，我们将在本节中进行讨论。

7.3.1　Spring Bean

在 Spring 中，那些组成应用的主体(Backbone)及由 Spring IoC 容器所管理的对象被称之为 Bean。简单地讲，Bean 就是由 Spring 容器初始化、装配及被管理的对象，除此之外，Bean 就没有特别之处了(与应用中的其他对象没有什么区别)。而 Bean 定义以及 Bean 相互间的依赖关系将通过配置元数据来描述。Spring 容器与 Bean 的调用关系如图 7-9 所示。

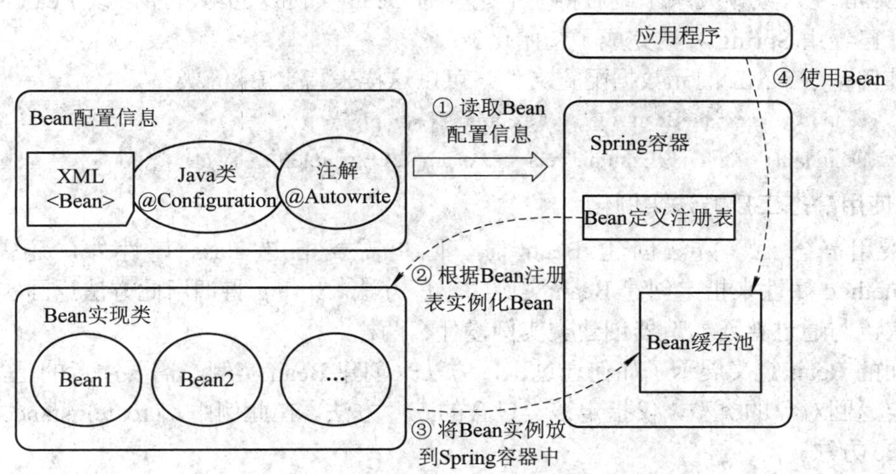

图 7-9　Spring 容器与 Bean 的调用关系

Bean 的配置有以下三种方法：

- 基于 XML 配置 Bean。
- 使用注解(Annotation)定义 Bean。
- 基于 Java 类提供 Bean 定义信息。

7.3.2　Bean 的实例化

Spring 容器集中管理 Bean 的实例化，Bean 实例化可以通过 BeanFactory 的 getBean(String beanid)方法得到，BeanFactory 是简单工厂模式里的工厂，程序只需要获取 BeanFactory 的引用，即可获得 Spring 容器管理全部实例的引用。在大多数情况下，BeanFactory 直接通过关键字 new 调用构造器来创建 Bean 实例，而 class 属性指定了 Bean 实例的实现类。因此，元素必须指定 Bean 实例的 class 属性，但这并不是实例化 Bean 的唯一方法。

创建 Bean 通常有以下几种方法：

- 调用构造器创建 Bean 实例。
- 调用静态工厂方法创建 Bean。
- 调用实例工厂方法创建 Bean。

1. 使用构造器创建 Bean 实例

使用构造器来创建 Bean 实例是最常见的情况，如果采用属性注入的方式，要求该类提供无参数的构造器。在这种情况下，class 元素是必需的(除非采用继承)，class 属性的值就是 Bean 实例的实现类。

BeanFactory 将使用默认构造器来创建 Bean 实例，该实例是个默认实例，Spirng 对 Bean

实例的所有属性执行默认初始化，即所有基本类型的值初始化为 0 或 false；所有引用类型的值初始化为 null。

接下来，BeanFactory 会根据配置文件决定依赖关系，先实例化被依赖的 Bean 实例，然后为 Bean 注入依赖关系。最后将一个完整的 Bean 实例返回给程序，该 Bean 实例的所有属性，已经由 Spring 容器完成了初始化。

当使用基于 XML 的元数据配置文件，可以这样来指定 Bean 类：

```
<bean id = "exampleBean" class = "examples.ExampleBean"/>
<bean name = "anotherExample" class = "examples.ExampleBeanTwo"/>
```

2. 使用静态工厂方法实例化

当采用静态工厂方法创建 Bean 时，除了需要指定 class 属性外，还需要通过 factory-method 属性来指定创建 Bean 实例的工厂方法。Spring 将调用此方法返回实例对象，就此而言，与通过普通构造器创建类实例没什么两样。

下面的 Bean 定义展示了如何通过工厂方法来创建 Bean 实例。需要注意的是，此定义并未指定返回对象的类型，仅指定该类包含的工厂方法。在此例中，createInstance()必须是一个 static 方法。

【例 7.2】 使用静态工厂方法创建 Bean。

```
<bean id = "clientService" class = "examples.ClientService"
      factory-method = "createInstance"/>
public class ClientService {
      private static ClientService clientService = new ClientService();
      private ClientService() { }
      public static ClientService createInstance() {
            return clientService;
      }
}
```

3. 使用实例工厂方法实例化

与使用静态工厂方法实例化类似，用来进行实例化的非静态实例工厂方法位于另外一个 Bean 中，容器将调用该 Bean 的工厂方法来创建一个新的 Bean 实例。为使用此机制，class 属性必须为空，而 factory-bean 属性必须指定为当前(或其祖先)容器中包含工厂方法的 Bean 的名称，而该工厂 Bean 的工厂方法本身必须通过 factory-method 属性来设定。

【例 7.3】 使用实例工厂方法创建 Bean。

```
<!-- the factory bean, which contains a method called createInstance() -->
<bean id = "serviceLocator" class = "examples.DefaultServiceLocator">
      <!-- inject any dependencies required by this locator bean -->
</bean>
<!-- the bean to be created via the factory bean -->
<bean id = "clientService"
      factory-bean = "serviceLocator"
```

```
        factory-method = "createClientServiceInstance"/>

    public class DefaultServiceLocator {
    private static ClientService clientService = new ClientServiceImpl();
    private DefaultServiceLocator() {}
    public ClientService createClientServiceInstance() {
            return clientService;
    }
    }
```

7.3.3　Spring 中 Bean 的生命周期

理解 Spring Bean 的生命周期很容易。当一个 Bean 被实例化时，它可能需要执行一些初始化操作，使它转换成可用状态。同样，当 Bean 不再需要并从容器中移除时，可能需要做一些清除工作。Bean 的生命周期流程如图 7-10 所示。

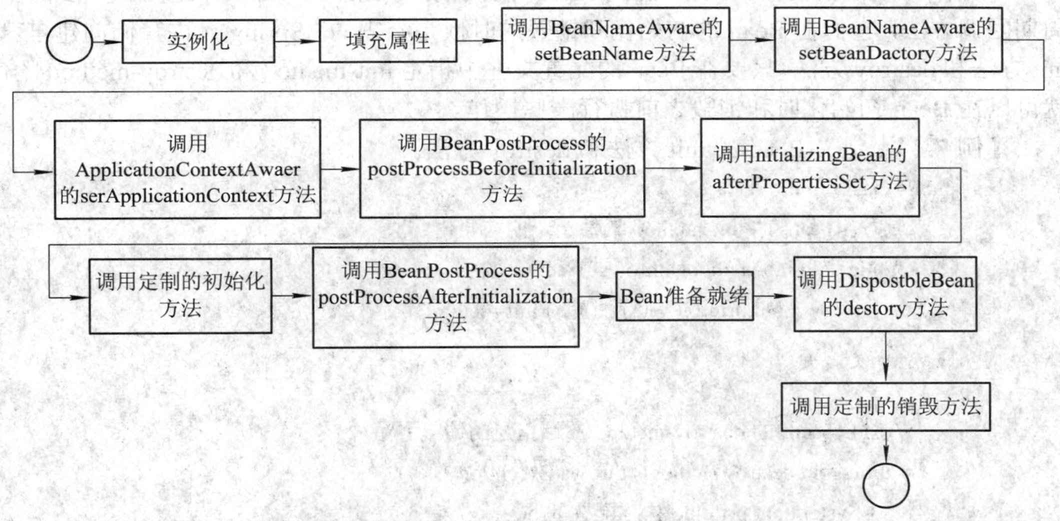

图 7-10　Spring 容器中 Bean 的生命周期

在 ApplicationContext 容器中，Bean 的生命周期流程大致如下：

(1) 首先容器启动后，会对 scope 为 singleton 且非懒加载的 Bean 进行实例化。

(2) 按照 Bean 定义信息配置信息，注入所有的属性。

(3) 如果 Bean 实现了 BeanNameAware 接口，则会回调该接口的 setBeanName()方法，传入该 Bean 的 id，此时该 Bean 就获得了自己在配置文件中的 id。

(4) 如果 Bean 实现了 BeanFactoryAware 接口，则会回调该接口的 setBeanFactory()方法，传入该 Bean 的 BeanFactory，这样该 Bean 就获得了自己所在的 BeanFactory。

(5) 如果 Bean 实现了 ApplicationContextAware 接口，则会回调该接口的 setApplicationContext()方法，传入该 Bean 的 ApplicationContext，这样该 Bean 就获得了自己所在的 ApplicationContext。

(6) 如果有 Bean 实现了 BeanPostProcessor 接口，则会回调该接口的 postProcessBeforeInitialzation()方法。

(7) 如果 Bean 实现了 InitializingBean 接口，则会回调该接口的 afterPropertiesSet()方法。

(8) 如果 Bean 配置了 init-method 方法，则会执行 init-method 配置的方法。

(9) 如果有 Bean 实现了 BeanPostProcessor 接口，则会回调该接口的 postProcessAfterInitialization()方法。

(10) 经过流程(9)之后，就可以正式使用该 Bean 了，对于 scope 为 singleton 的 Bean，Spring 的 IOC 容器中会缓存一份该 Bean 的实例，而对于 scope 为 prototype 的 Bean，每次被调用都会有一个新的对象，其生命周期就交给调用方管理了，不再由 Spring 容器进行管理了。

(11) 容器关闭后，如果 Bean 实现了 DisposableBean 接口，则会回调该接口的 destroy()方法。

(12) 如果 Bean 配置了 destroy-method 方法，则会执行 destroy-method 配置的方法，至此，整个 Bean 的生命周期结束。

尽管在 Bean 实例化和销毁之间发生了许多活动，但是本节将只讨论两个重要的生命周期回调方法，它们在 Bean 的初始化和销毁的时候是必需的。Spring 允许我们创建自己的 init 方法和 destroy 方法，只要在 Bean 的配置文件中指定 init-method 和 destroy-method 的值，就可以在 Bean 初始化时和销毁之前执行一些操作。

【例 7.4】 定义 Bean 的 init 方法和 destroy 方法。

```
public class GiraffeService {
    //通过<bean>的 init-method 属性指定的初始化方法
    public void initMethod() throws Exception {
        System.out.println("执行配置的 init-method");
    }

    //通过<bean>的 destroy-method 属性指定的销毁方法
    public void destroyMethod() throws Exception {
        System.out.println("执行配置的 destroy-method");
    }
}
```

XML 配置文件定义如下：

```
<bean name = "giraffeService" class = "com.giraffe.spring.service.GiraffeService"
    init-method = "initMethod" destroy-method = "destroyMethod">
</bean>
```

7.4 Spring AOP 应用开发

AOP(Aspect-oriented Programming，面向切面编程)通过提供另外一种思考程序结构的途径来弥补 OOP(Object-oriented Programing，面向对象编程)的不足。在 OOP 中模块化的关键单元是类(Class)，而在 AOP 中模块化的单元则是切面。切面能对关注点进行模块化，如横切多个类型和对象的事务管理。

AOP 框架是 Spring 的一个重要组成部分。但是 Spring IoC 容器并不依赖于 AOP，这意味着你有权利选择是否使用 AOP，AOP 作为 Spring IoC 容器的一个补充，使它成为一个强大的中间件解决方案。

Spring 允许用户选择使用更简单、更强大的基于模式或@AspectJ 注解的方式来自定义切面。这两种风格都支持所有类型的通知(Advice)和 AspectJ 的切入点语言，虽然实际上仍然使用 Spring AOP 进行织入(Weaving)。

7.4.1　认识 AOP

AOP(面向切面编程)可以说是 OOP(面向对象编程)的补充和完善。OOP 引入封装、继承和多态性等概念来建立一种对象层次结构，用以模拟公共行为的一个集合。当我们需要为分散的对象引入公共行为时，OOP 则显得无能为力。也就是说，OOP 允许定义从上到下的关系，但并不适合定义从左到右的关系。例如，系统性能监控功能。性能监控代码往往水平地散布在所有对象层次中，而与它所散布到的对象的核心功能毫无关系。对于其他类型的代码，如日志、安全性、异常处理和透明的持续性也是如此。这种散布在各处的无关的代码被称为横切(Cross-cutting)代码，在 OOP 设计中，它导致了大量代码的重复，而不利于各个模块的重用。

而 AOP 技术则恰恰相反，它利用一种被称为“横切”的技术，剖解开封装的对象内部，并将那些影响了多个类的公共行为封装到一个可重用模块，并将其命名为“Aspect”，即切面(也翻译为“方面”)。所谓“切面”，简单地说，就是将那些与业务无关，却为业务模块所共同调用的逻辑或责任封装起来，便于减少系统的重复代码，降低模块间的耦合度，并有利于未来的可操作性和可维护性。AOP 通过“横切”分离关注点如图 7-11 所示。

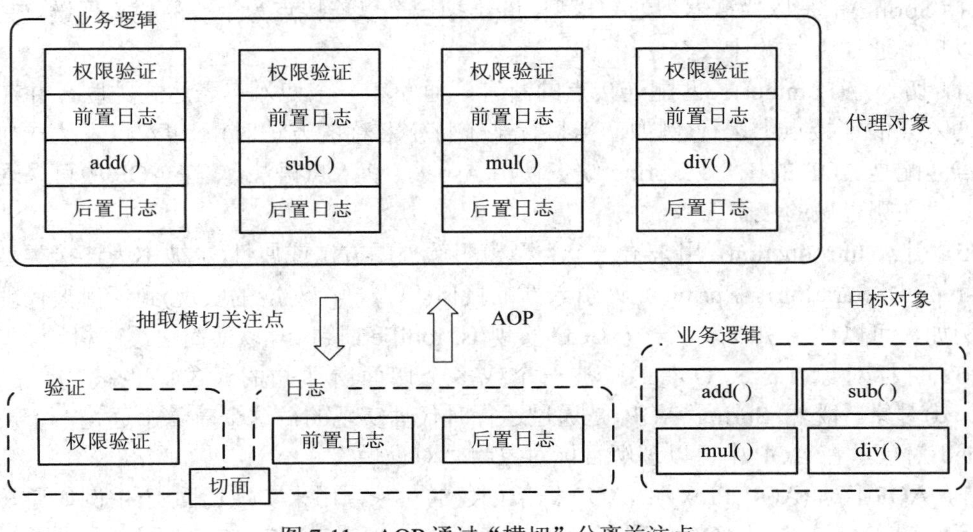

图 7-11　AOP 通过“横切”分离关注点

在图 7-11 中，每个业务逻辑都有日志和权限验证的功能，还有可能增加新的功能，实际上我们只关心核心逻辑，其他的一些附加逻辑，如日志和权限，我们不需要关注。这时，就可以将日志和权限等非核心逻辑“横切”出来，使核心逻辑尽可能保持简洁和清晰，方便维护。这样“横切”的另外一个好处是，这些公共的非核心逻辑被提取到多个切面中了，使它们可以被其他组件或对象复用，消除了重复代码。

AOP 把软件系统分为两个部分：核心关注点和横切关注点。业务处理的主要流程是核心关注点，与之关系不大的部分是横切关注点。横切关注点的一个特点是，它们经常发生在核心关注点的多处，而各处都基本相似，如权限认证、日志、事务处理。AOP 的作用在于分离系统中的各种关注点，将核心关注点和横切关注点分离开来。

实现 AOP 的技术，主要分为两大类：一是采用动态代理技术，利用截取消息的方式，对该消息进行装饰，以取代原有对象行为的执行；二是采用静态织入的方式，引入特定的语法创建“切面”，从而使得编译器可以在编译期间织入有关“切面”的代码。

7.4.2 AOP 核心概念

在学习 Spring 面向切面编程之前我们先来看看 AOP 的几个基本概念：

(1) 切面(Aspect)：一个关注点的模块化，实现企业应用中多个类的共同关注点，如事务管理。在 Spring AOP 中，切面可以使用通用类(基于模式的风格)或者在普通类中以 @Aspect 注解(@AspectJ 风格)来实现。在 AOP 中可以理解切面为“在哪里做和做什么的集合”。

(2) 连接点(Join Point)：在程序执行过程中某个特定的点，如在某方法调用时或处理异常时。在 Spring AOP 中，一个连接点总是代表一个方法的执行。在 AOP 中可以理解连接点为“在那里做”。

(3) 通知(Advice)：在切面的某个特定的连接点上执行的动作。其中包括了“around”、“before”和“after”等不同类型的通知(通知的类型将在后面部分进行讨论)。许多 AOP 框架(包括 Spring)都是以拦截器做通知模型，并维护一个以连接点为中心的拦截器链。在 AOP 中可以理解通知为“做什么”。

(4) 切入点(Pointcut)：匹配连接点的断言。通知和一个切入点表达式关联，并在满足这个切入点的连接点上运行(例如，当执行某个特定名称的方法时)。切入点表达式如何和连接点匹配是 AOP 的核心：Spring 缺省使用 AspectJ 切入点语法。 在 AOP 中可以理解切入点为“在哪里做的集合”。

(5) 引入(Introduction)：用来给一个类型声明额外的方法或属性(也被称为连接类型声明(Inter-type Declaration)。Spring 允许引入新的接口(以及一个对应的实现)到任何被代理的对象。例如，可以使用引入来使一个 Bean 实现 IsModified 接口，以便简化缓存机制。

(6) 目标对象(Target Object)：被一个或多个切面所通知的对象。也被称为被通知(Advised)对象。既然 Spring AOP 是通过运行时代理实现的，这个对象永远是一个被代理(Proxied)对象。在 AOP 中可以理解目标对象为“对谁做”。

(7) AOP 代理(AOP Proxy)：AOP 框架创建的对象，用来实现切面契约(例如通知方法执行等)。在 Spring 中，AOP 代理可以是 JDK 动态代理或者 CGLIB 代理。

(8) 织入(Weaving)：把切面连接到其他的应用程序类型或者对象上，并创建一个被通知的对象。这些可以在编译时(如使用 AspectJ 编译器)、类加载时和运行时完成。Spring 和其他纯 Java AOP 框架一样，在运行时完成织入。

使用 AOP 时需要关注的是连接点和切入点，前者是“想在哪个位置插入逻辑”，后者是“想在哪块区域插入逻辑(区域由位置组成)”，再切入并注册通知(Advice)，添加前置后置逻辑。通知的类型如下：

- 前置通知(Before Advice)：在某连接点之前执行的通知，但这个通知不能阻止连接点前的执行(除非它抛出一个异常)。
- 返回后通知(After Returning Advice)：在某连接点正常完成后执行的通知：例如，一个方法没有抛出任何异常，正常返回。
- 抛出异常后通知(After Throwing Advice)：在方法抛出异常退出时执行的通知。
- 后通知(After(Finally) Advice)：当某连接点退出的时候执行的通知(不论是正常返回还是异常退出)。
- 环绕通知(Around Advice)：包围一个连接点的通知，如方法调用。这是最强大的一种通知类型。环绕通知可以在方法调用前后完成自定义的行为。它也会选择是否继续执行连接点、直接返回它们自己的返回值或抛出异常来结束执行。

7.4.3 AOP 入门实例

AOP 能够将那些与业务无关，却为业务模块所共同调用的逻辑或责任(如事务处理、日志管理、权限控制等)封装起来，便于减少系统的重复代码，降低模块间的耦合度，并有利于未来的可操作性和可维护性。

感受一个例子，如图 7-12 所示。面向对象编程代码很容易长成这样。

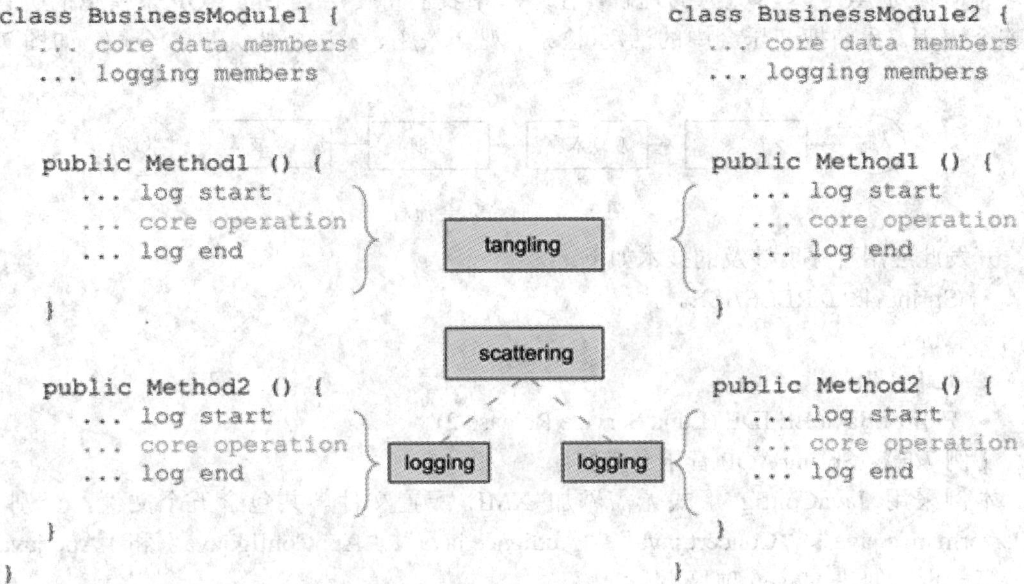

图 7-12　经典的 OOP 代码示例

在使用 AOP 重构时，需要把所有的 log 相关代码移到一个新类中，只保留执行业务逻辑的代码。然后通过指定一个切入点告诉 AOP 工具应用切面到业务类上。AOP 工具执行这个连接步骤的过程称为织入(Weaving)，如图 7-13 所示。

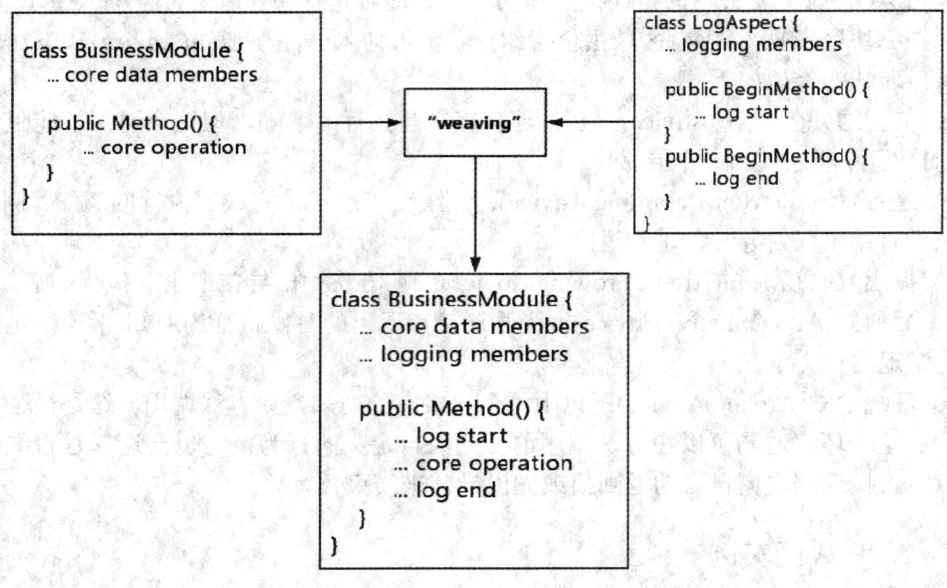

图 7-13　使用 AOP 织入代码

使用 AOP 的主要优势是精简代码，从而使得代码容易阅读，更不容易出 Bug，以及容易维护。代码的易读性很重要，因为这样会使得团队成员很舒服并加速阅读。AOP 允许用户将缠绕的代码移到其自己的类中，从而使得代码更清晰，更具有陈述性。

为增强对 AOP 基本概念的理解，在本节中我们将使用 Spring AOP 来模拟的听音乐会整个流程。我们把音乐会中的活动(检票、观众入座、表演、观众鼓掌)分解，如图 7-14 所示。

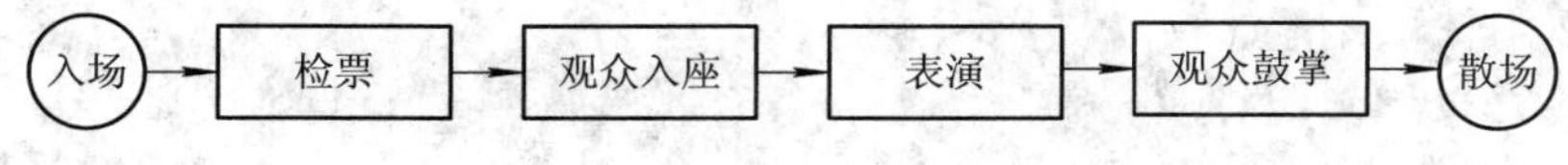

图 7-14　听音乐会流程

开发此应用程序所涉及的技术如下：

- Spring 4.2.0.RELEASE。
- Maven 3。
- JDK 1.7。
- Eclipse Java EE IDE (Luna Service Release 2)。

【例 7.5】 Spring AOP 音乐会实例。

本例采用 JavaConfig 形式无需添加 XML 配置文件。共包含五个文件，分别为："Performance.java"、"Concert.java"、"Audience.java"、"AppConfig.java" 和 "App.java"。

第一步：创建 Maven 项目。

(1) 开启 Eclipse，进入菜单 "File" → "New" → "Other"，找到 "Maven Project"，如

图 7-15 所示。

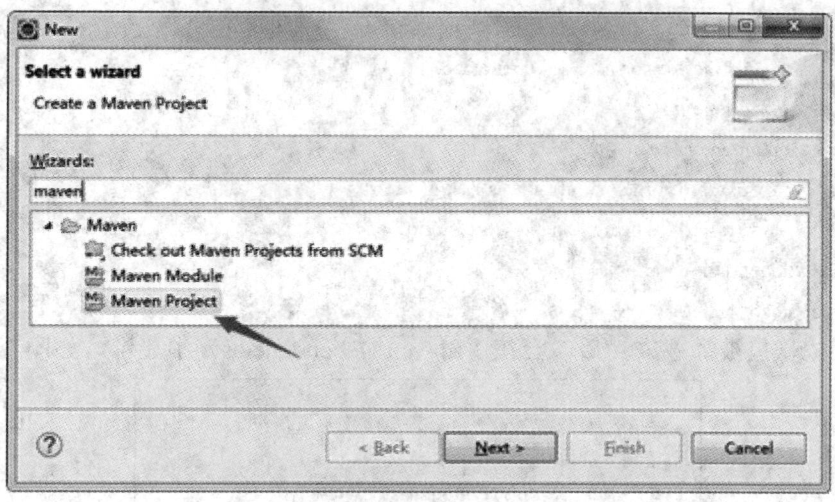

图 7-15　创建 Maven 项目

(2) 输入 Maven 项目的基本信息，如图 7-16 所示。

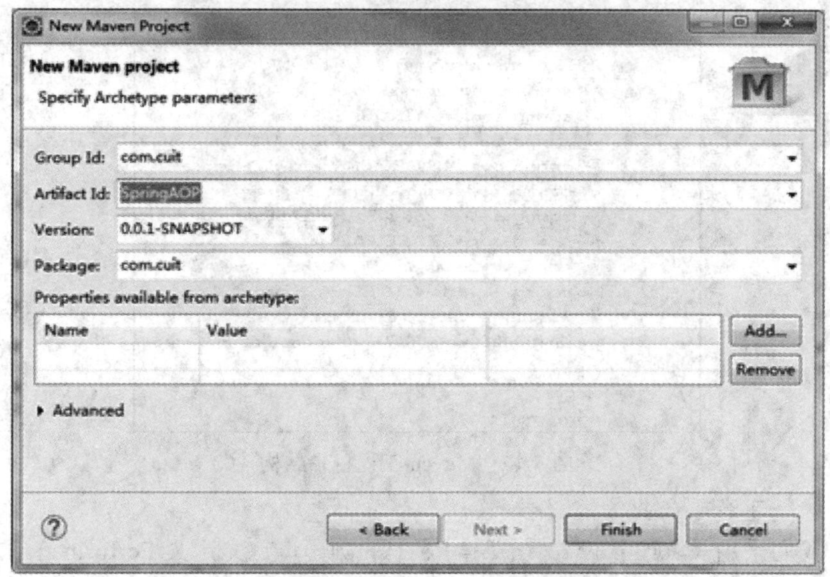

图 7-16　输入 Maven 项目的基本信息

第二步：在“Pom.xml”文件中配置 Spring AOP 依赖。

Spring AOP 工程中至少需要依赖几个 jar 文件，请在 Maven 项目下的“Pom.xml”文件中加入依赖包：

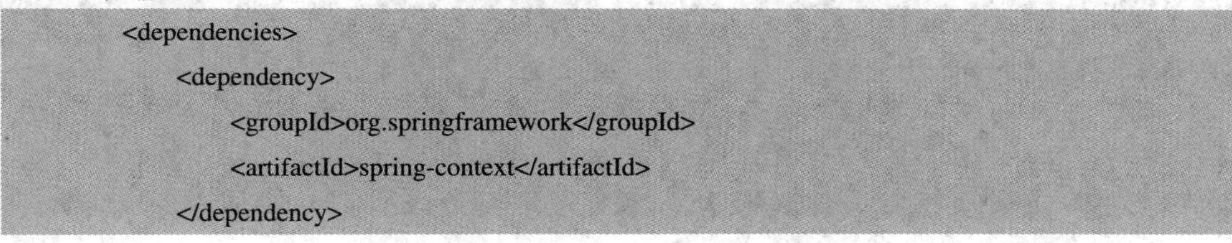

```
<dependencies>
    <dependency>
        <groupId>org.springframework</groupId>
        <artifactId>spring-context</artifactId>
    </dependency>
```

```
        <dependency>
            <groupId>org.springframework</groupId>
            <artifactId>spring-aop</artifactId>
        </dependency>
        <dependency>
            <groupId>org.springframework</groupId>
            <artifactId>spring-aspects</artifactId>
        </dependency>
    </dependencies>
```

Spring 依赖包被加载成功后，会在“Maven Dependencies”中显示，如图 7-17 所示。

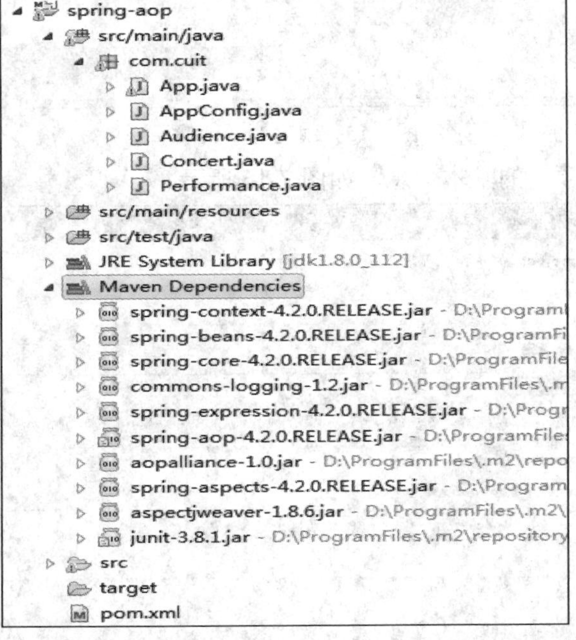

图 7-17　Maven 工程目录结构

第三步：创建音乐会业务类。

在这里我们采用《Spring 实战》(第 4 版)中的例子，首先定义 Performance 接口，它可以代表任何类型的表演，如音乐会、舞台剧等。代码如下：

```
package com.cuit;
/**
 * 表演接口.
 */
public interface Performance {
    void perform();
}
```

接下来我们定义一个音乐会类：

```
package com.cuit;
/**
 * 音乐会类.
 */
public class Concert implements Performance {
    public void perform() {
        System.out.println("音乐会开始 ...");
    }
}
```

第四步：使用注解创建切面。

在使用注解创建切面时，我们使用@Aspect 注解表明这是一个切面类，类中以通知类型(如前置通知、后置通知、返回通知、异常通知、环绕通知等)注解的方法定义该通知的具体内容。现在我们为 Performance 中的 perform()方法触发通知，那么切入点表达式如图 7-18 所示。

图 7-18　Performance 中的切入点表达式

切入点表达式的代码如下：

```
package com.cuit;

import org.aspectj.lang.ProceedingJoinPoint;
import org.aspectj.lang.annotation.*;
/**
 * 音乐会切面类.
 */
@Aspect
public class Audience {

    @Pointcut("execution(* com.cuit.Performance.perform(..))")
    public void perform() {}

    @Before("perform()")
    public void checkIn() {
        System.out.println("安全检查 ...");
    }
```

```
        @Before("perform()")
        public void takeSeats() {
            System.out.println("观众入座  ...");
        }

        @AfterReturning("perform()")
        public void applause() {
            System.out.println("掌声响起  ...");
        }

        @AfterThrowing("perform()")
        public void demandRefund() {
            System.out.println("要求退款  ...");
        }
    }
```

在 Audience 中，perform()方法使用了@Pointcut 注解，它的方法体为空，仅仅用来依附@Pointcut 注解，实现一个可重用的切入点，在类中要使用该切入点的通知，只需调用该方法即可。

在 XML 中，我们可以使用<aop:pointcut>元素定义可重用的切入点：

```
<aop:config>
    <aop:aspect ref = "audience">
        <aop:pointcut id = "perform"
                expression = "execution(* cn.cuit.Performance.perform(..))" />
        <aop:before pointcut-ref = "perform" method = "takeSeats" />
        <aop:before pointcut-ref = "perform" method = "silenceCellPhones" />
        <aop:after-returning pointcut-ref = "perform" method = "applause" />
        <aop:after-throwing pointcut-ref = "perform" method = "demandRefund" />
    </aop:aspect>
</aop:config>
```

第五步：创建配置文件类。

截至目前，我们只是定义了切面，不过对于 Spring 来说，这只是一个简单的 Bean，并不会将它视为切面，也不会创建将其转化为切面的代理，我们必须启用自动代理功能才行。如果使用 JavaConfig，在配置类的类级别上通过使用 @EnableAspectJAutoProxy 注解便可达到此目的。配置文件类“AppConfig.java”的代码如下：

```
package com.cuit;
import org.springframework.context.annotation.Bean;
import org.springframework.context.annotation.Configuration;
import org.springframework.context.annotation.EnableAspectJAutoProxy;
```

```
/**
 * AOP 配置文件类.
 */
@Configuration
@EnableAspectJAutoProxy
public class AppConfig {
    @Bean
    public Concert concert() {
        return new Concert();
    }
    @Bean
    public Audience audience() {
        return new Audience();
    }
}
```

如果使用 XML 配置文件，则需使用 Spring aop 命名空间中的<aop:aspectj-autoproxy>元素：

```
<?xml version = "1.0" encoding = "UTF-8"?>
<beans xmlns = "http://www.springframework.org/schema/beans"
        xmlns:xsi = "http://www.w3.org/2001/XMLSchema-instance"
        xmlns:aop = "http://www.springframework.org/schema/aop"
        xsi:schemaLocation = "http://www.springframework.org/schema/beans
        http://www.springframework.org/schema/beans/spring-beans.xsd
        http://www.springframework.org/schema/aop
        http://www.springframework.org/schema/aop/spring-aop.xsd">
    <aop:aspectj-autoproxy />
    <bean id = "concert" class = "cn.cuit.Concert"></bean>
    <bean id = "audience" class = "cn.cuit.Audience"></bean>
</beans>
```

无论使用哪种方式，Spring 自动代理都会为使用@Aspect 注解的 Bean 创建一个代理。

第六步：创建启动类。

在启动类“App.java”中，需要指明配置文件类(AppConfig.class)，这样才能完成依赖注入。

```
/**
 * AOP 实例启动类!
 */
public class App
{
    public static void main( String[] args )
```

```
        {
            AnnotationConfigApplicationContext context =
                    new AnnotationConfigApplicationContext(AppConfig.class);
            Performance concert = context.getBean(Performance.class);
            concert.perform();
        }
    }
```

AOP 实例运行结果如图 7-19 所示。

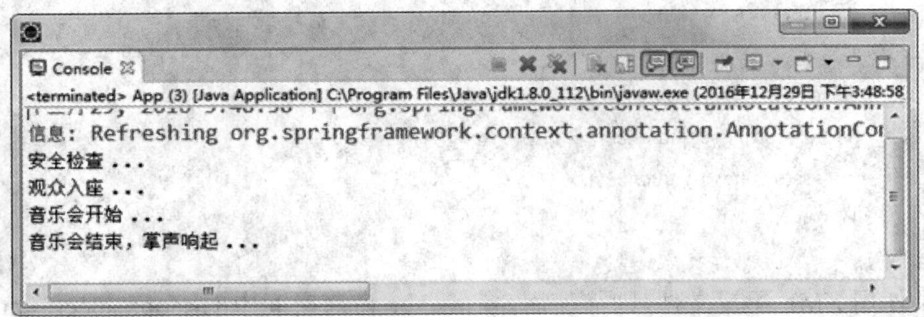

图 7-19　AOP 实例运行结果

本 章 小 结

在本章中，我们首先对最新发布的 Spring 4.0 框架进行了介绍，并了解其开发流程。然后重点讲解了在 Spring 框架体系中的两个重要概念 AOP 和 IoC。只有在很好地理解这两个基本概念的基础上，我们才能充分发挥 Spring 框架的强大功能，帮助我们快速解决现实场景中的问题，同时也有利于我们对后续知识的学习。

习　　题

1. Spring 的工作原理是什么？
2. 什么是控制反转(IoC)？
3. 什么是面向切面编程(AOP)？
4. IoC 和 AOP 在 Spring 中是如何应用的？
5. 在 Spring 中是如何对 Bean 进行管理的？
6. 试使用 Spring AOP 实现一个记录方法调用的日志功能程序。

第 8 章　Spring MVC 应用开发

8.1　Spring MVC 简介

Spring MVC 是基于 Spring 框架构建的一个 Web 应用框架，它通过实现 Model-View-Controller 模式来很好地将数据、业务与展现进行分离。在 Spring MVC 以前常用的类似框架有 Struts、Webwork 等。Spring MVC 的设计是围绕 DispatcherServlet 展开的，DispatcherServlet 负责将请求派发到特定的 handler。通过可配置的 handler mappings、view resolution、locale 以及 theme resolution 来处理请求并且转到对应的视图。

8.1.1　MVC 模式简介

MVC(Model-View-Controller)模式是软件工程中的一种软件架构模式，如图 8-1 所示。它把软件系统分为三个基本部分：模型(Model)、视图(View)和控制器(Controller)。通常，模型负责封装应用程序数据在视图层展示。视图仅仅只是展示这些数据，不包含任何业务逻辑。控制器负责接收来自用户的请求，并调用后台服务(数据层)来处理业务逻辑。处理后，后台业务层可能会返回了一些数据在视图层展示。控制器收集这些数据及准备模型在视图层展示。MVC 模式的核心思想是将业务逻辑从界面中分离出来，允许它们单独改变而不会相互影响，这样不同的开发人员可同时开发视图、控制器逻辑和业务逻辑。

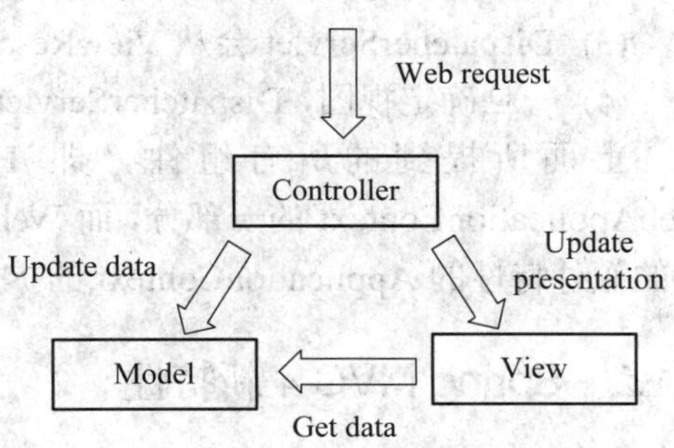

图 8-1　MVC 模式

- 控制器主要用于处理用户请求，并且构建合适的模型并将其传递到视图呈现。
- 模型封装了应用程序数据，并且通常它们由 POJO 组成。
- 视图主要用于呈现模型数据，并且通常它生成客户端的浏览器可以解释的 HTML 输出。

在最初的 JSP 网页开发中，像数据库查询语句(SQL Query)、HTML 标签以及 Java 代码常混在一起，当这样的代码积攒到一定阶段时，往往会带来大量维护成本。虽然有着经验比较丰富的开发者会将数据从表示层分离开来，但这样的良好设计通常并不是很容易做到的，实现它需要精心地计划和不断的尝试。但随着 MVC 开发模式在业界的认可，基于 MVC 的 Web 框架不断涌现，让前后端开发分工合作，大大简化开发人员的难度，提高了代码的可维护性和扩展性。目前比较好的 Web MVC 框架，老牌的有 Struts2、Webwork，新兴的

MVC 框架有 Spring MVC、Tapestry、JSF 等。

Spring Web MVC 框架实现了 MVC 体系结构，并提供了可以用来开发灵活、松散耦合的 Web 应用程序的组件。它与其他很多 Web 的 MVC 框架一样：请求驱动。所有设计都围绕着一个中央 Servlet(DispatcherServlet)来展开，它负责把所有请求分发到控制器；同时提供其他 Web 应用开发所需要的功能。Spring Web MVC DispatcherServlet 的请求处理的工作流程如图 8-2 所示。

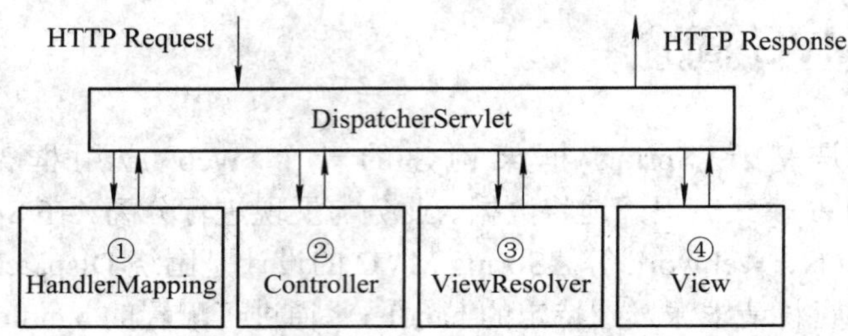

图 8-2 Spring Web MVC DispatcherServlet 的请求处理的工作流程

下面是对应于 DispatcherServlet 传入 HTTP 请求的事件序列：

(1) 收到一个 HTTP 请求后，DispatcherServlet 根据 HandlerMapping 来选择且调用适当的控制器。

(2) 控制器接受请求，并基于使用的 GET 或 POST 方法来调用适当的 Service 方法。Service 方法将设置基于定义的业务逻辑的模型数据，并返回视图名称到 DispatcherServlet 中。

(3) DispatcherServlet 会从 ViewResolver 获取帮助，为请求检取定义视图。

(4) 一旦确定视图，DispatcherServlet 将把模型数据传递给视图，最后呈现在浏览器中。

上面所提到的所有组件，即 HandlerMapping、Controller 和 ViewResolver 是 WebApplicationContext 的一部分，而 WebApplicationContext 是带有一些对 Web 应用程序必要的额外特性的 ApplicationContext 的扩展。

8.1.2 Spring MVC 4 新特性

在 Spring 4.1 中，对 Spring MVC 部分做的改进是最多的，它提供了视图解析器的 mvc 标签实现简化配置、提供了 GroovyWebApplicationContext 用于 Groovy Web 集成、提供了 Gson、protobuf 的 HttpMessageConverter、提供了对 groovy-templates 模板的支持、JSONP 的支持、对 Jackson 的@JsonView 的支持等。

Spring 的 Web 模块支持的特性如下：

(1) 强大、直观的框架和应用 Bean 的配置。这种配置能力包括能够从不同的上下文中进行简单的引用，如在 Web 控制器中引用业务对象、验证器等。

(2) 强大的适配能力、非侵入性和灵活性。Spring MVC 支持定义任意的控制器方法签名，在特定的场景下还可以添加适合的注解(如@RequestParam、@RequestHeader、@PathVariable 等)。

(3) 可复用的业务代码，使用户远离重复代码。可以使用已有的业务对象作为命令对象或表单对象，而不需让它们去继承一个框架提供的什么基类。

(4) 可定制的数据绑定和验证。类型不匹配仅被认为是应用级别的验证错误，错误值、本地化日期、数字绑定等会被保存。不需要再在表单对象使用全 String 字段，然后再手动将它们转换成业务对象。

(5) 可定制的处理器映射和视图解析。处理器映射和视图解析策略从简单的基于 URL 配置，到精细专用的解析策略，Spring 全都支持。在这一点上，Spring 比一些依赖于特定技术的 Web 框架要更加灵活。

(6) 灵活的模型传递。Spring 使用一个名称/值对的 Map 来作为模型，这使得模型很容易集成、传递给任何类型的视图技术。

(7) 一个简单但功能强大的 JSP 标签库，通常称为 Spring 标签库，它提供了诸如数据绑定、主题支持等一些特性的支持。这些定制的标签为标记(Mark up)代码提供了最大程度的灵活性。

8.1.3　Spring MVC 快速开发入门

为增加对 Spring MVC 框架基本概念的理解，在本节中我们将使用“Spring MVC 4”来开发经典的 Hello World 应用程序。

开发此应用程序所涉及的技术如下：

- Spring Web MVC 4.3.0.RELEASE。
- Maven 3。
- JDK 1.7。
- Eclipse Java EE IDE (Luna Service Release 2)。

第一步：创建 Maven 项目。

(1) 开启 Eclipse，进入菜单“File”→“New”→“Other”，找到“Maven Project”，如图 8-3 所示。

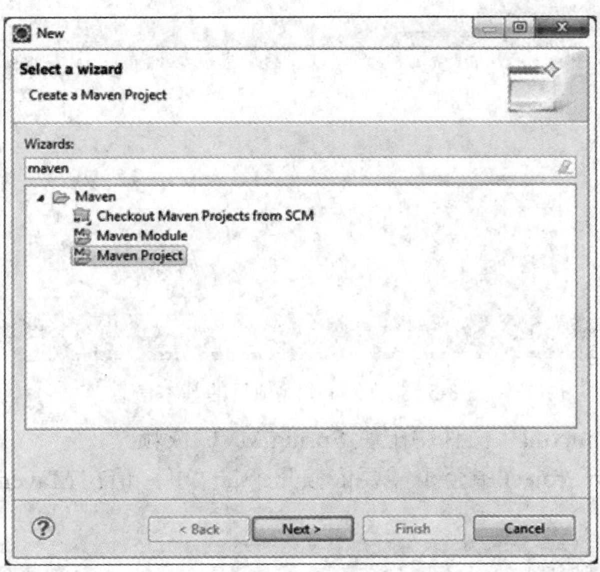

图 8-3　创建 Maven 项目

(2) 选择“webapp”，如图 8-4 所示。

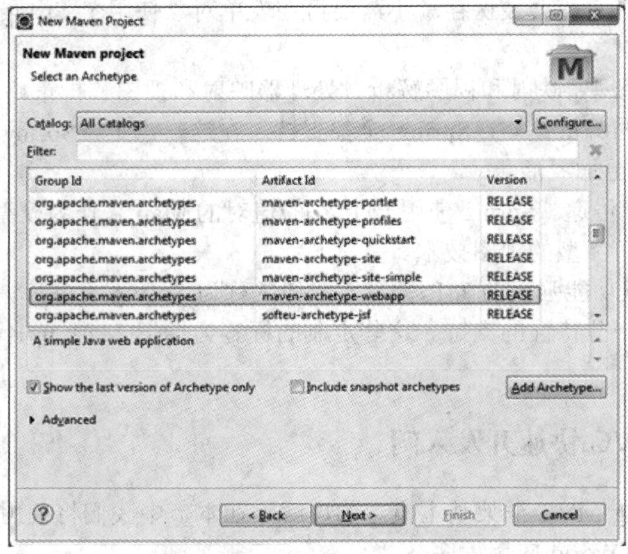

图 8-4　选择 Maven 项目信息

(3) 输入 Maven 项目的基本信息，分为“Group Id”、“Artifact Id”以及“Package”。完成后点击“Finish”按钮，如图 8-5 所示。

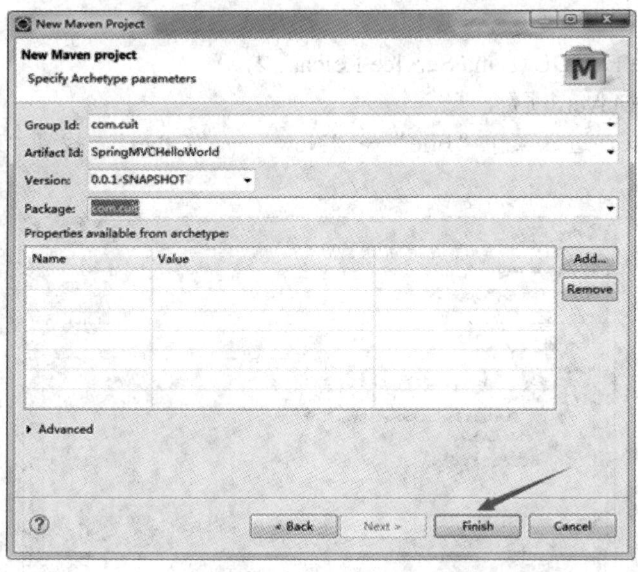

图 8-5　填写 Maven 项目的基本信息

第二步：在“Pom.xml”文件中配置 Spring MVC 依赖。

Spring MVC Web Project 中至少需要依赖几个 jar 文件，请在 Maven 项目下的“Pom.xml”文件中加入依赖包：

```
    <dependencies>
        <!-- 1. Spring MVC 依赖包 -->           <dependency>
```

```
                <groupId>org.springframework</groupId>
                <artifactId>spring-webmvc</artifactId>
                <version>4.3.0.RELEASE</version>
            </dependency>
    </dependencies>
    <build>
      <finalName>SpringMVCHelloWorld</finalName>
      <plugins>
              <!-- 2. Tomcat7 运行插件  -->
          <plugin>
              <groupId>org.apache.tomcat.maven</groupId>
              <artifactId>tomcat7-maven-plugin</artifactId>
              <version>2.2</version>
          <configuration>
                <hostName>localhost</hostName>        <!--     Default: localhost -->
                <port>8080</port>                     <!-- 启动端口  Default:8080 -->
                <uriEncoding>UTF-8</uriEncoding>      <!-- uri 编码  Default: ISO-8859-1 -->
              </configuration>
          </plugin>
      </plugins>
    </build>
```

Spring 依赖包加载成功后，会在“Maven Dependencies”中显示，如图 8-6 所示。

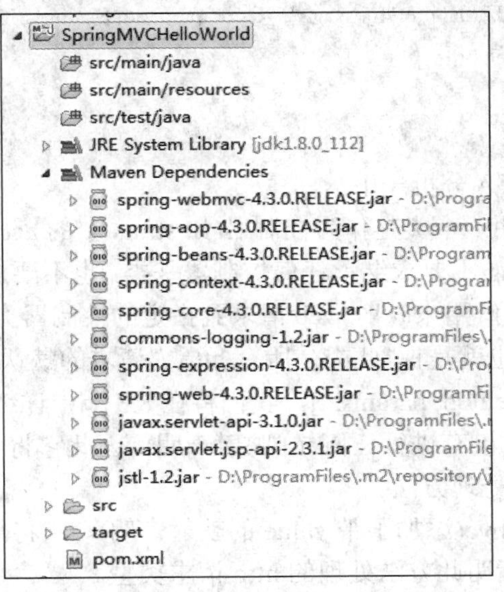

图 8-6　Maven 工程目录结构

注意：如果没有看到项目结构中的“src/main/java”和“src/test/java”文件夹，点击“Project>Properties>Java BuildPath>Libraries”，选择或者切换 Java 版本，点击“OK”按钮，

就可以看到上面的项目结构了。

第三步：添加 Controller(控制器)和 View(视图)。

【例 8.1】 在“src/main/java [src/main/java->New->class]”下面创建一个新的 Controller 类，在 package 中填入“com.cuit.controller”，类名为“HelloWorldController”，如下面代码所示。它只是在模型中添加了一个字符串，并返回到视图。

```
package com.cuit.controller;
import org.springframework.stereotype.Controller;
import org.springframework.ui.ModelMap;
import org.springframework.web.bind.annotation.RequestMapping;
import org.springframework.web.bind.annotation.RequestMethod;

@Controller
@RequestMapping("/")
public class HelloWorldController {
    @RequestMapping(method = RequestMethod.GET)
    public String sayHello(ModelMap model) {
        model.addAttribute("message", "Hello World from Spring 4 MVC!");
        return "welcome";
    }

    @RequestMapping(value = "/goodbye", method = RequestMethod.GET)
    public String sayGoodbye(ModelMap model) {
        model.addAttribute("message", "Goodbye from Spring 4 MVC!");
        return "welcome";
    }
}
```

让我们对上述代码深入分析一下：

@Controller 注解表明一个类是作为控制器(如 struts 中的 action)的角色而存在，可以处理不同的 http 请求。Spring 不要求继承任何控制器基类，也不要求实现 Servlet 的那套 API。

@RequestMapping 注解用来映射 Web 请求到指定的控制器类或者处理方法。在本例中，我们在类级别使用了它，也就是说，此类是所有 http"/"请求的默认处理器，@RequestMapping 中还有很多属性[value, method, params...]，我们将在 8.3 节中详细讲解。

第一个方法 sayHello 没有进行任何 url 映射声明，因此它将会继承类上面的映射声明，处理 http Get 请求的默认处理方法。

第二个方法 sayGoodbye(添加了带 value 的映射声明)，它将用来处理带“/goodbye”的请求。method 属性用来指明此方法处理的 http 请求类型。

如果@RequestMapping 中没有指明 method，则它将处理映射 url 的所有类型(GET、POST 等)的请求。

ModelMap 是一个 Map 的实现类，它的目的是取代以前的 request.getAttribute/

request.setAttribute 方法，它提供一种从 request 或者 session 中设置或者获取属性的方式。在本例中我们返回一个变量名为 greeting 的参数，用于页面显示。

这些值将是 view resolver(看下面的“spring-servlet.xml”)的前缀或者后缀，用来产生视图文件的真实名称。

第四步：添加 View(视图)。

在 WEB-INF 文件夹中创建 views 文件夹，在其中创建 jsp 页面，如“welcome.jsp”。在我们的例子中，只是简单地访问控制器发送来的模型值：

```
<%@ page language = "java" contentType = "text/html; charset = ISO-8859-1"
    pageEncoding = "ISO-8859-1" isELIgnored = "false" %>
<!DOCTYPE html>
<html>
<head>
<meta http-equiv = "Content-Type" content = "text/html; charset = ISO-8859-1">
<title>HelloWorld page</title>
</head>
<body>
    <h1>${message}</h1> <a href = "goodbye">ByeBye</a>
</body></html>
```

“${message}”为 JSP EL 表达式，这里表示在页面中显示后台返回的 message 变量的属性值。如果 EL 表达式失效，直接输出的是“${message}”，请在 jsp 页面的 page 属性中设置 isELIgnored = "false"，避免 EL 表达式失效。

第五步：创建 Spring 配置文件。

此处用 XML 方式进行配置，后续将讲述采用注解方式。在 WEB-INF 文件夹下创建一个名为“spring-servlet.xml”的配置文件。

注意：名字可以随便起，但是必须要和“Web.xml”文件中的声明保持一致。

```
<beans xmlns = "http://www.springframework.org/schema/beans"
xmlns:context = "http://www.springframework.org/schema/context"
xmlns:xsi = "http://www.w3.org/2001/XMLSchema-instance"
xsi:schemaLocation = "
http://www.springframework.org/schema/beans
http://www.springframework.org/schema/beans/spring-beans-4.0.xsd
http://www.springframework.org/schema/context
http://www.springframework.org/schema/context/spring-context-4.0.xsd">
    <context:component-scan base-package = "com.cuit" />
    <mvc:annotation-driven />
    <bean
    class = "org.springframework.web.servlet.view.InternalResourceViewResolver">
        <property name = "prefix">
            <value>/WEB-INF/views/</value>
```

```
            </property>
            <property name = "suffix">
                <value>.jsp</value>
            </property>
        </bean>
</beans>
```

Spring 配置详解如下：

“<mvc:annotation-driven />”告知 Spring，我们启用注解驱动。然后 Spring 会自动为我们注册被@Component、@Controller、@Service、@Repository 等注解标记的组件到 Bean 工厂中，来处理我们的请求。这样我们就可以不在 XML 中声明该 Bean。例如，仅仅在类上加上一个@Controller 注解(我们上面的控制器类就是这么用的)，就不需要再在 XML 中配置 Bean，Spring 就会知道我们带了此注解的类是用于响应 http 请求的处理器。

“<context:component-scan base-package = "com.cuit" />”的意思是说，Spring 会自动地扫描此包下面的组件(Java 类)，看看它们有没有带@Controller、@Service、@Repository、@Component 等这些注解。如果有这些注解，Spring 将自动地将它们在 Bean 工厂里面注册，与在 XML 中配置 Bean 的效果一样。

通过上面我们声明了一个 view resolver，帮助控制器代理响应到正确的视图。

第六步：配置“Web.xml”文件。具体代码如下：

```
<web-app id = "WebApp_ID" version = "2.4"
    xmlns = "http://java.sun.com/xml/ns/j2ee"
    xmlns:xsi = "http://www.w3.org/2001/XMLSchema-instance"
    xsi:schemaLocation = "http://java.sun.com/xml/ns/j2ee
    http://java.sun.com/xml/ns/j2ee/web-app_2_4.xsd">

  <display-name>Spring4MVCHelloWorld</display-name>
  <!-- DispatcherServlet, Spring MVC 的核心 -->
  <servlet>
      <servlet-name>dispatcher</servlet-name>
      <servlet-class>
          org.springframework.web.servlet.DispatcherServlet
      </servlet-class>
      <init-param>
          <param-name>contextConfigLocation</param-name>
          <param-value>/WEB-INF/spring-servlet.xml</param-value>
      </init-param>
      <load-on-startup>1</load-on-startup>
  </servlet>
  <servlet-mapping>
      <servlet-name>dispatcher</servlet-name>
```

```
        <url-pattern>/</url-pattern>
    </servlet-mapping>
</web-app>
```

要使用 Spring MVC 框架，必须配置 DispatcherServlet 为前置控制器，用来接收每个请求然后引导请求到对应的控制器，同时也负责引导控制器中的响应到对应的视图。

在 contextConfigLocation 中有个 init-param 参数，可以在项目的任何位置存放配置文件也可以随意命名，而且可以配置多个配置文件。如果没有这个参数，则不得不以“[servlet-name]-servlet.xml”形式命名此配置文件，这里的[servlet-name]就是“dispatcher servlet-name”。

第七步：部署和运行应用。

如果 Eclipse 安装了 Maven 插件，选择“Pom.xml”文件，单击右键，再选择“Run As”→“Maven build”，如图 8-7 所示。

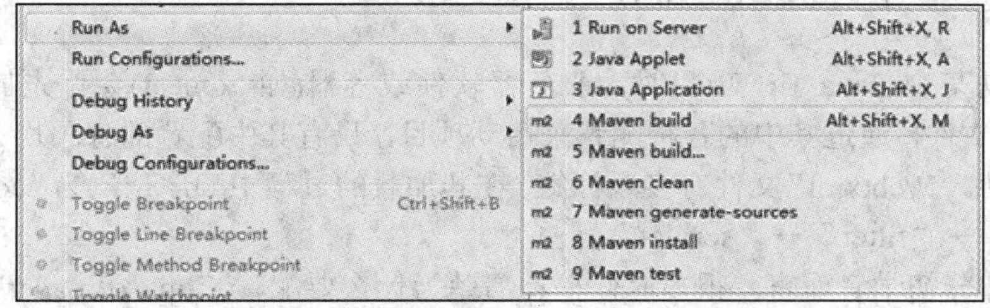

图 8-7　使用 Maven 运行 Web 应用

如果是第一次运行，会弹出如图 8-8 所示的对话框。在“Goals”中加入命令：“tomcat7:run”，其运行结果如图 8-9 所示。

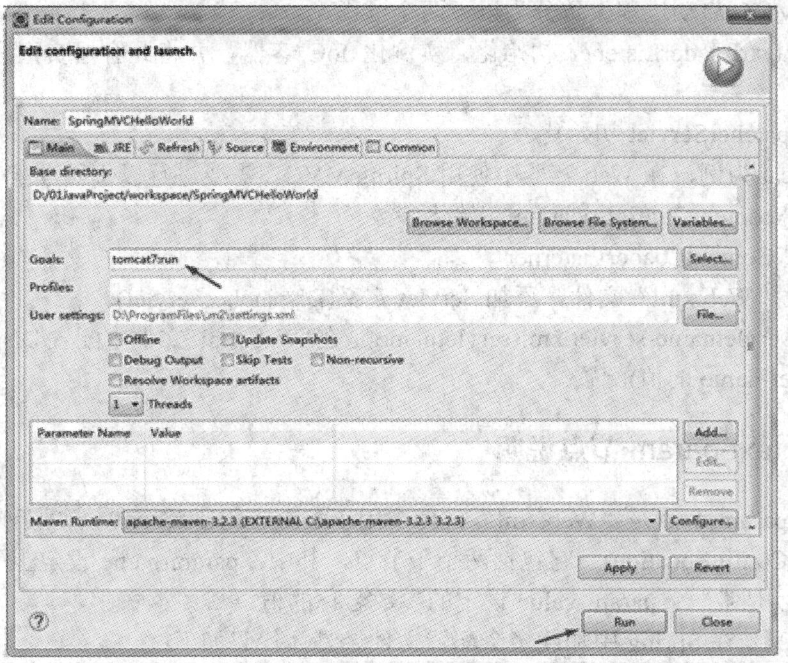

图 8-8　填写 Maven 运行参数

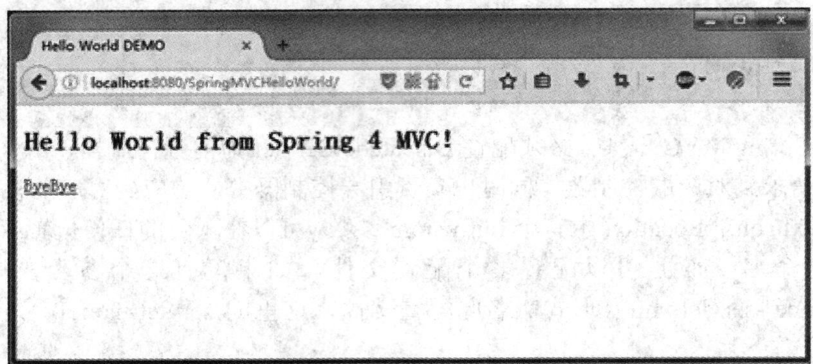

图 8-9　Hello World 运行结果

8.2　Spring 中 Web.xml 的配置方法

当要启动某个 Java EE 项目时，服务器软件或容器(如 tomcat)会首先加载项目中的“Web.xml”文件，通过其中的各种配置来启动项目，只有其中配置的各项均无误时，项目才能正确启动。“Web.xml”文件有多项标签，在其加载的过程中顺序依次为“context-param”→“listener”→“filter”→“servlet”。

对于大部分初学者而言，很多时候搞不清楚为什么要配置 ContextLoaderListener 类和 DispatchServlet 类以及二者之间的区别，其实这都和 Spring MVC 的启动有关。Spring Framework 本身没有 Web 功能，Spring MVC 使用 WebApplicationContext 类扩展 ApplicationContext，使得拥有 Web 功能。

Spring MVC 启动过程大致分为以下两个过程：

(1) ContextLoaderListener 初始化，实例化 IoC 容器，并将此容器实例注册到 Servlet Context 中。

(2) DispatcherServlet 初始化。

以 Tomcat 为例，在 Web 容器中使用 Spirng MVC，需要进行以下四项配置：

- 配置 contextConfigLocation 初始化参数。
- 配置 ContextLoaderListerner。
- 修改“Web.xml”文件，添加 Servlet 定义(DispatcherServlet)。
- 编写 servletname-servlet.xml(servletname 是在“Web.xml”文件中配置 DispactherServlet 时使用 servlet-name 的值)配置。

8.2.1　context-param 节点说明

context-param 节点是“Web.xml”文件中用于配置应用于整个 Web 项目的上下文配置文件(contextConfigLocation)。它包括两个子节点，其中，param-name 设定上下文的参数名称，名称必须是唯一；param-value 设定的参数名称的值。

【例 8.2】 在 Spring 中加载多个配置文件。具体代码如下：

```
<context-param>
```

```
        <param-name>contextConfigLocation</param-name>
        <param-value>
            classpath*:conf/applicationContext_core*.xml,
            classpath*:conf/applicationContext_dict*.xml,
            classpath*:conf/applicationContext_hibernate.xml,
            /WEB-INF/applicationContext*.xml
            </param-value>
        </context-param>
```

classpath：只会在 class 路径中查找文件。

classpath*：不仅包含 class 路径，还包括在 jar 文件中(class 路径)进行查找。

WEB-INF：在 WEB-INF 文件夹下查找文件。

与 Spring 相关的配置文件必须要以“applicationContext”开头，要符合约定优于配置的思想，这样在效率上和出错率上都要好很多。还有最好把所有 Spring 配置文件都放在一个统一的目录下，如果项目大了，还可以在该目录下分模块建目录。这样，程序看起来不会很乱。

在 Spring 中配置“Web.xml”文件必须有 Listener 节点，但 context-param 节点可有可无。如果缺省则默认路径为“/WEB-INF/applicationContext.xml”；如果有多个 XML 文件，可使用“,”分隔。

此所设定的参数，在 JSP 网页中可以使用下列方法来取得：

```
${initParam.param_name}
```

若在 Servlet 可以使用下列方法来获得：

```
String param_name = getServletContext().getInitParamter("param_name");
```

Servlet 的 ServletConfig 对象拥有该 Servlet 的 ServletContext 的一个引用，所以可这样取得上下文初始化参数：getServletConfig().getServletContext().getInitParameter()也可以在 Servlet 中直接调用 getServletContext().getInitParameter()，两者是等价的。

8.2.2　Listener 节点说明

为 Web 应用程序定义监听器，监听器用来监听各种事件，如 application 和 session 事件。所有的监听器按照相同的方式定义，功能取决于它们各自实现的接口。常用的 Web 事件接口有以下几个：

- ServletContextListener：用于监听 Web 应用的启动和关闭。
- ServletContextAttributeListener：用于监听 ServletContext 范围(application)内属性的改变。
- ServletRequestListener：用于监听用户的请求。
- ServletRequestAttributeListener：用于监听 ServletRequest 范围(request)内属性的改变。
- HttpSessionListener：用于监听用户 session 的开始和结束。
- HttpSessionAttributeListener：用于监听 HttpSession 范围(session)内属性的改变。

配置 Listener 只要向 Web 应用注册 Listener 实现类即可，无需配置参数之类的东西，因为 Listener 获取的是 Web 应用 ServletContext(application)的配置参数。为 Web 应用配置 Listener 的两种方式：

【例 8.3】 使用@WebListener 注解修饰 Listener 实现类。具体代码如下：

```
import javax.servlet.annotation.WebListener;
import javax.servlet.ServletContextListener;
@WebListener
    public class FooAppLifeCycleListener implements ServletContextListener {
    public void contextInitialized(ServletContextEvent event) {
    //do on application init    }
    public void contextDestroyed(ServletContextEvent event) {
    //do on application destroy    }
}
```

【例 8.4】 在“Web.xml”文件中使用 ServletContextListenerh 和 load-on-startup Servlet 配置 Listener：

(1) 利用 load-on-startup Servlet 实现：

```
<listener>
<listener-class>org.springframework.web.context.ContextLoaderListener</listener-class>
</listener>
```

(2) 利用 ServletContextListener 实现：

```
<servlet>
        <servlet-name>context</servlet-name >
<servlet-class>org.springframework.web.context.ContextLoaderServlet</servlet-class>
<load-on-startup>1</load-on-startup>
</servlet>
```

因为有时 Filter 会用到 Bean，但 Filter 的加载在 Servlet 前面，此时便只有使用 Listener 方法来加载 Spring。

8.2.3　Filter 节点说明

Filter 可认为是 Servlet 的一种“加强版”，主要用于对用户请求 Request 进行预处理，也可以对 Response 进行后处理，是个典型的处理链。使用 Filter 的完整流程是：Filter 对用户请求进行预处理，接着将请求 HttpServletRequest 交给 Servlet 进行处理并生成响应，最后 Filter 再对服务器响应 HttpServletResponse 进行后处理。Filter 与 Servlet 具有完全相同的生命周期，并且 Filter 也可以通过来配置初始化参数，获取 Filter 的初始化参数则使用 FilterConfig 的 getInitParameter()。Filter 常见的应用场合有：认证、日志和审核、图片转换、数据压缩、密码、令牌、触发资源访问事件等。

为 Web 应用配置 Filter 的两种方式如下面例题所示。

【例 8.5】 使用@WebFilter 注解修饰 Filter 实现类，本例模拟合法用户身份认证。具体代码如下：

```
package com.cuit.example.filter;
import javax.servlet.Filter;
import javax.servlet.FilterChain;
import javax.servlet.FilterConfig;
import javax.servlet.ServletException;
import javax.servlet.ServletRequest;
import javax.servlet.ServletResponse;
import javax.servlet.annotation.WebFilter;
import javax.servlet.http.HttpServletRequest;
import javax.servlet.http.HttpServletResponse;
import java.io.IOException;
@WebFilter(urlPatterns = {"/*"}, description = "Session Checker Filter")
public class SessionCheckerFilter implements Filter {
    private FilterConfig config = null;
    public void init(FilterConfig config) throws ServletException {
        this.config = config;
        config.getServletContext().log("Initializing SessionCheckerFilter");
    }
     public void doFilter(ServletRequest req,ServletResponse res,FilterChain chain)
         throws ServletException, IOException{
         HttpServletRequest request = (HttpServletRequest) req;
         HttpServletResponse response = (HttpServletResponse) res;
         // 检查用户会话中是否包含“AUTHENTICATED”的属性
         // 如果该属性不存在，页面跳转到 login.jsp 页面
      if(!request.getRequestURI().endsWith("login.jsp")&&request.getSession().getAttribute
             ("AUTHENTICATED") == null) {
           response.sendRedirect(request.getContextPath() + "/login.jsp");
    }
    chain.doFilter(req, res);
}
public void destroy() {
    config.getServletContext().log("Destroying SessionCheckerFilter");
}}
```

【例 8.6】 在“Web.xml”文件中进行配置，实现字符格式过滤为 UTF-8。具体代码如下：

```
<filter>
    <filter-name>CharacterEncodingFilter</filter-name>
    <filter-class>org.springframework.web.filter.CharacterEncodingFilter</filter-class>
    <init-param>
```

```
            <param-name>encoding</param-name>
            <param-value>UTF-8</param-value>
        </init-param>
        <init-param>
            <param-name>forceEncoding</param-name>
            <param-value>true</param-value>
        </init-param>
</filter>
<filter-mapping>
        <filter-name>CharacterEncodingFilter</filter-name>
        <url-pattern>/*</url-pattern>
</filter-mapping>
```

8.2.4 Servlet 节点说明

Servlet 通常称为服务器端小程序，它是运行在服务器端的程序，用于处理及响应客户的请求。容器的 Context 对象对请求路径(URL)做出处理，去掉请求 URL 的上下文路径后，按路径映射规则和 Servlet 映射路径做匹配，如果匹配成功，则调用这个 Servlet 处理请求。

在 Spring MVC 中我们需要配置 DispatcherServlet，以实现提供 Spring Web MVC 的集中访问点，从而可以获得 Spring 的所有好处。

【例 8.7】 在“Web.xml”文件中配置 DispatcherServlet 前端控制器。具体代码如下：

```
<servlet>
        <servlet-name>springmvc</servlet-name>
        <servlet-class>org.springframework.web.servlet.
                            DispatcherServlet</servlet-class>
        <load-on-startup>1</load-on-startup>
</servlet>
<servlet-mapping>
        <servlet-name>springmvc</servlet-name>
        <url-pattern>/</url-pattern>
</servlet-mapping>
```

load-on-startup：表示启动容器时初始化该 Servlet；

url-pattern：表示哪些请求交给 Spring Web MVC 处理，“/”是用来定义默认 Servlet 映射的。也可以如“*.html”表示拦截所有以“.html”为扩展名的请求。

该 DispatcherServlet 默认使用 WebApplicationContext 作为上下文，Spring 默认配置文件为“/WEB-INF/[servlet 名字]-servlet.xml”。

8.3 Spring MVC 常用注解

在 Spring 3.0 以前，使用 XML 进行依赖配置几乎是唯一的选择。Spring 3.0 的出现改变了这一状况，它提供了一系列的针对依赖注入的注解，这使得 Spring MVC 在 XML 文件之外多了一种可行的选择。@Controller 和@RequestMapping 及其他的一些注解，共同构成了 Spring MVC 框架的基本实现。本节将详细地介绍这些注解以及它们在一个 Servlet 环境下最常被使用到的一些场景。

8.3.1　@Controller

控制器(Controller)作为应用程序逻辑的处理入口，它会负责去调用用户已经实现的一些服务。通常，一个控制器会接收并解析用户的请求，然后把它转换成一个模型交给视图，由视图渲染出页面最终呈现给用户。Spring 对控制器的定义非常宽松，这意味着在实现控制器时非常自由。

Spring 2.5 以后引入了基于注解的编程模型，可以在控制器实现上添加@RequestMapping、@RequestParam 和@ModelAttribute 等注解。通过此种方式实现的控制器既无需继承某个特定的基类，也无需实现某些特定的接口。

【例 8.8】 @Controller 注解示例。具体代码如下：

```
@Controller
public class HelloWorldController {
    @RequestMapping("/helloWorld")
    public String helloWorld(Model model) {
        model.addAttribute("message", "Hello World!");
        return "helloWorld";
    }
}
```

在上面这个例子中，方法接收一个 Model 类型的参数并返回一个字符串 String 类型的视图名。但事实上，方法所支持的参数和返回值有非常多的选择，这个我们在本小节的后面部分会提及。

当然，也可以不使用@Controller 注解而显式地去定义被注解的 Bean，这点通过标准的 Spring Bean 的定义方式，在 dispather 的上下文属性下配置即可做到。但是@Controller 原型是可以被框架自动检测的，Spring 支持 classpath 路径下组件类的自动检测以及对已定义 Bean 的自动注册。

需要在配置中加入组件扫描的配置代码来开启框架对注解控制器的自动检测。请使用下面 XML 代码所示的 spring-context schema：

```
<?xml version = "1.0" encoding = "UTF-8"?>
<beans xmlns = "http://www.springframework.org/schema/beans"
    xmlns:xsi = http://www.w3.org/2001/XMLSchema-instance
    xmlns:p = http://www.springframework.org/schema/p
    xmlns:context = http://www.springframework.org/schema/context
    xsi:schemaLocation = " http://www.springframework.org/schema/beans
        http://www.springframework.org/schema/beans/spring-beans.xsd
```

```
            http://www.springframework.org/schema/context
            http://www.springframework.org/schema/context/spring-context.xsd">
        <context:component-scan base-package = "扫描的类路径"/>
    <!-- ... -->
    </beans>
```

8.3.2　@RequestMapping

在本节中，我们将讨论 Spring MVC 中的主要注解之一@RequestMapping，它的作用是映射 Web 请求到控制器的处理方法。@ReqeustMapping 可以用于注解方法，也可以用于注解控制器类，它包含以下参数：

- value：声明控制器处理方法接收请求的 URL 地址路径，它是 path 的别名，与 path 等价。value 的值可以是普通的具体值，如“/test”；也可以是统一变量，通常用“{}”符号标识，如“/{id}”；还可以是正则表达式，通常用“{}”符号标识，如“{method:\\w+}”。
- method：声明控制器处理方法的 HTTP 请求类型，如 GET、POST、PUT 等。
- params：声明请求的 URL 地址路径中需要的参数。
- headers：声明请求需要包含的 heads 信息，如 content-type = text 等。
- consumes：声明请求需要使用的 media type，如 text/plain、application/json 等。
- produces：声明请求需要返回的 media type。
- name：为该请求映射指定一个名称，该属性不常使用。

简单地说，@RequestMapping 是为了映射请求 URL 的地址到指定的控制器处理方法中，那么以上所有的参数都是为了给这个映射过程添加约束条件，满足条件才可以映射到被注解的处理方法中。以上参数可以通过“!=”标识符取反。

【例 8.9】 声明@RequestMapping 的 value 属性。具体代码如下：

```
@RequestMapping(value = "/mobile/apple", method = RequestMethod.GET)
public String getApple(){return "get apple";    }
```

【例 8.10】 声明@RequestMapping 的 method 属性。

通过声明@RequestMapping 的 method 属性为 GET、POST、PUT、HEAD 等，满足条件才会映射给处理方法。具体代码如下：

```
@RequestMapping(value = "/mobile/apple", method = RequestMethod.POST)
public String postApple(){return "post apple"; }
```

【例 8.11】 声明 RequestMapping 的 params 属性。

约束映射请求中必须包含或者必须不包含的参数，参数值任意，如果不符合条件则不会映射到该处理方法中。具体代码如下：

```
@RequestMapping(value = "/mobile/apple", method = RequestMethod.GET,
params = {"plus = yes","from = china"})
public String getAppleWithParams(){
    return "apple plus is made in china!";
}
```

本例要求必须包括 plus 参数，并且 from 参数值为"china"。

8.3.3　@PathVariable、@RequestParam 等参数绑定注解

在对@RequestMapping 进行地址映射讲解之后，本节主要讲解从 request 参数到 handler method 参数的绑定所用到的注解和在什么情形下使用。handler method 参数绑定常用的注解，我们根据它们处理的 Request 的不同内容部分而分为四类：

(1) 处理 request uri 部分(这里指 uri template 中 variable，不含 queryString 部分)的注解：@PathVariable。

(2) 处理 request header 部分的注解：@RequestHeader、@CookieValue。

(3) 处理 request body 部分的注解：@RequestParam、@RequestBody。

(4) 处理 attribute 类型的注解：@SessionAttributes、@ModelAttribute。

1. @PathVariable

当使用@RequestMapping URI template 样式映射时，如"/hotels/{hotelId}"，这时的 hotelId 可通过@Pathvariable 注解绑定它传过来的值到方法的参数上。@PathVariable 常用于 RESTful URL。

【例 8.12】 @PathVariable 注解示例。具体代码如下：

```
@Controller
@RequestMapping("/owners/{ownerId}")
public class RelativePathUriTemplateController {
  @RequestMapping("/pets/{petId}")
  public void findPet(@PathVariable String ownerId, @PathVariable String petId, Model model) {
    // implementation omitted
  }
}
```

以上代码将 URI template 中变量 ownerId 的值和 petId 的值绑定到方法的参数中。若方法参数名称和需要绑定的 uri template 中变量名称不一致，需要在@PathVariable("name")指定 uri template 中的名称。

2. @RequestParam

@RequestParam 注解常用来处理通过 Request.getParameter()获取的 String 可直接转换为简单类型的情况；因为使用 request.getParameter()方式获取参数，所以可以处理 get 方式中 queryString 的值，也可以处理 post 方式中 body data 的值。

该注解有三个常用属性：value、required 和 defaultValue。value 用来指定要传入值的 id 名称，required 用来指示参数是否必须绑定，defaultValue 指定参数的默认值；

【例 8.13】 @RequestParam 注解示例。具体代码如下：

```
@Controller
@RequestMapping("/pets")
public class EditPetForm {
      /*匹配的 RUL:/pets?petId = 1 */
```

```
        @RequestMapping(method = RequestMethod.GET)
        public String setupForm(@RequestParam(value = "petId") int petId, ModelMap model) {
            Pet pet = this.clinic.loadPet(petId);
            model.addAttribute("pet", pet);
            return "petForm";
        }
        /*无 value 属性，匹配的 RUL:/pets?state = USA */
        @RequestMapping
            public String getByArea(@RequestParam String state, Model map) {
            map.addAttribute("msg", "pet request by area: " + state);
            return "my-page";
        }

        /*多个 value 属性，匹配的 RUL:/pets?dept = IT&state = NC */
        @RequestMapping
        public String getByDept (@RequestParam("dept") String deptName,
        @RequestParam("state") String stateCode, Model map) {
            map.addAttribute("msg", "pet request by dept and state code:"+ deptName+","+ stateCode);
          return "my-page";
        }
    }
```

8.3.4 @Component、@Repository、@Service 注解

@Component、@Repository、@Service 和@Controller 一样都是在 Spring 中十分常用的注解，这些注解的使用大大简化了 XML 文件的配置工作。其中，@Component、@Repository、@ Service、@Controller 注解都可用于 Bean 注册。

@Repository 注解是 Spring 2.0 最早引入的用于定义 Bean 的注解，而@Component、@Service、@Controller 则在 Spring 2.5 中才开始引入。这几个注解都可用于 Bean 的注册，且作用完全相同，区别仅仅是语义上的。当然不排除后续 Spring 会为这几个注解加上不同的动作。从名称上不难看出，@Repository、@Service 和@Controller 分别对应于 Web 应用中不同的层次：

- @Repository 用于数据访问层，即 DAO 层 Bean 注册。
- @Service 用于业务逻辑层 Bean 注册。
- @Controller 用于控制层 Bean 注册。
- @Component 是一个泛化的概念，基础的注解，主要用于无法明确归类的 Bean。

当一个 Bean 被自动检测到时，会根据那个扫描器的 BeanNameGenerator 策略生成它的 Bean 名称。在默认情况下，对于包含 name 属性的@Component、@Repository、@Service 和@Controller，会把 name 取值作为 Bean 的名称。如果这个注解不包含 name 值或是其他被

自定义过滤器发现的组件，默认 Bean 名称会是小写开头的非限定类名。例如，类名为 LoginController，则默认生成的在 Spring 容器中注册的 Bean 名称为 loginController。

与通过 XML 配置的 Spring Bean 一样，通过上述注解标识的 Bean，其默认作用域是单例(Singleton)，为了配合这四个注解，在标注 Bean 的同时能够指定 Bean 的作用域，Spring 2.5 引入了@Scope 注解。在使用该注解时，只需提供作用域的名称就行了。具体代码如下：

```
@Scope("prototype")  @Repository     public class Demo { … }
```

8.3.5　@Autowired、@Resource、@Qualifier 注解

自动装配是指 Spring 在装配 Bean 时，根据指定的自动装配规则，将某个 Bean 所需要引用类型的 Bean 注入进来。@Resource 和@Autowired 都是做 Bean 的注入时使用，其实，@Resource 并不是 Spring 的注解，它的包是 javax.annotation.Resource，需要导入，但是 Spring 支持该注解的注入。

使用@Autowired 注解进行装配，只能是根据类型进行匹配。@Autowired 注解可以用于 Setter 方法、构造函数、字段，甚至普通方法，前提是方法必须有至少一个参数。@Autowired 可以用于数组和使用泛型的集合类型。然后 Spring 会将容器中所有类型符合的 Bean 注入进来。

【例 8.14】 @Autowired 注解示例。具体代码如下：

```
public class TestServiceImpl {
    @Autowired
    private UserDao userDao; // 用于字段上
    @Autowired
    public void setUserDao(UserDao userDao) {
    // 用于属性的方法上
    this.userDao = userDao;
}}
```

@Autowired 注解是按照类型(byType 方式)装配依赖对象，默认情况下它要求依赖对象必须存在，如果允许 null 值，可以设置它的 required 属性为 false。如果我们想使用按照名称(byName 方式)来装配，可以结合@Qualifier 注解一起使用。

【例 8.15】 @Autowired 按照 byName 装配示例。具体代码如下：

```
public class TestServiceImpl {
    @Autowired
    @Qualifier("userDao")
    private UserDao userDao; }
```

@Resource 默认按照 byName 方式自动注入，它是由 Java EE 提供，需要导入包 javax.annotation.Resource。@Resource 有两个重要的属性：name 和 type，而 Spring 将@Resource 注解的 name 属性解析为 Bean 的名字，而 type 属性则解析为 Bean 的类型。所以，如果使用 name 属性，则使用 byName 自动注入策略，而使用 type 属性时则使用 byType 自动注入策略。如果既不制定 name 也不制定 type 属性，这时将通过反射机制使用 byName

自动注入策略。具体代码如下：

```
public class TestServiceImpl {
    //下面两种@Resource 只要使用一种即可
    @Resource(name = "userDao")
    private UserDao userDao;  //用于字段上
    @Resource(name = "userDao")
    public void setUserDao(UserDao userDao) {
        // 用于属性的 setter 方法上
        this.userDao = userDao;
    }
}
```

注意：最好是将@Resource 放在 setter 方法上，因为这样更符合面向对象的思想，通过 set、get 去操作属性，而不是直接去操作属性。@Resource 装配顺序如下：

(1) 如果同时指定了 name 和 type，则从 Spring 上下文中找到唯一匹配的 Bean 进行装配，找不到则抛出异常。

(2) 如果指定了 name，则从上下文中查找名称(id)匹配的 Bean 进行装配，找不到则抛出异常。

(3) 如果指定了 type，则从上下文中找到类似匹配的唯一 Bean 进行装配，找不到或是找到多个，都会抛出异常。

(4) 如果既没有指定 name，又没有指定 type，则自动按照 byName 方式进行装配；如果没有匹配，则回退为一个原始类型进行匹配，如果匹配则自动装配。

@Resource 的作用相当于@Autowired，只不过@Autowired 按照 byType 方式自动注入。

8.4　应用基于注解的控制器

下面的示例演示如何使用 HTML 表单和 Spring Web MVC 框架编写简单的 Web 应用。开发此应用程序所涉及的技术如下：

- Spring Web MVC 4.3.0.RELEASE。
- Maven 3。
- JDK 1.7。
- Eclipse Java EE IDE (Luna Service Release 2)。

【例 8.16】 Spring Web MVC 开发动态网页示例。

步骤描述如下：

(1) 创建一个 Maven Web 工程项目，参考 8.1.3 节。

(2) 在“Pom.xml”文件中配置 Spring Web MVC 依赖和 Tomcat 7 测试容器插件。

(3) 在 com.cuit 包下创建 Student 类和 StudentController 控制器。

(4) 在 WEB-INF 文件夹下配置“Web.xml”和“Student-servlet.xml”。

(5) 在 WEB-INF 文件夹下创建 jsp 文件夹，并在 jsp 文件夹中创建视图文件 student.jsp

和 result.jsp。

(6) 最后测试运行网页。

下面是 Student 模型类的代码，它包含了姓名、年龄和 id 三个属性：

```
package com.cuit;
public class Student {
    private Integer age;
    private String name;
    private Integer id;
     public void setAge(Integer age) {
        this.age = age;
    }
    public Integer getAge() {
        return age;
    }
    public void setName(String name) {
        this.name = name;
    }
    public String getName() {
        return name;
    }
    public void setId(Integer id) {
        this.id = id;
    }
    public Integer getId() {
        return id;
    }}
```

下面是 StudentController 的代码：

```
package com.cuit;
//import 依赖包省略
@Controller
public class StudentController {
      @RequestMapping(value = "/student", method = RequestMethod.GET)
      public ModelAndView student() {
      return new ModelAndView("student", "command", new Student());
      }
      @RequestMapping(value = "/addStudent", method = RequestMethod.POST)
      public String addStudent(@ModelAttribute("command")Student student, ModelMap
model) {
      model.addAttribute("name", student.getName());
```

```
            model.addAttribute("age", student.getAge());
                model.addAttribute("id", student.getId());
            return "result";
        }}
```

在第一个 Service 方法 student()中，我们在名称为“command”的 ModelAndView 对象中传递一个空的 Student 对象，因为如果在 JSP 文件中使用<form:form>标签，那么 Spring 框架会默认绑定 Model 中名称为“command”的对象。当 student()方法被调用时，它将返回“student.jsp”视图。

第二个 Service 方法 addStudent()将调用“/addStudent URL”中的 POST 方法。将根据提交的信息准备好模型对象。最后一个“result”视图会从 service 方法中返回，它将导致呈现 result.jsp。

下面是 Spring Web 配置文件“Web.xml”的内容：

```
<beans xmlns = "http://www.springframework.org/schema/beans"
xmlns:context = "http://www.springframework.org/schema/context"
xmlns:xsi = "http://www.w3.org/2001/XMLSchema-instance"
xsi:schemaLocation = "
http://www.springframework.org/schema/beans
http://www.springframework.org/schema/beans/spring-beans-3.0.xsd
http://www.springframework.org/schema/context
 http://www.springframework.org/schema/context/spring-context-3.0.xsd">
    <context:component-scan base-package = "com.cuit" />
    <bean class = "org.springframework.web.servlet.view.InternalResourceViewResolver">
        <property name = "prefix" value = "/WEB-INF/jsp/" />
        <property name = "suffix" value = ".jsp" />
    </beans>
</bean>
```

下面是 Spring 视图文件“student.jsp”的内容：

```
<%@taglib uri = "http://www.springframework.org/tags/form" prefix = "form"%>
<html><head>
<title>Spring MVC Form Handling</title></head>
<body>
<h2>Student Information</h2>
<form:form method = "POST" action = "/HelloWeb/addStudent">
<table>
<tr>
    <td><form:label path = "name">Name</form:label></td>
    <td><form:input path = "name" /></td>
</tr>
<tr>
```

```
        <td><form:label path = "age">Age</form:label></td>
        <td><form:input path = "age" /></td>
    </tr>
    <tr>
        td><form:label path = "id">id</form:label></td>
        <td><form:input path = "id" /></td>
    </tr>
    <tr> <td colspan = "2"> <input type = "submit" value = "Submit"/> </td> </tr>
    </table>
    </form:form>
    </body></html>
```

下面是 Spring 视图文件“result.jsp”的内容：

```
    <%@taglib uri = "http://www.springframework.org/tags/form" prefix = "form"%>
    <html>
    <head>
    <title>Spring MVC Form Handling</title>
    </head>
    <body>
    <h2>Submitted Student Information</h2>
    <table>
        <tr> <td>Name</td> <td>${name}</td></tr>
        <tr> <td>Age</td> <td>${age}</td> </tr>
        <tr> <td>ID</td> <td>${id}</td> </tr>
    </table>
    </body></html>
```

现在启动 Tomcat 服务器，并且确保能够使用标准的浏览器访问 webapps 文件夹中的其他 Web 页面。现在尝试访问“http://localhost:8080/HelloWeb/student”。如果 Spring Web 应用程序一切都正常，可以看到如图 8-10 所示的结果。

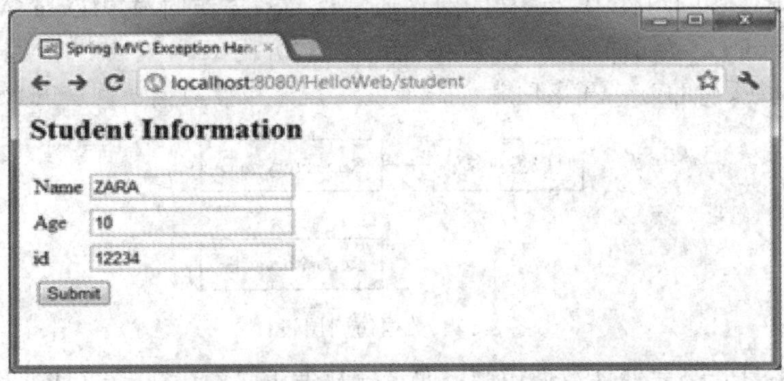

图 8-10　填写学生信息

在提交必需的信息之后，单击提交“Submit”按钮来提交这个表单。如果 Spring Web 应用程序一切都正常，可以看到如图 8-11 所示的结果。

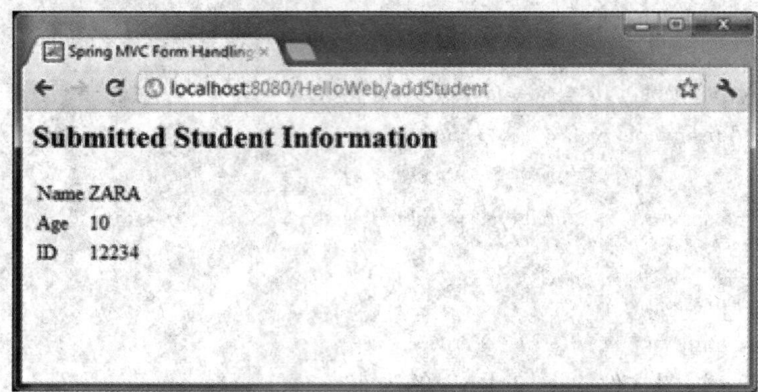

图 8-11　显示学生信息

8.5　Spring MVC 和 ORM 整合

当使用 Spring 开发持久层时，我们会面临多种选择。Spring 对多个持久化框架都提供了支持，包括 Hibernate、MyBatis、Java 数据对象(Java Data Objects，JDO)以及 Java 持久化 API(Java Persistence API，JPA)等。本节我们主要介绍在 Spring 中如何使用 Hibernate 作为持久化框架。但首先我们来了解一下使用 Spring 进行持久化的基本原理，从而为后面的学习打好基础。

8.5.1　Spring 数据访问原理

Spring 框架设计的目标之一是允许我们在开发应用时，能够遵循面向对象(OO)原则中的“面向接口编程”。Spring 对数据访问的支持也不例外。

为了避免持久化的逻辑分散到应用的各个组件中，最好将数据访问的功能放到一个或多个专注于此项任务的组件中，这样的组件通常称为数据访问对象(Data Access Object，DAO)或 Repository。为了避免应用与特定的数据访问策略耦合在一起，编写良好的 Repstitory 应该以接口的方式暴露功能，图 8-12 展现了设计数据访问层的合理方式。

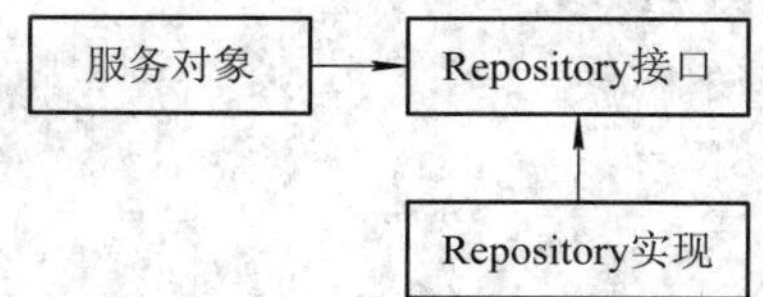

图 8-12　数据访问层设计

服务对象本身并不会处理数据访问，而是将数据访问委托给 Repository。Repository 接口确保其与服务对象的松耦合。服务对象通过接口来访问 Repository 的好处：

(1) 使得服务对象易于测试，因为它们不再与特定的数据访问是实现绑定在一起。实际上，可以为这些数据访问接口创建 mock 实现，这样无需连接数据库就能测试服务对象，而且会显著提升单元测试的效率并排除因数据不一致所造成的测试失败。

(2) 数据访问层是以持久化技术无关的方式来进行访问，持久化方式的选择独立于 Repository，同时只有数据访问相关的方法才通过接口进行暴露。这可以实现灵活的设计，并且切换持久化框架对应用程序其他部分所带来的影响是最小的。如果将数据访问层的实现细节渗透到应用程序的其他部分中，那么整个应用程序将与数据访问层耦合在一起，从而导致僵化的设计。

接口是实现松耦合代码的关键，并且应将其用于应用程序的各个层，而不仅仅是持久化层。还要说明一点，尽管 Spring 鼓励使用接口，但这并不是强制的——可以使用 Spring 将 Bean(DAO 或其他类型)直接转配到另一个 Bean 的某个属性中，而不是一定要通过接口注入。

8.5.2 Spring 数据访问模板化

Spring 将数据访问过程中固定的和可变的部分明确划分为两个不同的类：模板(Template)和回调(Callback)。模板管理数据访问过程中固定的部分(如准备资源、开始事务、关闭资源等)，而回调处理自定义的数据访问代码(如多表查询、数据字段更新等)。图 8-13 展示了这两个类的职责。

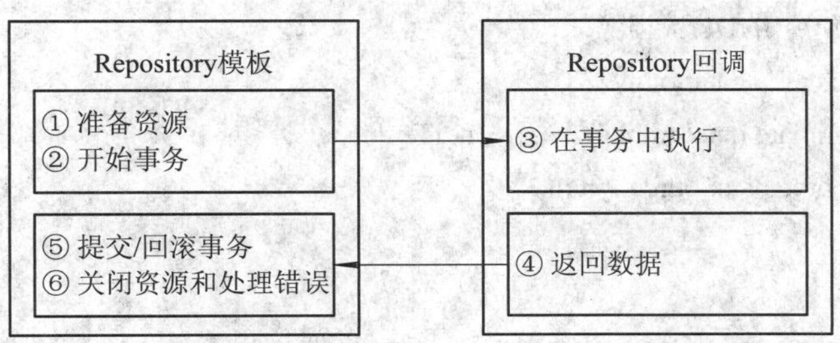

图 8-13　Spring 数据访问模板类的职责划分

针对不同的持久化平台，Spring 提供了多个可选的模板。如果直接使用 JDBC，那么可以选择 JdbcTemplate。如果希望使用对象关系映射框架，那么 HibernateTemplate 或 JpaTemplate 可能会很适合。表 8-1 列出了 Spring 所提供的所有数据访问模板及其用途。

表 8-1　Spring 所提供的所有数据访问模板及其用途

模板类(org.springframework.*)	用　　途
jdbc.core.JdbcTemplate	JDBC 连接
orm.hibernate3.HibernateTemplate	Hibernate3.x 的 Session
orm.jpa.JpaTemplate	Java 持久化 API 的实体管理器

在编写应用程序自己的 DAO 实现时，可以继承自 DAO 支持类并调用模板获取方法来直接访问底层的数据访问模板，如表 8-2 所示。

例如，如果应用程序的 DAO 继承自 JdbcDaoSupport，那么只需要调用 getJdbcTemplate() 方法就可以获得 JdbcTemplate 并使用它。

表 8-2　Spring DAO 支持类提供了便捷的方式来使用数据访问模板

DAO 支持类(org.springframework.*)	为谁提供服务
jdbc.core.support.JdbcDaoSupport	JDBC 连接
orm.hibernate3.support.HibernateDaoSupport	Hibernate 3.x 的 Session
orm.jpa.support.JpaDaoSupport	Java 持久化 API 的实体管理器

8.5.3　Spring 数据源配置

Spring 提供了在 Spring 上下文中配置数据源 Bean 的多种方式，具体包括：

- 通过 JNDI 查找的数据源。
- 连接池的数据源。
- 通过 JDBC 驱动程序定义的数据源。

以下是具体内容分述：

(1) 使用 JNDI 数据源，可以使用位于 jee 命名空间下的<jee:jndi-lookup>元素来检索。具体代码如下：

```
<jee:jndi-lookup id = "datasource"
    jndi-name = "jdbc/spring" resource-ref = "true"/>
```

如果想通过 Java 配置，我们可以借助 JndiTemplate 类来查找 Datasource：

```
@Bean   //使用 JNDI 数据源.
public DataSource dataSource() {
    JndiTemplate jndiTemplate = new JndiTemplate();
    DataSource dataSource = null;

    try {
        dataSource = (DataSource)jndiTemplate.lookup("java:comp/env/jdbc/spring");
    } catch (NamingException e) {
        e.printStackTrace();    //不推荐
    }
    return dataSource;
}
```

(2) 使用数据源连接池。Spring 并没有提供数据源连接池的实现，但可以有多项可用方案，例如：

- Apache Commons DBCP。
- c3p0(https://sourceforge.net/projects/c3p0/)。
- BoneCP(http://www.jolbox.com/)。

配置 DBCP BasicDataSource：

```
@Bean
public BasicDataSource getDataSource() {
    BasicDataSource ds = new BasicDataSource();
```

```
        ds.setDriverClassName("com.mysql.jdbc.Driver");
        ds.setUrl("jdbc:mysql://localhost:3306/springdb");
        ds.setUsername("root");
        ds.setPassword("root");
        return ds;
    }
```

(3) 基于 JDBC 驱动的数据源，通过 JDBC 驱动定义数据源是最简单的配置方式，Spring 提供了三个这样的数据源类以供选择：

- DriverManagerDataSource：在每个连接请求时都会返回一个新建的连接。与 DBCP 的 BasicDataSource 不同，由 DriverManagerDataSource 提供的连接并没有进行池化管理；(干货——引入了池化管理)。
- SimpleDriverDataSource：它直接使用 JDBC 驱动，来解决在特定环境下的类加载问题，这样的环境包括 OSGi 容器。
- SingleConnectionDataSource：在每个连接请求时都会返回同一个的连接。尽管 SingleConnectionDataSource 不是严格意义上的连接池的数据源，但是用户可以将其视为只有一个连接池。

配置 DriverManagerDataSource：

```
    @Bean
    public DataSource dataSource() {
        DriverManagerDataSource ds = new DriverManagerDataSource();
        ds.setDriverClassName("com.mysql.jdbc.Driver");
        ds.setUrl("jdbc:mysql://localhost:3306/springdb");
        ds.setUsername("root");
        ds.setPassword("root");
        return ds;
    }
```

8.5.4　Spring MVC 中集成 Hibernate

Hibernate 是一个开放源代码的对象关系映射框架，它对 JDBC 进行了非常轻量级的对象封装，使得 Java 程序员可以使用面向对象的编程思维来操纵数据库。它不仅提供了基本的对象关系映射，还提供了 ORM 工具所应具有的所有复杂功能，如缓存、延迟加载、预先抓取以及分布式缓存等。

在本节中，我们只关注 Spring 如何与 Hibernate 集成，不会涉及太多 Hibernate 使用的复杂细节。如果需要了解更多关于 Hibernate 使用的知识，请参考第 5、6 章或访问 Hibernate 的官方网站“http://www.hibernate.org”。

1．声明 Hibernate 的 Session 工厂

要在 Spring 中使用 Hibernate，首先需要声明 Hibernate 所需的主要接口 org.hibernate.Session。Session 接口提供了基本的数据访问功能，如保存、更新、删除以及从数

据库加载对象的功能。通过 Hibernate 的 Session 接口，应用程序的 Repository 能够满足所有的持久化需求。获取 Hibernate Session 对象的标准方式是借助于 Hibernate SessionFactory 接口的实现类。SessionFactory 主要负责 Hibernate Session 的打开、关闭以及管理。

从 Spring3.1 版本开始，Spring 提供了以三个 SessionFactoryBean 来选择：

- org.springframework.orm.hibernate3.LocalSesssionFactoryBean。
- org.springframework.orm.hibernate3.annotation.AnnotationSessionFactoryBean。
- org.springframework.orm.hibernate4.LocalSessionFactoryBean。

这些 SessionFactory Bean 都是 Spring FactoryBean 接口的实现，它会产生一个 HibernateSessionFactory，它能装配进任何 SessionFactory 类型的属性中。这样就能在 Spring 应用上下文中，与其他的 Bean 一起配置 Hibernate Session 工厂。选择 SessionFactory 取决于使用哪个版本的 Hibernate 以及使用 XML 还是使用注解来定义对象-数据库之间的映射关系。

使用 Hibernate3.2-4.0(不包含 4.0)并使用 XML 定义映射，需要使用 Spring 的 org.springframework.orm.hibernate3 中的 LocalSessionFactoryBean。具体代码如下：

```
@Bean
public LocalSessionFactoryBean sessionFactory(DataSource dataSource){
    LocalSessionFactoryBean sfb = new LocalSessionFactoryBean();
    sfb.setDataSource(dataSource);
    sfb.setMappingResources(new String[]{"Cuit.hbm.xml"});
    Properties props = new Properties();
    props.setProperty("dialect", "org.hibernate.dialect.MySQLDialect");
    sfb.setHibernateProperties(props);
    return sfb;
}
```

如果用户更喜欢使用注解来定义持久化且没有使用 Hibernate4，那么只需要使用 AnnotationSessionFactoryBean 来代替 LocalSessionFactoryBean。具体代码如下：

```
@Bean
public AnnotationSessionFactoryBean sessionFactory(DataSources dataSource){
    AnnotationSessionFactoryBean sfb = new AnnotationSessionFactoryBean();
    sfb.setDataSource(dataSource);
    sfb.setPackagesToScan(new String[]{"com.cuit.domain"});
    Properties props = new Properties();
    props.setProperty("dialect", "org.hibernate.dialect.MySQLDialect");
    sfb.setHibernateProperties(props);
    return sfb;
}
```

如果想使用 Hibernate4，应该使用 org.springframework.orm.hiberante4 中的 Local SessionFactoryBean 来生成 Session。这里使用 packagesToScan 属性告诉 Spring 扫描一个或多个包以查找域类，这些类通过注解的方式表明要使用 Hibernate 进行持久化，这些类可以使用注解包括 JPA 的@Entity 或@MappedSuperclass 以及 Hibernate 的@Entity。具体代码如下：

```
@Bean
public LocalSessionFactoryBean sessionFactory(DataSource dataSource){
    LocalSesssionFactory sfb = new LocalSessionFactory();
    sfb.setDataSource(dataSource);
    sfb.setPackagesToScan(new String[]{"com.cuit.domain"});
    Properties props = new Properties();
    props.setProperty("dialect", "org.hibernate.dailect.MySQLDialect");
    sfg.setHibernateProperties(props);
    return sfb;
}
```

在以上的配置中，dataSource 和 hibernateProperties 属性都声明了从哪里获取数据库连接以及要使用哪一种数据库。这里不再列出 Hibernate 配置文件，而是使用 packagesToScan 属性告诉 Spring 扫描一个或多个包以查找域类，这些类通过注解的方式表明要使用 Hibernate 进行持久化，这些类可以使用的注解包括 JPA 的@Entity 或@MappedSuperclass 以及 Hibernate 的@Entity。

如果愿意的话，用户还可以使用 annotatedClasses 属性来将应用程序中所有的持久化类以全限定名的方式明确列出：

```
sfb.setAnnotatedClasses(new Class<?>[]{        county.class});
```

annotatedClasses 属性对于准确指定少量的域类是不错的选择。如果有很多的域类且不想将其全部列出，又或者想自由地添加或移除域类而不想修改 Spring 配置，那么使用 packagesToScan 属性是更合适的。

2. 构建 Hibernate 代码

```
@Repository
public class HibernateCountyRepository {
/* 注入 SessionFactory */
@Resource(name = "sessionFactory")
private SessionFactory sessionFactory;

/* 根据 id 查找 County 对象*/
public    County findone(int id){
    Session session = sessionFactory.getCurrentSession();
    County county = (County) session.get(County.class, id);
    return county;
}

/* 保存 County 对象*/
public    void findone(County county){
    Session session = sessionFactory.getCurrentSession();
```

```
            Session.save(county);
        }
    }

    @Entity(name = "t_county")
    public class County{
        @Id
        @GeneratedValue(strategy = GenerationType.IDENTITY)
        private int id;
        private String name;

        public int getId() {
            return id;
        }

        public void setId(int id) {
            this.id = id;
        }

        public String getName() {
            return name;
        }

        public void setName(String name) {
            this.name = name;
        }
    }
```

HibernateCountyRepository 通过@Repository 自动装配到 Spring 的容器，通过@Resource 获得 Sessionfactory，将 County 对象持久化。

8.5.5 Spring MVC、Hibernate、MySQL 集成开发

为加强对 Spring MVC 和 Hibernate 集成开发的理解，在本节中我们将使用 Spring MVC 4 和 Hibernate 4 来开发一个经典应用程序。

开发此应用程序所涉及的技术和工具如下：

- Spring Web MVC 4.3.0.RELEASE。
- Hibernate Core 4.3.6.Final。
- MySQL Server 5.6。
- Maven 3。
- JDK 1.7。
- Eclipse Java EE IDE (Luna Service Release 2)。

在工程目录中，利用分层设计的思想，Java 源码包分为 controller(控制层)、dao(数据访问层)、model(数据模型层)、service(服务层)，其结构如图 8-14 所示。控制层：负责处理用户所有的请求以及与服务层进行数据交互；数据访问层：直接操作数据库，对数据进行 CRUD 操作(即数据的增、删、改、查)；数据模型层：负责对数据库字段的逻辑映射，对业务数据进行封装；服务层：负责具体问题的操作，对业务逻辑的处理。

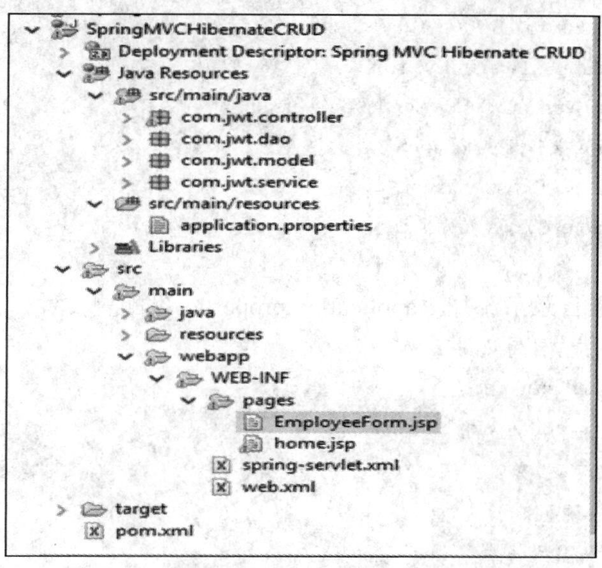

图 8-14 工程目录结构

(1) 首先创建数据库表 T_EMP，SQL 脚本如下：

```
CREATE TABLE 'T_EMP' (
    'id' int(11) NOT NULL AUTO_INCREMENT,
    'name' varchar(45) NOT NULL,
    'email' varchar(45) NOT NULL,
    'address' varchar(45) NOT NULL,
    'telephone' varchar(45) NOT NULL,
    PRIMARY KEY ('id')
) ENGINE = InnoDB AUTO_INCREMENT = 25 DEFAULT CHARSET = utf8;
```

(2) 打开 Eclipse，创建基于 Maven 的 Web 工程，如图 8-15 所示。

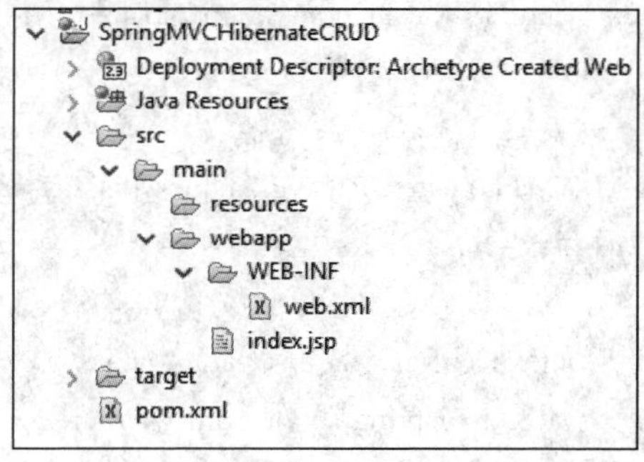

图 8-15 创建 Web 工程

(3) 修改“Pom.xml”文件，添加 jar 包的依赖，主要有 Spring 框架核心库、Spring MVC、JSTL、Hibernate、MySQL 数据库驱动等。具体代码如下：

```
<properties>
    <spring.version>4.3.0.RELEASE</spring.version>
    <hibernate.version>4.3.8.Final</hibernate.version>
    <mysql.version>5.1.10</mysql.version>
    <junit-version>4.11</junit-version>
    <servlet-api-version>3.1.0</servlet-api-version>
    <jsp-version>2.1</jsp-version>
    <jstl-version>1.2</jstl-version>
    <java.version>1.7</java.version>
</properties>
```

(4) 在 resources 目录下添加“application.properties”配置文件，主要定义数据库访问信息和 Hibernate 的配置信息如下：

```
#Database related properties
database.driver = com.mysql.jdbc.Driver
database.url = jdbc:mysql://localhost:3306/spring
database.user = root
database.password = 123456

#Hibernate related properties
hibernate.dialect = org.hibernate.dialect.MySQLDialect
hibernate.show_sql = true
hibernate.format_sql = true
hibernate.hbm2ddl.auto = update
```

(5) 我们需要在 Web 应用程序中配置 Spring MVC 框架，可以通过在“Web.xml”中配置 Spring DispatcherServlet 前端控制器来实现。具体代码如下：

```
<?xml version = "1.0" encoding = "ISO-8859-1" ?>
<web-app xmlns = "http://java.sun.com/xml/ns/javaee"
    xmlns:xsi = "http://www.w3.org/2001/XMLSchema-instance"
    xsi:schemaLocation = "http://java.sun.com/xml/ns/javaee
    http://java.sun.com/xml/ns/javaee/web-app_3_0.xsd"
version = "3.0">
<display-name>Spring MVC Hibernate CRUD Example</display-name>
<!--指定 spring 配置文件目录-->
    <context-param>
        <param-name>contextConfigLocation</param-name>
        <param-value>/WEB-INF/spring-servlet.xml</param-value>
</context-param>
```

```
<!--Spring 监听器定义-->
    <listener>
        <listener-class>org.springframework.web.context.
            ContextLoaderListener</listener-class>
</listener>
<!--Spring 前端控制器定义-->
    <servlet>
        <servlet-name>spring</servlet-name>
        <servlet-class>
            org.springframework.web.servlet.DispatcherServlet
        </servlet-class>
        <load-on-startup>1</load-on-startup>
    </servlet>

    <servlet-mapping>
        <servlet-name>spring</servlet-name>
        <url-pattern>/</url-pattern>
    </servlet-mapping>
</web-app>
```

(6) 创建 Spring 配置文件“spring-servlet.xml”，“spring-servlet”这个名字是因为上面“Web.xml”中前端控制器 DispatcherServlet，<servlet-name>标签配的值为“spring(<servlet-name>spring</servlet-name>)”，再加上“-servlet”后缀而形成的“spring-servlet.xml”的文件名，如果改为“springMVC”，对应的文件名则为“springMVC-servlet.xml”。

```
<!-- 自动扫描包，实现支持注解的 IOC -->
<context:component-scan base-package = "com.jwt" />
<!-- 获取数据库配置信息 -->
<context:property-placeholder
        location = "classpath:application.properties" />
    <!-- 指定加载 js、CSS、图像等的资源位置 -->
    <mvc:resources mapping = "/resources/**" location = "/resources/" />
    <!-- 支持 mvc 注解驱动 -->
<mvc:annotation-driven />
    <!-- 视图解析器 -->
<bean class = "org.springframework.web.servlet.
        view.InternalResourceViewResolver"
        id = "internalResourceViewResolver">
        <!-- 视图前缀 -->
        <property name = "prefix" value = "/WEB-INF/pages/" />
        <!-- 视图后缀 -->
```

```
        <property name = "suffix" value = ".jsp" />
</bean>
    <!-- 数据库配置-->
<bean class = "org.springframework.jdbc.datasource.
    DriverManagerDataSource"
        id = "dataSource">
        <property name = "driverClassName"
                    value = "${database.driver}"></property>
        <property name = "url" value = "${database.url}"></property>
        <property name = "username" value = "${database.user}"></property>
        <property name = "password"
                    value = "${database.password}"></property>
    </bean>

    <!-- Hibernate SessionFactory -->
    <bean id = "sessionFactory"
        class = "org.springframework.orm.hibernate4.
        LocalSessionFactoryBean">
        <property name = "dataSource" ref = "dataSource"></property>
        <property name = "hibernateProperties">
            <props>
                <prop key = "hibernate.dialect">${hibernate.dialect}</prop>
                <prop key = "hibernate.hbm2ddl.auto">
                    ${hibernate.hbm2ddl.auto}</prop>
                <prop key = "hibernate.format_sql">
                    ${hibernate.format_sql}</prop>
                <prop key = "hibernate.show_sql">
                    ${hibernate.show_sql}</prop>
            </props>
        </property>
        <property name = "packagesToScan" value = "com.jwt.model"></property>
    </bean>

    <!-- 事务配置 -->
    <bean id = "transactionManager"
           class = "org.springframework.orm.hibernate4.
           HibernateTransactionManager">
        <property name = "sessionFactory" ref = "sessionFactory" />
    </bean>
```

```
<tx:annotation-driven transaction-manager = "transactionManager" />
```

(7) 创建数据模型实体类 Employee，完成对数据库表 T_EMP 的映射关系。Employee.java 的代码如下：

```
@Entity
@Table(name = "EMP_TBL")
public class Employee implements Serializable {
    @Id
    @GeneratedValue(strategy = GenerationType.AUTO)
    private int id;
    @Column
    private String name;
    @Column
    private String email;
    @Column
    private String address;
@Column
private String telephone;
...
/* getter,setter 方法省略 */
}
```

在以上的实体类中，@Entity 注解用于将这个类标记为实体 Bean。@Table 注解用于指定要持久化数据的表。name 属性是指表名称。如果未指定表注释，则 Hibernate 将默认使用类名作为表名。

@id 注解用于指定实体 Bean 的标识符属性，@id 注解的位置决定了默认的访问策略。当@Id 注解标注在属性字段上时，Hibernate 会采用属性映射方式，此时其他注解也必须标注在属性上，否则程序会出错；当@Id 注解标注在 getId()方法上时，也是一样的。总之，所有注解的位置要保持和@Id 注解位置一致。

@GeneratedValue 注解是用来指定主键生成策略时使用的。AUTO 相当于配置文件中的 native，根据底层数据库自动选择使用 ID。

(8) 创建数据访问层接口和实现类，本 Web 应用包括 employeeDAO.java 接口及其实现类 EmployeeDAOImpl.java。EmployeeDAOImpl.java 实现类定义了一个@Repository 注解，用来持续翻译库注释。EmployeeDAO.java 的代码如下：

```
public interface EmployeeDAO {
    public void addEmployee(Employee employee);
    public List<Employee> getAllEmployees();
    public void deleteEmployee(Integer employeeId);
    public Employee updateEmployee(Employee employee);
    public Employee getEmployee(int employeeid);
}
```

EmployeeDAOImpl.java 代码如下：

```
@Repository
public class EmployeeDAOImpl implements EmployeeDAO {

    @Autowired
    private SessionFactory sessionFactory;

    public void addEmployee(Employee employee) {
        sessionFactory.getCurrentSession().saveOrUpdate(employee);
    }

    @SuppressWarnings("unchecked")
    public List<Employee> getAllEmployees() {
        return sessionFactory.getCurrentSession().
                createQuery("from Employee").list();
    }

    @Override
    public void deleteEmployee(Integer employeeId) {
        Employee employee = (Employee)
                sessionFactory.getCurrentSession().load(
                Employee.class, employeeId);
        if (null != employee) {
            this.sessionFactory.getCurrentSession().delete(employee);
        }
    }

    public Employee getEmployee(int empid) {
        return (Employee) sessionFactory.getCurrentSession().get(
                Employee.class, empid);
    }

    @Override
    public Employee updateEmployee(Employee employee) {
        sessionFactory.getCurrentSession().update(employee);
        return employee;
    }
}
```

(9) 创建服务层，服务层包括一个服务接口 employeeService.java 和实现类 employeeServiceImpl.java。EmployeeService.java 的代码如下：

```
public interface EmployeeService {
    public void addEmployee(Employee employee);
    public List<Employee> getAllEmployees();
    public void deleteEmployee(Integer employeeId);
}
EmployeeServiceImpl.java 代码如下：
@Service
@Transactional
public class EmployeeServiceImpl implements EmployeeService {

    @Autowired
    private EmployeeDAO employeeDAO;

    @Override
    @Transactional
    public void addEmployee(Employee employee) {
        employeeDAO.addEmployee(employee);
    }

    @Override
    @Transactional
    public List<Employee> getAllEmployees() {
        return employeeDAO.getAllEmployees();
    }

    @Override
    @Transactional
    public void deleteEmployee(Integer employeeId) {
        employeeDAO.deleteEmployee(employeeId);
    }
}
```

@Service 服务层组件，用于标注业务层组件，表示定义一个 Bean，自动根据 Bean 的类名实例化一个首写字母为小写的 Bean，例如，Chinese 实例化为 chinese。如果需要自己改名字，则有：@Service("你自己改的 Bean 名")。

Spring 事务管理分为编码式和声明式的两种方式。编程式事务是指通过编码方式实现事务；声明式事务基于 AOP，将具体业务逻辑与事务处理解耦。声明式事务管理使业务代码逻辑不受污染，因此在实际使用中声明式事务用得比较多。声明式事务有两种方式：一种是在配置文件(XML)中做相关的事务规则声明；另一种是基于@Transactional 注解的方式。使用@Transactional 注解管理事务的实现步骤分为以下两步：

第一步，在 XML 配置文件中添加如下事务配置信息：

```
<tx:annotation-driven />
<bean id = "transactionManager"
        class = "org.springframework.jdbc.datasource.
                DataSourceTransactionManager">
<property name = "dataSource" ref = "dataSource" />
</bean>
```

第二步，将@Transactional 注解添加到合适的方法上，并设置合适的属性信息。当把@Transactional 注解放在类级别时，表示所有该类的公共方法都配置相同的事务属性信息。EmployeeService 的所有方法都支持事务。当类级别配置了@Transactional，方法级别也配置了@Transactional，应用程序会以方法级别的事务属性信息来管理事务，换言之，方法级别的事务属性信息会覆盖类级别的相关配置信息。

(10) 创建控制层，控制层主要处理来自用户端的请求，包括查询员工列表、保存人员信息、删除人员信息等操作。EmployeeController.java 的代码如下：

```
@Controller
public class EmployeeController {

    public EmployeeController() {
        System.out.println("EmployeeController()");
    }

    @Autowired
    private EmployeeService employeeService;

    @RequestMapping(value = "/")
public ModelAndView listEmployee(ModelAndView model) throws IOException
{
        List<Employee> listEmployee = employeeService.getAllEmployees();
        model.addObject("listEmployee", listEmployee);
        model.setViewName("home");
        return model;
    }

    @RequestMapping(value = "/saveEmployee", method = RequestMethod.POST)
    public ModelAndView saveEmployee(@ModelAttribute Employee employee) {
        if (employee.getId() == 0) {
            // if employee id is 0 then creating the employee
            employeeService.addEmployee(employee);
        } else {
            employeeService.updateEmployee(employee);
        }
```

```
            return new ModelAndView("redirect:/");
        }

        @RequestMapping(value = "/deleteEmployee", method = RequestMethod.GET)
        public ModelAndView deleteEmployee(HttpServletRequest request) {
            int employeeId = Integer.parseInt(request.getParameter("id"));
            employeeService.deleteEmployee(employeeId);
            return new ModelAndView("redirect:/");
        }
    }
```

在以上的代码中，我们使用了 ModelAndView 来提供页面渲染。我们将通过传递一个字符串值给 ModelAndView，然后 Spring MVC 根据传递过来的字符串找到视图页面。

(11) 创建员工列表页面，在“src\main\webapp\WEB-INF\pages”目录中创建名为“home.jsp”的 JSP 文件。home.jsp 页面显示的员工名单以及创建、编辑和删除员工信息等操作。这个 JSP 页面使用 JSTL 和 EL 表达式。home.jsp 页面代码如下：

```
<%@page contentType = "text/html" pageEncoding = "UTF-8"%>
<!DOCTYPE HTML>
<%@taglib uri = "http://java.sun.com/jsp/jstl/core" prefix = "c"%>
<html>
<head>
<meta http-equiv = "Content-Type" content = "text/html; charset = UTF-8">
<title>Employee Management Screen</title>
</head>
<body>
    <div align = "center">
        <h1>Employee List</h1>
        <h3>
            <a href = "newEmployee">New Employee</a>
        </h3>
        <table border = "1">
            <th>Name</th>
            <th>Email</th>
            <th>Address</th>
            <th>Telephone</th>
            <th>Action</th>
            <c:forEach var = "employee" items = "${listEmployee}">
                <tr>
                    <td>${employee.name}</td>
                    <td>${employee.email}</td>
```

```
<td>${employee.address}</td>
<td>${employee.telephone}</td>
<td><a href = "editEmployee?id = ${employee.id}">Edit</a>
    <a
    href = "deleteEmployee?id = ${employee.id}">Delete</a>
</td>
</tr>
</c:forEach></table></div></body></html>
```

系统运行界面如图 8-16 所示。

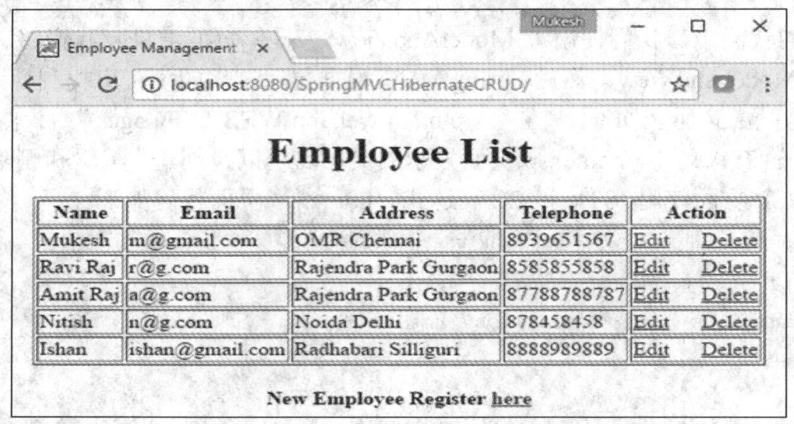

图 8-16　系统运行界面

本 章 小 结

在本章中，我们首先对 Spring MVC 框架进行了介绍，并通过一个简单案例了解其开发流程；然后重点讲解了在 Spring MVC 框架中的基于 Web.xml 和注解这两种配置方法。只有在很好地理解和掌握这两种方法的基础上，我们才能充分发挥 Spring MVC 框架的强大功能。最后，我们重点讲解了 Spring MVC 数据访问原理和 Hibernate 的整合之道，只有很好地掌握了 Spring MVC 与 Hibernate 的联合开发技术，才能完成本书最后的博客系统案例。

习　　题

1. Spring MVC 的工作流程是什么？
2. Spring MVC 怎么和 AJAX 相互调用？
3. 在 Spring MVC 中如何编写拦截器？
4. @RequestMapping 注解用在类上面有什么作用？
5. 如何解决 POST 请求中的乱码问题？GET 请求中的乱码又如何处理呢？
6. 试使用 Spring MVC 和 Hibernate 实现一个用户注册登录的 Web 应用。

第 9 章　FreeMarker 模板引擎

9.1　FreeMarker 模板引擎简介

FreeMarker 是一款模板引擎，即一种基于模板、用来生成输出文本(任何来自于 HTML 格式的文本用来自动生成源代码)的通用工具。FreeMarker 是一个开发包，或者说是一个类库，它不是面向最终用户的，而是为 Java 程序员提供的一款可以嵌入到他们所开发的产品的应用程序。FreeMarker 用来生成 HTML 页面，尤其是实现了基于 MVC(Model-View-Controller，模型-视图-控制器)模式的 Java Servlet 应用程序。使用 MVC 模式的动态页面的设计构思使得可以将前端设计师(编写 HTML 页面的人员)从程序员中分离出来，这样，所有人员各司其职，发挥其最擅长的一面。网页设计师可以改写页面的显示效果而不受程序员编译代码的影响，因为应用程序的逻辑(这里是 Java 程序)和页面设计(这里是 FreeMarker 模板)已经被分开了。页面模板代码不会受到复杂程序代码的影响。这种分离的思想即便对于程序员和页面设计师是同一个人的项目来说，也都是非常有用的，因为分离使得代码保持简洁易读而且易于维护。

9.1.1　模板 + 数据模型 = 输出

假设在一个在线商店的应用系统中需要一个 HTML 页面，与下面这个页面类似：

```
<html>
    <head>
        <title>Welcome!</title>
    </head>
    <body>
        <h1>Welcome Big Joe!</h1>
        <p>Our latest product:
        <a href = "products/greenmouse.html">green mouse</a>!
    </body>
</html>
```

在这里，例如，用户名(所有的 "Big Joe")，应该是登录这个网页的访问者的名字，并且最新产品的数据应该来自于数据库，这样它们才可以随时进行更新。在这样的情况下，不能在 HTML 页面中直接输入登录用户的用户名、最新产品的 URL 和名称，也不能使用静态的 HTML 代码，这样代码等是不能即时改变的。

对于这个问题，FreeMarker 的解决方案是使用模板来代替静态的 HTML 文本。模板文件同样是静态的 HTML 代码，但是除了有这些 HTML 代码外，代码中还包括了一些 FreeMarker 指令元素，这些指令就能够做到动态改变代码的效果。例如，下列模板的使用即可实现动态转换：

```
<html>
    <head>
        <title>Welcome!</title>
    </head>
    <body>
        <h1>Welcome ${user}!</h1>
        <p>Our latest product:
        <a href = "${latestProduct.url}">${latestProduct.name}</a>!
    </body>
</html>
```

这个模板存放在 Web 服务器上，看上去像是静态的 HTML 页面。但不管何时，只要有人来访问这个页面，FreeMarker 将会介入执行，然后动态转换模板，用最新的数据内容替换模板中“${…}”的部分(如用 BigJoe 或者其他的访问者的用户名来代替“${user})”，生成普通的 HTML 文本并发送结果到访问者的 Web 浏览器中去显示。所以访问者的 Web 浏览器会接收到类似于第一个 HTML 示例的内容(也就是说，显示普通的 HTML 文本而没有 FreeMarker 的指令)，因为浏览器也不会感知到 FreeMarker 在服务器端被调用了。模板文件本身(存储在 Web 服务器端的文件)在这个过程中也不会改变什么，所以这个转换过程发生在一次又一次的访问中。这样就保证了显示的信息总是即时的。

该模板并没有包含关于如何找出当前的访问者是谁，或者是如何去查询数据库中查找最新的产品的指令。它似乎已经知道了这些数据是什么。事实也确实是这样的，在 FreeMarker 背后(确切地说，是在 MVC 模式的背后)的重要思想就是表现逻辑和业务逻辑相分离。在模板中，只处理显示相关的问题，也就是视觉设计问题和格式问题。准备要显示的数据(如用户名等)与 FreeMarker 无关，这通常是使用 Java 语言或其他目的语言来编写的程序。所以模板开发人员不需要关心这些数值是如何计算出来的。事实上，在模板保持不变的同时，这些数值的计算方式可以发生根本的变化。而且，除了模板外，页面外观发生的变化可以完全不触碰其他任何东西。当模板开发人员和程序员不是同一个人时，分离带来的好处更是显而易见的。

FreeMarker 并不关心数据是如何计算出来的，FreeMarker 只是知道真实的数据是什么。模板能用的所有数据被包装成 data-model 数据模型。数据模型是通过已经存在的 Java 应用程序得到。概括地讲，模板和数据模型是 FreeMarker 所需参数，并用来生成输出内容的(如之前展示的 HTML)：“模板 + 数据模型 = 输出”。FreeMarker 的工作原理如图 9-1 所示。

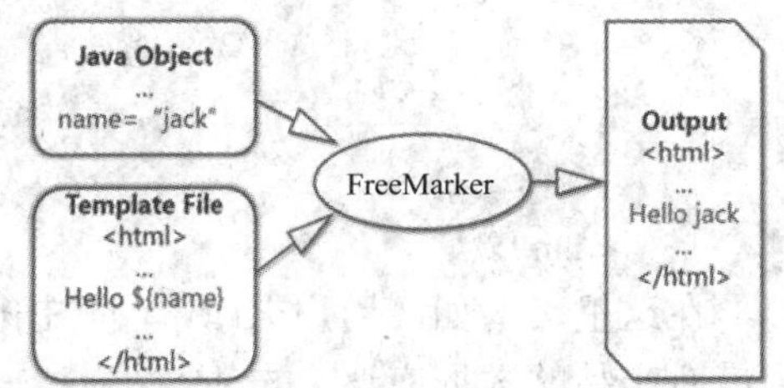

图 9-1 FreeMarker 的工作原理

9.1.2　数据模型

对于模板开发人员而言，数据模型像是树形结构(如硬盘上的文件夹和文件)，正如本例中的数据模型，就可以如下形式来描述：

```
(root)
|
+- user = "Big Joe"
|
+- latestProduct
|  |
|  +- url = "products/greenmouse.html"
|  |
|  +- name = "green mouse"
+- animals
|  |
|  +- mouse
|  |  |
|  |  +- size = "small"
|  |  |
|  |  +- price = 50
```

图 9-1 中变量扮演目录的角色(根 root、user、latestProduct、animals)被称为 hash 哈希表。哈希表通过可查找的名称(如 user、url、name)来访问存储的其他变量(如子变量)。如果仅存储单值的变量(user、url、name)，则它们被称为 scalars 标量。如果要在模板中使用子变量，那应该从根 root 开始指定它的路径，每级之间用点来分隔。如果要访问 price 和 mouse，应该从根开始，先是 animals，然后是 mouse，最后是 price，所以应该这样写："animals.mouse.price"。当放置"${…}"这种特定代码在表达式的前后时，我们就告诉 FreeMarker 在那个位置上要来输出对应的文本。

sequences 序列是一种非常重要的变量，它们与哈希表变量相似，但是它们不存储所包含变量的名称，而是按顺序存储子变量。这样就可以使用数字索引来访问这些子变量了。在下面的数据模型中，fruits 就是序列。

```
(root)
|
+- fruits
   |
   +- (1st)
   |  |
   |  +- name = "orange"
   |  |
   |  +- price = 5
```

```
    +- (2nd)
       |
       +- name = "banana"
       |
       +- price = 8
```

要想获得序列的子变量可以使用数组的方式来访问。数组的索引从零开始，那么就意味着序列第一项的索引是 0，第二项的索引是 1，并以此类推。例如，要得到第一个水果的名称，那么就应该这么写代码："fruits[0].name"。

9.1.3 模板一览

FreeMarker 最简单的模板是普通 HTML 文件。当客户端访问页面时，FreeMarker 要发送 HTML 代码至客户端浏览器端显示。如果想要页面动态化，就要在 HTML 中放置能被 FreeMarker 所解析的特殊部分。其分述如下：

(1) "${…}"：FreeMarker 将会输出真实的值来替换花括号内的表达式，这样的表达式被称为 interpolations 插值，可以参考以上示例的内容。

(2) FTL 标签(FreeMarker 模板的语言标签)：FTL 标签和 HTML 标签有一点相似，但是它们是 FreeMarker 的指令而且是不会直接输出出来的东西。这些标签的使用一般以符号"#"开头。

(3) Comments 注释：FreeMarker 的注释和 HTML 的注释相似，但它是用"<#--"和"-->"来分隔的。任何介于这两个分隔符(包含分隔符本身)之间内容会被 FreeMarker 忽略，就不会输出出来了。

其他任何不是 FTL 标签，插值或注释的内容将被视为静态文本，这些东西就不会被 FreeMarker 所解析，会被按照原样输出出来。

(4) directives 指令：就是所指的 FTL 标签。这些指令在 HTML 的标签(如<table>和</table>)和 HTML 元素(如 table 元素)中的关系是相同的。(如果不能区分它们，那么把"FTL 标签"和"指令"看成是同义词即可。)

9.1.4 指令示例

尽管 FreeMarker 有很多指令，作为入门，在快速了解过程中我们仅仅来看以下两个最为常用的指令及处理方法：

(1) if 指令。当 price 是 0 时，下面的代码将会打印"Pythons are free today!"。

```
<#if animals.python.price == 0>
    Pythons are free today!
</#if>
```

(2) list 指令。当需要用列表来遍历集合的内容时，list 指令是非常好用的。例如，如果在模板中用前面示例描述序列的数据模型：

```
<table border = 1>
    <tr><th>Name</th>Price
    <#list fruits as temp>
```

```
        <tr><td>${temp.name}</td>${temp.price} RMB
        </#list>
    </table>
```

那么输出结果将会是这样的：

```
    <table border = 1>
        <tr><th>Name</th>Price
        <tr><td>orange</td>5 RMB
        <tr><td>banana</td>8 RMB
    </table>
```

(3) 处理不存在的变量。在实际应用中数据模型经常会有可选的变量(也就是说，有时可能不存在实际值)。除了一些典型的人为原因导致失误，FreeMarker 不能容忍引用不存在的变量，除非明确地告诉它当变量不存在时如何处理。这里介绍两种典型的处理方法：对程序员而言，一个不存在的变量和一个是 null 的变量，对于 FreeMarker 来说是一样的，因此这里所指的丢失包含这两种情况。

不论在哪里引用变量，都可以指定一个默认值来避免变量丢失这种情况，通过在变量名后面跟着一个“!”和默认值。就像下面的例子，当 user 从数据模型中丢失时，模板将会将 user 的值表示为字符串 "Anonymous"(若 user 并没有丢失，那么模板就会表现出 "Anonymous" 不存在一样)：

```
    <h1>Welcome ${user!"Anonymous"}!</h1>
```

当然，可以在变量名后面通过放置“??”来询问 FreeMarker 一个变量是否存在。将它和 if 指令合并，那么如果 user 变量不存在，将会忽略整个问候代码段：

```
    <#if user??><h1>Welcome ${user}!</h1></#if>
```

9.2　数值和类型

9.2.1　标量

标量是最基本、最简单的数值类型，它们可以是下列类型的变量：

(1) 字符串：简单的文本，如产品的名称。如果想在模板中直接给出字符串的值，而不是使用数据模型中的变量，那么将文本写在引号内即可，如 "green mouse" 或者 "green mouse"。

(2) 数字：例如，产品的价格。整数和非整数是不区分的，只有单一的数字类型。例如，使用了计算器，计算 3/2 的结果是 1.5 而不是 1。如果要在模板中直接给出数字的值，可以这么来写：150、−90.05 或 0.001。

(3) 布尔值：布尔值代表了逻辑上的对或错(是或否)。例如，用户到底是否登录了。典型的应用是使用布尔值作为 if 指令的条件，如“<#if loggedIn>…</#if>”或者“<#if price == 0>…</#if>”，后面这个“price == 0”部分的结果就是布尔值。在模板中可以使用保留字 true 和 false 来指定布尔值。

(4) 日期：日期变量可以存储和日期/时间相关的数据。其一共有以下三种变化：

- 精确到天的日期(通常指的是“日期”)，如“April 4, 2003”。
- 每天的时间(不包括日期部分)，如“10:19:18 PM”。时间的存储精确到毫秒。
- 日期-时间(也称为“时间戳”)，如“April 4, 2003 10:19:18 PM”。时间部分的存储精确到毫秒。

不幸的是，受到 Java 平台的限制，FreeMarker 不能决定日期的哪部分来使用(也就是说，是日期-时间格式、每天的时间格式等)。这个问题的解决方法是高级主题了，后面的章节将会讨论到。在模板中直接定义日期数值是可以的，但这也是高级主题，后面的章节将会讨论到。

要记住，FreeMarker 区分字符串、数字和布尔值，因此字符串 "150" 和数字 150 是完全不同的两种数值。数字持有的是数字的值，布尔值表达的是逻辑上的对或错，字符串可以是任意字符的序列。

9.2.2 容器

有些值存在的目的是为了包含其他变量，它们仅仅作为容器。被包含的变量通常是子变量。容器的类型有：

(1) 哈希表：每个子变量都可以通过一个唯一的名称来查找，这个名称是不受限制的字符串。哈希表并不确定其中子变量的顺序，也就是说没有“第一个变量、第二个变量”这样的说法，变量仅仅是通过名称来访问的。

(2) 序列：每个子变量通过一个整数来标识。第一个子变量的标识符是 0，第二个是 1，第三个是 2，以此类推，而且子变量是有顺序的。这些数字通常被称为是子变量的索引。序列通常比较密集，也就是所有的索引，包括最后一个子变量的，它们和子变量都是相关联的，但不是绝对必要的。子变量的数值类型也并不需要完全一致。

(3) 集合：从模板设计者角度来看，集合是有限制的序列。不能获取集的大小，也不能通过索引取出集中的子变量，但是它们仍然可以通过 list 指令来遍历。

需要注意的是，一个数值可以有多种类型。对于一个数值可能存在哈希表和序列这两种类型，这时，该变量就支持索引和名称两种访问方式。不过容器基本是作为哈希表或者序列来使用的，而不是两者同时使用。

尽管存储在哈希表、序列(集)中的变量可以是任意类型的，这些变量也可以是哈希表、序列(集)。这样就可以构建任意深度的数据结构。数据模型本身(最好说成是它的根)也是哈希表。

9.2.3 方法和函数

当一个值是方法或函数时，那么它就可以计算其他值，结果取决于传递给它的参数。这部分是对程序员来说的：方法/函数是第一类值，就像函数化的编程语言。也就是说，函数/方法也可以是其他函数或方法的参数或者返回值，并可以把它们定义成变量。假设程序员在数据模型中放置了一个方法变量 avg，那么它就可以被用来计算数字的平均值。给定 3 和 5 作为参数，访问 avg 时就能得到结果 4。

方法的使用后续章节会有解释，下面这个示例会帮助我们理解方法的使用：

```
The average of 3 and 5 is: ${avg(3, 5)}
The average of 6 and 10 and 20 is: ${avg(6, 10, 20)}
```

可以得到如下的输出：

```
The average of 3 and 5 is: 4
The average of 6 and 10 and 20 is: 12
```

那么方法和函数有什么区别呢？这是模板设计者所关心的，它们没有关系，但也不是一点关系都没有。方法是来自于数据模型(它们反射了 Java 对象的方法)，而函数是定义在模板内的，但二者可以用同一种方式来使用。

9.3　模板

9.3.1　总体结构

实际上用程序语言编写的程序就是模板，模板也被称为 FTL(代表 FreeMarker 模板语言)。这是为编写模板设计的非常简单的编程语言。

模板(FTL 编程)是由以下部分混合而成的：

- Text 文本：文本会照着原样来输出。
- Interpolation 插值：这部分的输出会被计算的值来替换。插值由“${”和“}”所分隔。
- FTL 标签：FTL 标签和 HTML 标签很相似，但是它们却是给 FreeMarker 的指示，而且不会打印在输出内容中。
- Comments 注释：FTL 的注释和 HTML 的注释很相似，但它们是由“<#--”和“-->”来分隔的。注释会被 FreeMarker 所忽略，更不会在输出内容中显示。

```
<html>
<head>
<title>Welcome!</title>
</head>
<body>
    <#-- Greet the user with his/her name -->
    <h1>Welcome ${user}!</h1>
    <p>We have these animals:
    <ul>
    <#list animals as being>
        <li>${being.name} for ${being.price} Euros
    </#list>
    </ul>
</body>
</html>
```

FTL 是区分大小写的。list 是指令的名称，而 List 就不是，类似地“${name}”、“${Name}”或“${NAME}”，它们也是不同的。

应该意识到非常重要的一点：插值仅仅可以在文本中间使用。

FTL 标签不可以在其他 FTL 标签和插值中使用。下面这样写就是错的：

```
<#if <#include 'foo'> = 'bar'>...</#if>
```

注释可以放在 FTL 标签和插值中间。例如：

```
<h1>Welcome ${user <#-- The name of user -->}!</h1>
<p>We have these animals:
<ul>
<#list <#-- some comment... --> animals as <#-- again... --> being>
```

9.3.2 指令

使用 FTL 标签来调用 directives 指令，如调用 list 指令。在语法上我们使用了两个标签：“<#list animals as being>”和“</#list>”。

标签分为以下两种：

- 开始标签：“<#directivename parametes>”。
- 结束标签：“</#directivename>”。

除了标签以“#”开头外，其他都与 HTML、XML 的语法很相似。如果标签没有嵌套内容(在开始标签和结束标签之内的内容)，那么可以只使用开始标签。例如，<#if something>... </#if>，但是 FreeMarker 知道<#include something>中 include 指令没有可嵌套的内容。

parameters 的格式由 directivename 来决定。

事实上，指令有两种类型：预定义指令和用户自定义指令。对于用户自定义的指令使用“@”来代替“#”，如<@mydirective parameters>...</@mydirective>。更深的区别在于，如果指令没有嵌套内容，那么必须这么使用<@mydirective parameters/>，这和 XML 语法很相似(如<img.../>)。但是用户自定义指令是后面要讨论的高级主题。

像 HTML 标签一样，FTL 标签必须正确地嵌套使用。下面这段示例代码就是错误的，因为 if 指令在 list 指令嵌套内容的内外都有：

```
<ul>
<#list animals as being>
    <li>${being.name} for ${being.price} Euros
    <#if user == "Big Joe">
        (except for you)
    </#list> <#-- WRONG! The "if" has to be closed first. -->
      </#if>
</ul>
```

注意：FreeMarker 仅仅关心 FTL 标签的嵌套而不关心 HTML 标签的嵌套，它只会把 HTML 看成是相同的文本，不会来解释 HTML。

如果用户尝试使用一个不存在的指令(如输错了指令的名称)，FreeMarker 就会拒绝执行模板，同时抛出错误信息。

FreeMarker 会忽略 FTL 标签中的多余空白标记，也可以这么来写代码：

```
<#list
  animals as
  Being
>
  ${being.name} for ${being.price} Euros
</#list>
```

9.3.3　表达式

当需要给插值或者指令参数提供值时，可以使用变量或其他复杂的表达式。例如，我们设 x 为 8、y 为 5，那么(x+y)/2 的值就会被处理成数字类型的值 6.5。

在我们展开细节之前，先来看一些具体的例子：

(1) 当给插值提供值时：插值的使用方式为“${expression}”，把它放到想输出文本的位置上，然后给值就可以打印了。即“${(5+8)/2}”会打印值 6.5 出来。

(2) 当给指令参数提供值时：在前面的章节我们已经看到 if 指令的使用了。这个指令的语法是：“<#if expression>...</#if>”。这里的表达式计算结果必须是布尔类型的。例如，<#if 2 <3>中的 2 < 3(2 小于 3)是结果为 true 的布尔表达式。

1. 字符串

在文本中确定字符串值的方法是看引号和单引号，如 "some text" 或 'some text'，这两种形式是相等的。如果文本本身包含用于字符引用的引号(双引号 " 或单引号')或反斜杠时，应该在它们的前面再加一个反斜杠，这就是转义。转义允许用户直接在文本中输入任何字符，也包括反斜杠。例如：

```
${"It's \"quoted\" and this is a backslash: \\"}
${'It\'s "quoted" and this is a backslash: \\'}
```

输出为：

```
It's "quoted" and this is a backslash: \
It's "quoted" and this is a backslash: \
```

这里当然可以直接在模板中输入文本而不需要“${.....}”。但是我们在这里用它只是为了来说明表达式的使用。

表 9-1 是 FreeMarker 支持的所有转义字符。在字符串使用反斜杠的其他所有情况都是错误的，运行这样的模板都会失败。

一种特殊的字符串就是原生字符串。在原生字符串中，反斜杠和“${”没有特殊的含义，它们被视为普通的字符。为了表明字符串是原生字符串，在开始的引号或单引号之前放置字母“r”，例如：

```
${r"${foo}"}
${r"C:\foo\bar"}
```

将会打印：

```
${foo}
C:\foo\bar
```

表 9-1　转义字符表

转义序列	含　义	转义序列	含　义
\"	引号(u0022)	\b	退格(u0008)
\'	单引号(又称为撇号)(u0027)	\f	换页(u000C)
\\	反斜杠(u005C)	\l	小于号：<
\n	换行符(u000A)	\g	大于号：>
\r	回车(u000D)	\a	和号：&
\t	水平制表符(又称为标签)(u0009)	\xCode	字符的 16 进制 Unicode 码(UCS 码)

1) 连接操作

如果要在字符串中插入表达式的值，可以在字符串的文字中使用“${…}”(“#{…}”)。“${...}”的作用和在文本区的是相同的。假设 user 是 "Big Joe"，看下面的代码：

```
${"Hello ${user}!"}
${"${user}${user}${user}${user}"}
```

将会打印如下内容：

```
Hello Big Joe!
Big JoeBig JoeBig JoeBig Joe
```

2) 获取一个字符

在给定索引值时，可以获取字符串中的一个字符，这与下文中从序列检索数据是相似的，如“user[0]”。这个操作执行的结果是一个长度为 1 的字符串，FTL 并没有独立的字符类型。和序列中的子变量一样，这个索引也必须是数字，范围是从 0 到字符串的长度，否则模板的执行将会发生错误并终止。看一个例子(假设 user 是 "Big Joe")：

```
${user[0]}　${user[4]}
```

将会打印出(注意第一个字符的索引是 0)：

```
B　J
```

2. 数字

输入不带引号的数字就可以直接指定一个数字，必须使用点作为小数的分隔符，而不能是其他的分组分隔符。可以使用“–”或“+”来表明符号(“+”是多余的)。科学记数法暂不支持使用("1E3"就是错误的)，而且也不能在小数点之前不写 0(“.5”也是错误的)。

下面的数字都是合法的：0.08、–5.013、8、008、11、+11。

数字 08、+8、8.00 和 8 是完全相等的，它们都是数字 8。因此 ${08}、${+8}、${8.00} 和 ${8} 打印的都是相同的。

3. 布尔型

直接写 true 或 false 就表征一个布尔值了，不需使用引号。

4. 序列

指定一个文字的序列，使用逗号来分隔其中的每个子变量，然后把整个列表放到方括号中。例如：

```
<#list ["winter", "spring", "summer", "autumn"] as x>
    ${x}
</#list>
```

将会打印出：

```
winter
spring
summer
autumn
```

列表中的项目是表达式，那么可以这样做：“[2 + 2, [1, 2, 3, 4],"whatnot"]”，其中，第一个子变量是数字 4，第二个子变量是一个序列，第三个子变量是字符串 "whatnot"。

可以用 start..end 定义存储数字范围的序列，这里的 start 和 end 是处理数字值表达式，如 2..5 和[2, 3, 4, 5] 是相同的，但是使用前者会更有效率(内存占用少而且速度快)。可以看出前者没有使用方括号，这样可以用来定义递减的数字范围，如 5..2(此外，还可以省略 end，只需 5..即可，但这样序列默认包含 5、6、7、8 等递增量直到无穷大)。

这和从哈希表中检索是相同的，但是只能使用方括号语法形式来进行，而且方括号内的表达式最终必须是一个数字而不是字符串。在 9.1.2 节的数据模型示例中，为了获取第一个水果的名字(记住第一项数字索引是 0 而不是 1)可以这么来写：“fruits[0].name”。

此外，当迭代集合对象时，还包含两个特殊的循环变量：

- item_index：当前变量的索引值。
- item_has_next：是否存在下一个对象。

1) 连接操作

序列的连接可以使用“+”号来进行，例如：

```
<#list ["Joe", "Fred"] + ["Julia", "Kate"] as user>
- ${user}
</#list>
```

将会打印出：

```
- Joe
- Fred
- Julia
- Kate
```

需要注意的是，不要在很多重复连接时使用序列连接操作，如在循环中向序列上追加项目。而这样的使用是可以的：“<#list users + admins as person>”。尽管序列连接得很快，而且速度是和被连接序列的大小相独立的，但是最终的结果序列的读取却比原先的两个序列慢那么一点。通过这种方式进行的许多重复连接最终产生的序列读取的速度会慢。

2) 序列切分

使用[firstindex..lastindex]可以获取序列中的一部分，这里的 firstindex 和 lastindex 表达式的结果是数字。如果 seq 存储序列 "a", "b", "c","d", "e", "f"，那么表达式 seq[1..4]将会是含有 "b", "c", "d", "e" 的序列(索引为 1 的项是"b"，索引为 4 的项是"e")。

lastindex 可以被省略，那么这样将会读取到序列的末尾。如果 seq 存储序列 "a","b","c","d","e","f"，那么 seq[3..]将是含有 "d", "e", "f" 的序列。

5. 哈希表

在模板中指定一个哈希表，就可以遍历用逗号分隔开的“键/值”对，把列表放到花括号内。键和值成对出现并以冒号分隔。看这个例子：“{"name":"green mouse", "price":150}”。我们注意到，名字和值都是表达式，但是用来检索的名字就必须是字符串类。

如果有一个表达式的结果是哈希表，那么我们可以使用点和子变量的名字得到它的值，假设我们有如下的数据模型：

```
(root)
|
+- book
|  |
|  +- title = "Breeding green mouses"
|  |
|  +- author
|       |
|       +- name = "Julia Smith"
|       |
|       +- info = "Biologist, 1923-1985, Canada"
|
+- test = "title"
```

现在，就可以通过 book.title 来读取 title 表达式，book 将返回一个哈希表。按这种逻辑进一步来说，我们可以使用表达式 book.author.name 来读取到 auther 的 name。

如果我们想指定同一个表达式的子变量，那么还有另外一种语法格式：“book["title"]”。在方括号中可以给出任意长度字符串的表达式。在上面这个数据模型示例中还可以获取 title，即“book[test]”。下面这些示例它们含义都是相等的：

```
book.author.name, book["author"].name, book.author.["name"],
book["author"]["name"]
```

像连接字符串那样，也可以使用“+”号的方式来连接哈希表。如果两个哈希表含有键相同的项，那么在“+”号右侧的哈希表中的项目会覆盖左侧的值。例如：

```
<#assign ages = {"Joe":23, "Fred":25} + {"Joe":30, "Julia":18}>
- Joe is ${ages.Joe}
- Fred is ${ages.Fred}
- Julia is ${ages.Julia}
```

将会打印出：

```
- Joe is 30
- Fred is 25
- Julia is 18
```

9.3.4　运算符

1. 算数运算符

算数运算符包含基本的四则运算和求模运算，运算符有：

- 加法："+"。
- 减法："–"。
- 乘法："*"。
- 除法："/"。
- 求模(求余)："%"。

示例如下：

```
${100 – x*x}
${x/2}
${12%10}
```

假设 x 是 5，就会打印出：

```
75    2.5    2
```

注意：如果"+"号的一端是字符串，另外一端是数字，那么数字就会自动转换为字符串类型，此时"+"号是用来连接字符串的。通常来说，FreeMarker 不会自动将字符串转换为数字，反之会自动进行。

有时我们只想获取计算结果的整数部分，这可以使用内建函数 int 来解决(关于内建函数在后续章节会来解释)。例如：

```
${(x/2)?int}
${1.1?int}
${1.999?int}
${-1.1?int}
${-1.999?int}
```

仍然假设 x 的值是 5，那么将会输出：

```
2    1    1    -1    -1
```

2. 比较运算符

有时我们需要知道两个值是否相等，或者哪个数的值更大一点。为了演示具体的例子，我们在这里使用 if 指令。if 指令的用法是："<#if expression>...</#if>"，其中，表达式的值必须是布尔类型，否则将会出错，模板执行中断。如果表达式的结果是 true，那么在开始和结束标记内的内容将会被执行，否则就会被跳过。

测试两个值相等使用"="(或者采用 Java 和 C 语言中的"=="，二者是完全等同的。)

测试两个值不等使用"!="。例子中假设 user 是 "Big Joe"。

```
<#if user = "Big Joe">
It is Big Joe
</#if>
<#if user != "Big Joe">
    It is not Big Joe
</#if>
```

<#if ...>中的表达式 user = "Big Joe" 结果是布尔值 true，上面的代码将会输出 "It is Big Joe"。

“=” 或 “!=” 两边的表达式的结果都必须是标量，而且两个标量都必须是相同类型(也就是说，字符串只能和字符串来比较、数字只能和数字来比较等)。否则将会出错，模板执行中断。例如，<#if 1 = "1">就会导致错误。需要注意的是，FreeMarker 进行的是精确的比较，因此字符串在比较时要注意大小写和空格："x"、"x " 和 "X" 是不同的值。

对数字和日期类型的比较，也可以使用“<”、“<=”、“>=” 和 “>”。不能把它们作为字符串来比较。例如：

```
<#if x <= 12>
    x is less or equivalent with 12
</#if>
```

在使用“>=” 和 “>” 时有一个小问题。FreeMarker 解释 “>” 时可以把它作为 FTL 标签的结束符。为了避免这种问题，不得不将表达式放到括号内，即 “<#if (x > y)>”，或者可以在比较关系处使用 “>” 和 “<”，即 “<#if x > y>”。

3. 逻辑运算符

常用的逻辑操作符：

- 逻辑或：“||”。
- 逻辑与：“&&”。
- 逻辑非：“!”。

逻辑操作符仅仅在布尔值之间有效，若用在其他类型将会产生错误导致模板执行中止。例如：

```
<#if x < 12 && color = "green">
    We have less than 12 things, and they are green.
</#if>
<#if !hot> <#-- here hot must be a boolean -->
    It's not hot.
</#if>
```

4. 内建函数

正如其名，内建函数提供始终可用的内置功能。内建函数以 “?” 号的形式提供变量的不同形式或者其他信息。使用内建函数的语法和访问哈希表子变量的语法很像，除了使用 “?” 号来代替点，其他的都一样。例如，得到字符串的大写形式：“user?upper_case”。

在参考文档中可以查到所有内建函数的资料。现在，我们只需了解一些重要的内建函数就行了。

(1) 字符串使用的内建函数：

- html：字符串中所有的特殊 HTML 字符都需要用实体引用来代替(如代替“<”)。
- cap_first：字符串的第一个字母变为大写形式。
- lower_case：字符串的小写形式。
- upper_case：字符串的大写形式。
- trim：去掉字符串首尾的空格。

(2) 序列使用的内建函数：

- size：序列中元素的个数。
- chunk(size)：分成几个一组。

(3) 数字使用的内建函数：

int：数字的整数部分(如“-1.9?int”就是 -1)。例如：

```
${test?html}
${test?upper_case?html}
```

假设字符串 test 存储"Tom & Jerry"，那么输出为：

```
Tom & Jerry
TOM & JERRY
```

注意：“test?upper_case?html”，内嵌函数双重使用，“test?upper_case”的结果是字符串了，但也还可以继续在其后使用 HTML 内建函数。另外一个例子如下：

```
${seasons?size}
${seasons[1]?cap_first}
${"horse"?cap_first}
```

假设 seasons 存储了序列 "winter", "spring", "summer", "autumn"，那么上面的输出将会是：

```
4    Spring    Horse
```

5. 处理不存在的值

正如我们前面解释的那样，当访问一个不存在的变量时 FreeMarker 将会报错而导致模板执行中断。通常我们可以使用两个操作符来压制这个错误，控制错误的发生。被控制的变量可以是顶层变量、哈希表或序列的子变量。

1) 默认值

使用形式概览：“unsafe_expr!default_expr 或 unsafe_expr!”或“(unsafe_expr)!default_expr 或(unsafe_expr)!”。这个操作符允许用户为可能不存在的变量指定一个默认值。

例如，假设下面展示的代码中没有名为“mouse”的变量：

```
${mouse!"No mouse."}
<#assign mouse = "Jerry">
${mouse!"No mouse."}
```

将会输出：

```
No mouse.
Jerry
```

默认值可以是任何类型的表达式，也可以不必是字符串。可以写成："hits!0" 或 "colors!["red", "green", "blue"]"。默认值表达式的复杂程度没有严格限制，还可以写成："cargo.weight!(item.weight * itemCount + 10)"。

如果默认值被省略了，那么结果将会是空串、空序列或空哈希表(这是 FreeMarker 允许多类型值的体现)。如果想让默认值为 0 或 false，则注意不能省略它。例如：

```
(${mouse!})
<#assign mouse = "Jerry">
(${mouse!})
```

输出为：

```
()
(Jerry)
```

在不是顶层变量时，默认值操作符可以有以下两种使用方式：

```
product.color!"red"
```

如果是这样的写法，那么在 product 中，当 color 不存在时(返回 "red")，将会被处理，但是如果连 produce 都不存在时将不会处理。也就是说，这样写时变量 product 必须存在，否则模板就会报错。

```
(product.color)!"red"
```

这时，如果 product 不存在或者 product 存在而 color 不存在，都能显示默认值 "red" 而不会报错。本例和上例写法的重要区别在于用括号时，就允许其中表达式的任意部分可以未定义。

当然，默认值操作也可以作用于序列，例如：

```
<#assign seq = ['A','B']>
${seq[0]!'-'}
${seq[1]!'-'}
${seq[2]!'-'}
${seq[3]!'-'}
```

输出为：

```
A    B    -    -
```

2) 检测不存在的值

使用形式概览："unsafe_expr??" 或 "(unsafe_expr)??"。这个操作符告诉我们一个值是否存在。基于这种情况，结果是 true 或 false。

假设并没有名为 "mouse" 的变量，例如：

```
<#if mouse??>
    Mouse found
<#else>
    No mouse found
</#if>
Creating mouse...
<#assign mouse = "Jerry">
```

```
<#if mouse??>
    Mouse found
<#else>
    No mouse found
</#if>
```

输出为：

```
No mouse found
Creating mouse...
Mouse found
```

访问非顶层变量的使用规则和默认值操作符也是一样的，即“product.color??”和“(product.color)??”。

6. 操作符的优先级

表 9-2 显示了已定义的操作符的优先级。表格中的运算符按照优先程度降序排列：上面的操作符优先级高于它下面的。高优先级的运算符执行要先于优先级比它低的运算符。表格同一行上的两个操作符优先级相同。当有相同优先级的二元运算符(运算符有两个参数，如“+”和“-”)挨着出现时，它们按照从左到右的原则运算。

表 9-2　已定义的操作符的优先级

运算符组	运　算　符
最高优先级运算符	[subvarName] [subStringRange] . ? (methodParams) expr! expr??
一元前缀运算符	+expr　-expr　!expr
乘除法，求模运算符	* / %
加减法运算符	+ -
数字值域	.. ..< ..! ..*
关系运算符	<　>　<=　>= (and equivalents:gt,lt,etc.)
相等，不等运算符	== != (and equivalents:=)
逻辑 "与" 运算符	&&
逻辑 "或" 运算符	||

9.3.5　插值

插值的使用格式是：“${expression}”，这里的 expression 可以是所有种类的表达式(如“${100 + x}”)。

插值是用来给表达式插入具体值然后转换为文本(字符串)。插值仅仅可以在两种位置使用：在文本区(如“<h1>Hello${name}!</h1>”)和字符串(如“<#include "/footer/${company}.html">”)中。

表达式的结果必须是字符串，数字或者日期/时间/日期-时间值，因为(默认是这样)仅仅这些值可以被插值自动转换为字符串。其他类型的值(如布尔值、序列)必须“手动地”转换成字符串，否则就会发生错误，中止模板执行。

一个常犯的错误是在不能使用插值的地方使用了它。插值仅仅在文本区(如“<h1>Hello ${name}!</h1”和字符串(如“<#include "/footer/${company}.html">”)中起作用。典型的错误使用是：“<#if ${big}>...</#if>”，这是语法上的错误。只要简单写为：“<#if big>...</#if>”即可。

1. 字符串插值

如果插值在文本区(也就是说，不在字符串表达式中)，如果 escape 指令起作用了，那么将被插入的字符串会被自动转义。如果要生成 HTML，那么强烈建议用户利用它来阻止跨站脚本攻击和非格式良好的 HTML 页面。这里有一个示例：

```
<#escape x as x?html>
  ...
  <p>Title: ${book.title}</p>
  <p>Description: <#noescape>${book.description}</#noescape></p>
  <h2>Comments:</h2>
  <#list comments as comment>
    <div class = "comment">
      ${comment}
    </div>
  </#list>
  ...
</#escape>
```

这个示例展示了当生成 HTML 时，最好将完整的模板放入到 escape 指令中。那么，如果 book.title 包含“&”，在输出中它就会被替换成“&”，而页面还会保持为格式良好的 HTML。如果用户注释包含如<iframe>(或其他元素)的标记，那么就会被转义成<iframe>的样子，使它们没有任何有害点。但有时在数据模型中真的需要 HTML，我们假设上面的 book.description 在数据库中的存储是 HTML 格式的，那么此时不得不使用 noescape 来抵消 escape 的转义。

2. 数字插值

如果表达式是数字类型，那么根据数字的默认格式，数值将会转换成字符串。这也许会包含最大的小数，数字分组和相似处理的问题。通常程序员应该设置默认的数字格式；而模板设计者不需要处理它(但是可以使用 number_format 来设置，详情请参考 setting 指令部分的文档)。可以使用内建函数 string 为一个插值来重写默认数值格式。

3. 日期/时间插值

如果表达式的值是时间日期类型，那么日期中的数字将会按照默认格式来转换成文本。通常程序员应该设置默认格式，而页面设计者无需处理这一点。(如果需要的话，可以参考 date_format、time_format 和 datetime_format 的 setting 指令设置)。当然，也可以使用内建函数 string 来覆盖单独插值的默认格式。

4. 布尔值插值

若要使用插值方式来打印布尔值，会引起错误，中止模板的执行。例如，“${a == 2}”

就会引起错误，它不会打印“true”或其他内容。这是因为没有全局来表示布尔值的好方法(有时想输出 yes/no，但有时是想要 enabled/disabled、on/off 等)。

我们可以使用内建函数“?string”来将布尔值转换为字符串形式。例如，输出变量 "married" 的值(假设它是一个布尔值)，那么可以写成：“${married?string("yes", "no")}”。

可以使用设置参数 boolean_format 来为 FreeMarker 配置默认的布尔值格式。那么，直接编写“${married}”这样的代码就不会有问题了。但在很多应用程序中，这样的做法是不推荐使用的，因为布尔值在不同的地方就应该呈现出不同的格式，同时将格式留作默认值也可以认为是疏忽，因为这可能导致错误产生。

当要生成 JavaScript 或其他计算机语言代码部分时，那么可以考虑使用“${someBoolean?c}("c" 代表计算机)”来输出布尔值 true/false。

9.4　FreeMarker 与 Spring MVC 整合

为加强对 Spring MVC 和 FreeMarker 集成开发的理解，在本节中我们将使用 Spring MVC 4 和 FreeMarker 2.3.24 来开发一个经典应用程序。

开发此应用程序所涉及的技术和工具如下：

- Spring Web MVC 4.3.0.RELEASE。
- FreeMarker 2.3.24。
- Maven 3。
- JDK 1.7。
- Tomcat 8。
- Eclipse Java EE IDE (Luna Service Release 2)。

第一步：创建 Web 工程。

打开 Eclipse，选择“File”→“New”→“Project”，再选择 Dynamic Web Project，如图 9-2 所示。

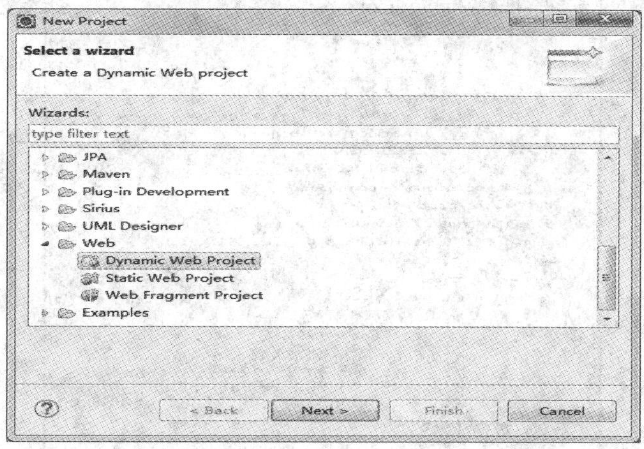

图 9-2　创建 Web 工程

第二步：配置 Maven 的“Pom.xml”。

修改“Pom.xml”文件，添加工程需要的 jar 包依赖，其主要有 Spring 框架核心库、Spring MVC、FreeMarker 等。添加 Freemarker 的 jar 包，还需要额外添加 spring-content-support 的 jar 包，不然会报错。具体代码如下：

```
<dependency>
    <groupId>org.springframework</groupId>
    <artifactId>spring-context</artifactId>
    <version>4.3.3.RELEASE</version>
</dependency>
<dependency>
    <groupId>org.springframework</groupId>
    <artifactId>spring-context-support</artifactId>
    <version>4.3.3.RELEASE</version>
</dependency>
<dependency>
    <groupId>org.springframework</groupId>
    <artifactId>spring-webmvc</artifactId>
    <version>4.3.3.RELEASE</version>
</dependency>
<dependency>
    <groupId>org.freemarker</groupId>
    <artifactId>freemarker</artifactId>
    <version>2.3.24</version>
</dependency>
```

最终完成的工程目录如图 9-3 所示。

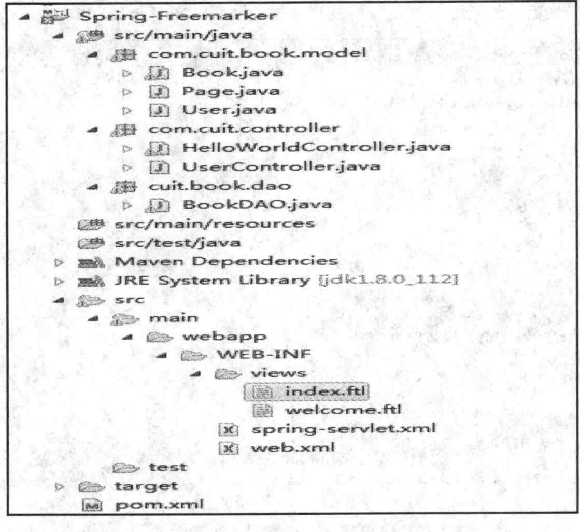

图 9-3　工程目录

第三步：配置 Spring MVC。

如果要在 Spring 中使用 FreeMarker，那么需要在 Spring 的配置文件(springmvc-servlet.xml)中添加对 FreeMarker 的配置。基本配置包括两个方面：一个是配置模板文件存放的路径和编码格式；另一个是视图解析的后缀名及文件类型。对于 Spring MVC 的配置，在前面已经学习，本章在此省略。

对 FreeMarker 的配置如下：

```
<bean class = "org.springframework.web.servlet.view.
        freemarker.FreeMarkerConfigurer">
    <property name = "templateLoaderPath" value = "WEB-INF/view/" />
    <property name = "defaultEncoding" value = "UTF-8" />
</bean>

<bean class = "org.springframework.web.servlet.view.
        freemarker.FreeMarkerViewResolver">
    <property name = "suffix" value = ".ftl" />
    <property name = "contentType" value = "text/html;charset = UTF-8" />
</bean>
```

第四步：编写 POJO 类。

在 Spring MVC 中，MVC 是指 Model-View-Controller，而对于 Model，我们在开发中一般是 POJO。在本次案例中，我们创建一个 User 类，它包括两个属性(firstName 和 lastName)。具体代码如下：

```
public class User {
    private String firstName;
    private String lastName;

    public User() {
    }

    public User(String firstname, String lastname) {
        this.firstName = firstname;
        this.lastName = lastname;
    }

    //Add Getter and Setter methods
}
```

第五步：创建控制类 UserController。

UserController 中的 Controller 就是 MVC 中的 C 了，主要负责业务逻辑的处理。我们这里使用注解的方式，具体代码如下：

```
@Controller
public class UserController {
    private static List<User> userList = new ArrayList<User>();

    //Initialize the list with some data for index screen
    static {
        userList.add(new User("Bill", "Gates"));
        userList.add(new User("Steve", "Jobs"));
        userList.add(new User("Larry", "Page"));
        userList.add(new User("Sergey", "Brin"));
        userList.add(new User("Larry", "Ellison"));
    }

    @RequestMapping(value = "/index", method = RequestMethod.GET)
    public ModelAndView index(ModelAndView mv) {
        mv.addObject("userList", userList);
        mv.setViewName("index");
    }

    @RequestMapping(value = "/add", method = RequestMethod.POST)
    public String add(@ModelAttribute("user") User user) {
        if (null != user && null != user.getFirstname()
                    && null != user.getLastname()
                    && !user.getFirstname().isEmpty()
                    && !user.getLastname().isEmpty()) {
                synchronized (userList) {
                    userList.add(user);
                }
        }
        return "redirect:index.html";
    }
}
```

在 UserController 类中，我们创建了一个静态变量 userList 用于存储 user 信息示例。需要注意的是，在真实的开发场景中，数据的读取一般都来自数据库，这里只是为方便演示。同时，在 UserController 类中我们定义了两个方法：index()和 add()，并使用注解@RequestMapping 来标识对相应请求的处理。其中，index()方法将用户列表信息存储在模型对象 userList 中，并呈现在“index”视图(“index.ftl”)。add()方法从 html 表单获取用户的详细信息，并将其添加到静态列表 userList 中。一旦 add()添加了用户，它只需将请求重定向到“/index.html”，就将呈现最新的用户列表。

第六步：创建视图模板。

我们需要在“/WebContent/WEB-INF/view/”文件夹(前面 Freemarker 配置文件中已定义)下，创建“index.ftl”模板文件。具体代码如下：

```
<html>
<head><title>FreeMarker Spring MVC Hello World</title>
<body>
<div id = "header">
<H2>
     FreeMarker Spring MVC Hello World
</H2>
</div>

<div id = "content">
  <fieldset>
     <legend>Add User</legend>
  <form name = "user" action = "add" method = "post">
     Firstname: <input type = "text" name = "firstname" />       <br/>
     Lastname: <input type = "text" name = "lastname" />         <br/>
     <input type = "submit" value = "     Save     " />
  </form>
  </fieldset>
  <br/>
  <table class = "datatable">
     <tr>
          <th>Firstname</th>    <th>Lastname</th>
     </tr>
    <#list userList as user>
     <tr>
          <td>${user.firstName}</td> <td>${user.lastName}</td>
     </tr>
    </#list>
  </table>
</div>
</body>
</html>
```

最终页面的运行结果如图 9-4 所示。

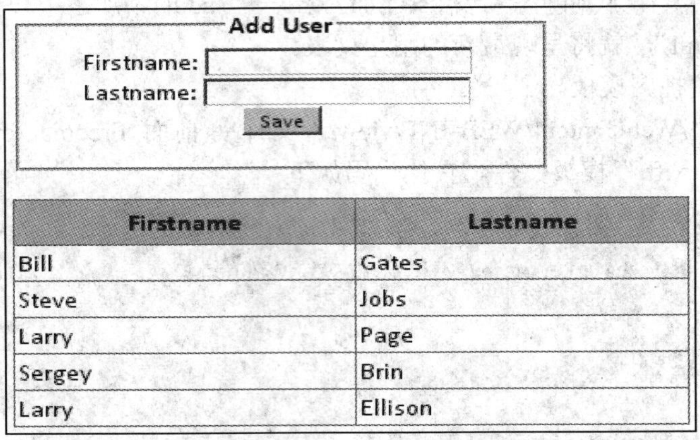

Add User

Firstname:

Lastname:

Save

Firstname	Lastname
Bill	Gates
Steve	Jobs
Larry	Page
Sergey	Brin
Larry	Ellison

图 9-4　运行结果

本 章 小 结

在我们以往的开发中，使用的都是 JSP 页面来做前端展现，因此在 JSP 页面中容易存在大量的业务逻辑代码，使得页面内容凌乱，在后期大量的修改维护过程中就变得非常困难。FreeMarker 的原理是："模板 + 数据模型 = 输出"。模板只负责数据在页面中的表现，不涉及任何的逻辑代码，而所有的逻辑都是由数据模型来处理的。用户最终看到的输出是模板和数据模型合并后创建的，彻底地实现了分离表现层和业务逻辑。从而使人员分工更加明确，作为界面开发人员，只专心创建 HTML 文件、图像以及 Web 页面的其他可视化方面，不用理会数据。而程序开发人员则专注于系统实现，负责为页面准备要显示的数据。因此我们将不必等待在界面设计开发人员完成页面原形后再来开发程序，从而大大提高了开发效率。

习　　题

1. 简述 FreeMarker 的工作原理。
2. 在 Freemarker 中标量和容器分别有哪些？
3. 在 Freemarker 中如何判断和处理 null 值或不存在的值？
4. 在 Freemarker 中如何输出布尔值？
5. 试使用 Spring MVC+Hibernate+Freemarker 实现一个会员管理的 Web 应用。

第 10 章　博客系统的设计与实现

本章我们将通过一个具体的博客系统案例开发来讲解使用“FreeMarker + Spring + Hibernate”集成框架的开发过程。下面我们先来了解一下这个博客系统的整体功能。

10.1　博客系统分析与设计

10.1.1　需求概述

博客系统一般来说专注于表达，例如，对特定的新闻或研究课题的评论、记录个人生活的日记或者专业知识学习笔记。总体来说，一个基本的博客系统主要功能包括内容发布、内容管理、内容浏览、评论(包括评论、回复评论)、个人信息设置等。

(1) 内容发布：用户登录进系统以后可以发布自己的内容，包括文章、图片等。用户可以对文章进行编辑、排版，插入图片进行图文混排等，完成编辑后，点击“发布”按钮即可发布，所有发布的内容将按照时间顺序排列在用户自己的时间轴上。

(2) 内容管理：用户登入系统后可查看自己发表的内容及其评论，删除自己不想保存的内容。根据需要将某一项或某些项内容置顶，以方便经常性地查看。

(3) 内容浏览：用户可以浏览其他用户发表的内容，系统会为用户生成三个内容列表，包括已关注人最近发表的内容列表、热门内容列表、推荐内容列表。用户可以点击任何一个列表查看并进入自己感兴趣的内容进行阅读。

(4) 评论管理：用户在阅读他人的内容时，可以对其进行评论。如果觉得内容很好可以点赞，也可以对内容进行转发。同时，如果用户自己的内容被别人评论，还可以对评论进行回复，实现读者和作者之间的简单交流。

(5) 个人信息设置：用户对个人信息进行管理，包括用户名、密码、邮箱等信息的维护。

10.1.2　用例模型

我们可以将博客的用户角色划分为两种类型：游客、博主。我们通过如图 10-1 所示的博客系统用例描述角色和用例的关系。

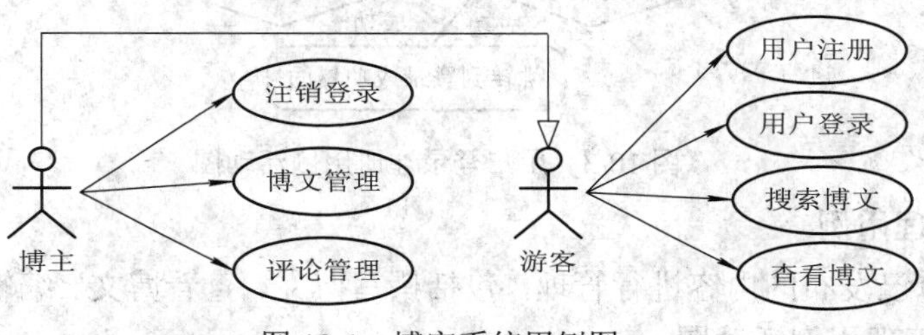

图 10-1　博客系统用例图

下面我们分别对这两个角色及操作功能进行说明：

(1) 游客。游客是指那些还没有在博客系统进行登录的用户，他们可以搜索博文、查看博文、可以进行注册成为一个博主。如果游客已经拥有了一个账号，则他可以进行登录，然后进行博主的操作。

(2) 博主。博主用户除拥有游客的所有功能外，他也可以发布、修改和删除博文，还可以查看、回复评论等。当博主用户注销登录后，他就成了游客身份。博主用例图如图 10-2 所示。

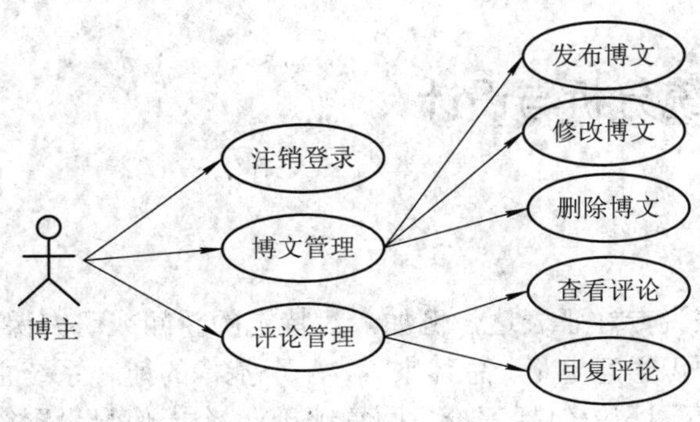

图 10-2　博主用例图

10.1.3　用例描述

本节我们将对博客系统的主要功能进行描述，为网页设计和程序设计提供依据。

1．用户注册和登录

用户在使用博客系统之前首先应该进行注册，注册成功后需要登录到系统才能使用各项功能。图 10-3 为用户登录注册用例活动图。

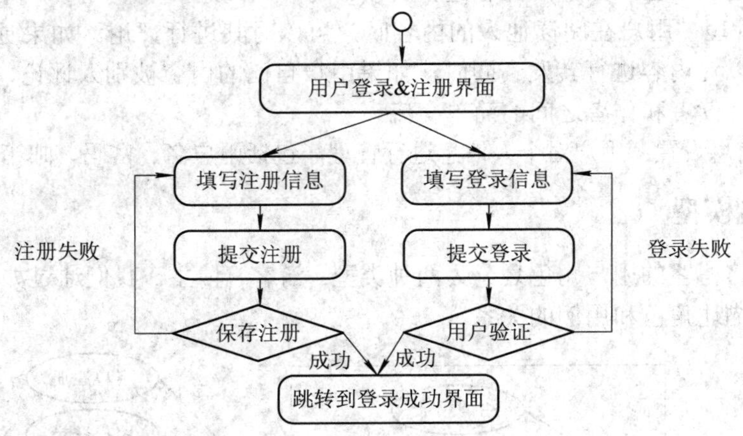

图 10-3　用户登录注册用例活动图

2．博文管理用例

用户可对自己发布的内容进行管理，包括撰写博文、查看博文、编辑博文和删除博文。图 10-4 为博文管理用例活动图。

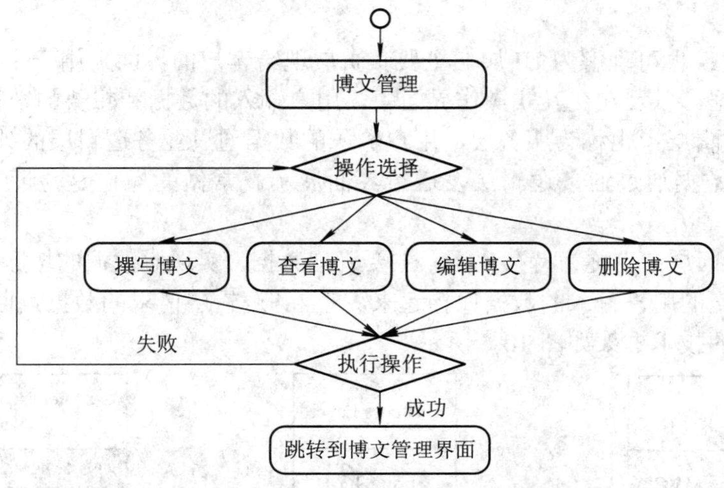

图 10-4　博文管理用例活动图

3. 评论管理用例

用户可对自己发表的评论进行管理，包括查看自己发表的评论、回复别人对自己的评论以及删除已发表的评论。图 10-5 为评论管理用例活动图。

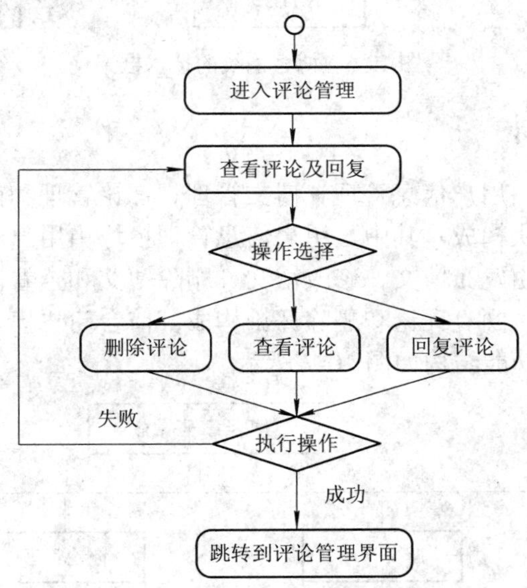

图 10-5　评论管理用例活动图

10.2　系统设计

10.2.1　技术框架

根据前面的用例分析，我们采用目前比较经典的三层架构设计，即 Web 层、业务逻辑层和数据访问层。

• Web 层：也可理解为 UI 层，主要负责展现给客户的界面，用于展示用户输入及服务端返回的数据，以及在交互式操作界面中，用户输入的数据和想要的数据展示。

• 业务逻辑层：也称为服务层，用户输入的数据通过业务逻辑层的处理发给数据层；数据层返回的数据通过业务逻辑层发送给界面展示。常做的操作是验证、计算、业务规则等。

• 数据访问层：也称为持久化层，主要管理数据，实现对数据的增删改查等操作。把业务逻辑层提交的用户输入的数据保存起来，把业务逻辑层请求的数据返回给业务逻辑层。

博文系统的技术框架如图 10-6 所示。

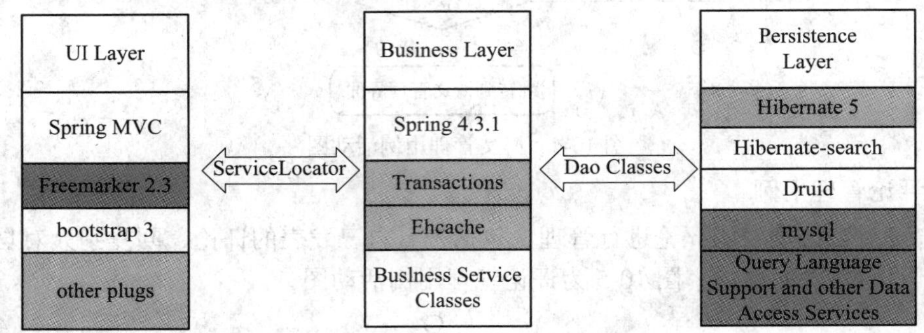

图 10-6　博客系统的技术框架

10.2.2　系统功能设计

博客管理系统主要由用户信息管理、博文管理、评论管理和前台门户四个模块组成。每个模块又由几个小模块构成，其中，用户信息管理模块由用户注册、用户登录和密码修改构成；博文管理模块由发布博文、修改博文、删除博文和查看博文构成；评论管理模块由发表评论、查看评论、回复评论和删除评论构成；前台门户模块由博文搜索和博文查看构成。博客管理系统的功能结构如图 10-7 所示。

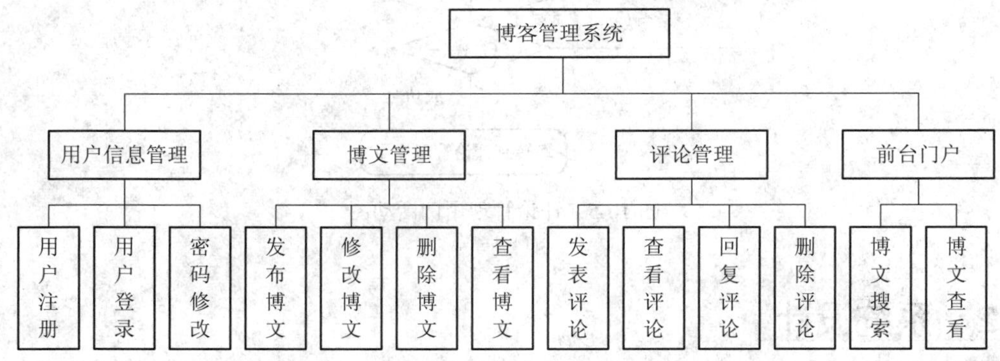

图 10-7　博客管理系统的功能结构

10.2.3　实体类设计

博客管理系统共有六个 POJO 类，其实体类关系图如 10-8 所示。

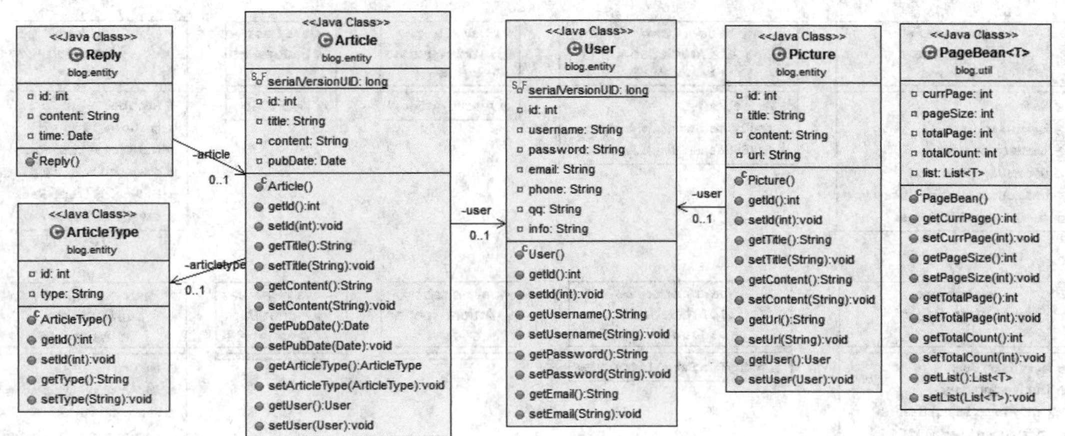

图 10-8　实体类关系图

各类的内容及功能分述如下：

(1) User 类：代表用户信息类，包括用户编号、用户名、密码、邮件、电话、QQ、描述等属性，一个用户可以发布多篇博文和多张图片，因此 User 类和 Article、Picture 类形成 1 对 n 关系。

(2) ArticleType 类：代表文章类型，包括类型编号和类型名称属性，一个文章主题下面存在多篇文章，ArticleType 类和 Article 类形成 1 对 n 关系。

(3) Article 类：代表文章信息，包括文章编号、文章标题、内容、发布时间、博主编号等属性，一篇文章下面可以有多条评论，因此 Article 类和 Reply 类形成 1 对 n 关系。

(4) Reply 类：代表文章评论，包括评论编号、评论、评论时间、评论人、文章编号等属性。

(5) Picture 类：代表照片墙信息，包括照片编号、照片标题、内容描述、照片路径等属性。

(6) PageBean 类：代表分页基础类，主要用于做用户信息列表、文章列表、图片列表的分页处理，包括当前页、每页行数、总页数、总记录数、分页信息集合等。

10.2.4　持久层设计

持久层采用 Hibernate 技术，通过面向接口的编程思想，将持久层分为 DAO 的接口定义层和 DAO 的实现层。DAO 的接口层创建所有 DAO 的基类 BaseDAO<T>，BaseDAO<T> 接口定义了常见的数据库操作方法(findAll、findById、update、delete、save 和 find)，子类仅需定义那些个性化的数据操作方法就可以了。BaseDao<T>使用了 Java 泛型的技术，T 为 DAO 操作的 POJO 类型，子类在继承 BaseDao<T>时仅需要指定 T 的类型，BaseDao<T>中的方法就可以确定操作的 POJO 类型了，避免了强制类型转换带来的麻烦。在 BaseDao<T> 接口的实现类 BaseDaoImpl<T>中，直接注入 Spring 为 Hibernate 提供的 HibernateTemplate 模板类，这样我们就可以直接用这个 HibernateTemplate 执行 Hibernate 的各项操作。在 DAO 的实现层中，所有 DAO 的实现类，都必须继承持久层的 BaseDaoImpl<T>，通过这种方式将大大减少子 DAO 类的代码。持久层的类图如图 10-9 所示。

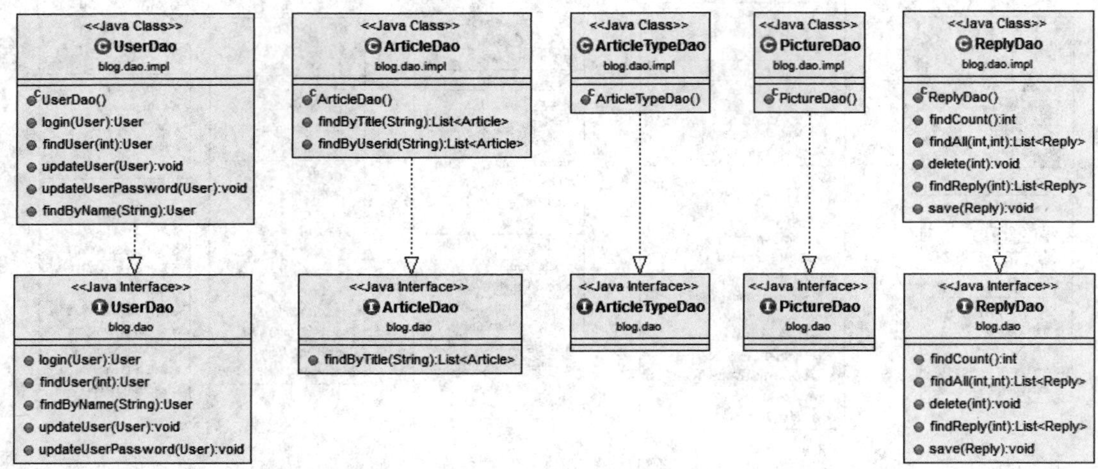

图 10-9　持久层的类图

10.2.5　服务层设计

服务层通过封装持久层的 DAO 完成商业逻辑，Web 层通过调用服务层的服务类完成各模块的业务。服务层也分为接口层和实现层，接口层提供了五个服务类，分别是 UserService、ArticleService、ArticleTypeService、PictureService 和 ReplyService。服务层的类图如图 10-10 所示。

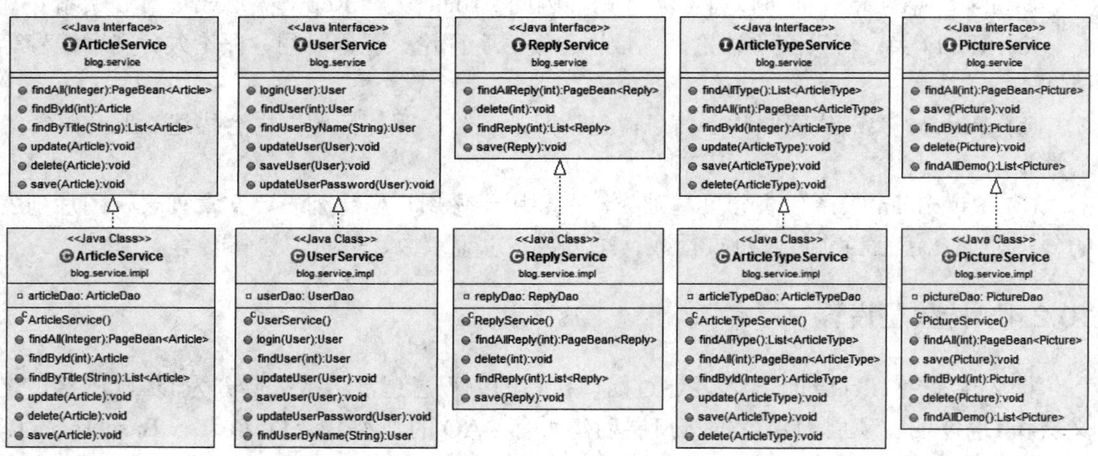

图 10-10　服务层的类图

ArticleService 通过调用持久层的 ArticleDao 操作持久化对象，它提供了保存、更新、删除、查找等对 Article 持久类的操作方法，同时它还提供了根据文章 ID 查询单条文章以及根据博主 ID 查询多篇文章的方法。

10.2.6　Web 层设计

由于我们采用 Spring 注解 MVC，因此一个 Controller 可以处理多种不同的请求，这有效地避免了 Controller 类的数量的膨胀。在实际应用中，可处理多种请求的 Controller 比处理一种请求的 Controller 更受青睐。Web 层的类图如图 10-11 所示。

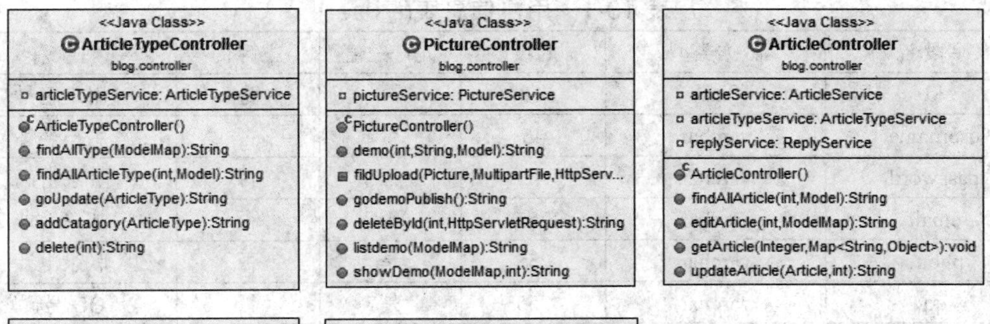

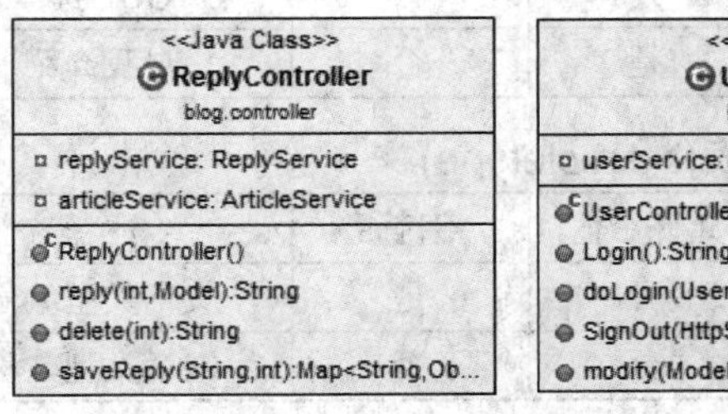

图 10-11　Web 层的类图

下面我们对类图中的类分别进行说明：

- ArticleTypeController：文章类别管理的控制器。
- ArticleController：文章管理的控制器。
- PictureController：照片墙管理的控制器。
- ReplyController：评论管理的控制器。
- UserController：用户信息管理的控制器，包括用户注册、用户登录、用户信息维护等。

10.2.7　数据库设计

博客管理系统共包括五张数据表，表结构如图 10-12 所示。

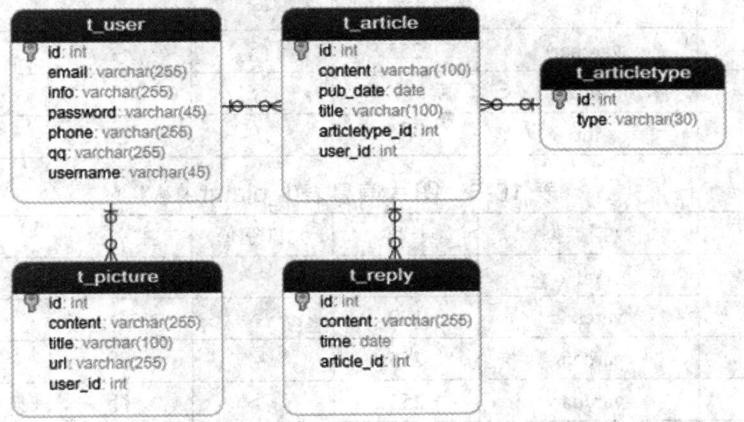

图 10-12　数据库表设计

主键都采用自增键的机制，每张表都可以找到对应的 POJO 类。

下面我们分别说明这五张业务表的字段。

表 10-1　用户信息表(t_user)

字段名	数据类型	长度	允许空值	主键否	注　释
id	int	11	否	是	用户编号
username	varchar	45	否	否	用户名称
password	varchar	45	否	否	登录密码
email	varchar	255	否	否	邮箱地址
phone	varchar	255	是	否	联系电话
qq	varchar	255	是	否	QQ 号码
info	varchar	255	是	否	自我介绍

表 10-2　文章类型信息表(t_articletype)

字段名	数据类型	长度	允许空值	主键否	注释
id	int	11	否	是	文章类型编号
type	varchar	30	否	否	文章类型名称

表 10-3　文章信息表(t_article)

字段名	数据类型	长度	允许空值	主键否	注　释
id	int	11	否	是	文章编号
title	varchar	100	否	否	文章标题
content	varchar	100	否	否	文章内容
pub_date	date	默认长度	否	否	发布日期
user_id	int	11	是	否	用户编号
articletype_id	int	11	是	否	文章类型编号

表 10-4　评论信息表(t_reply)

字段名	数据类型	长度	允许空值	主键否	注　释
id	int	11	否	是	评论编号
content	varchar	255	否	否	评论内容
time	date	默认长度	否	否	评论日期
article_id	int	11	是	否	评论文章编号

表 10-5　图片信息表(t_picture)

字段名	数据类型	长度	允许空值	主键否	注　释
id	int	11	否	是	图片编号
title	varchar	100	否	否	图片标题
content	varchar	255	否	否	图片内容
url	varchar	255	否	否	图片地址
user_id	int	11	是	否	用户编号

10.3　开发前准备

在进行系统开发前，我们需要准备好项目开发所需的工具和技术环境、Java 类的包结构、Web 目录结构、配置文件设置等。

10.3.1　开发工具及相关技术

开发此应用程序所涉及的技术如下：

- Spring Web MVC 4.3.0.RELEASE。
- Hibernate 4.3.5。
- FreeMarker 2.3.24。
- Maven 3。
- JDK 1.7。
- MySQL 5.6。
- Eclipse Java EE IDE (Luna Service Release 2)。

10.3.2　Web 目录结构

事先规划好程序的包结构和 Web 目录结构是非常重要的，可以使后续开发的程序文件各得其所，一个结构清晰的 Web 应用程序，方便后期的维护和扩展。我们对博客系统的源代码包和 Web 目录做出了如下规划，如图 10.13 和图 10.14 所示。

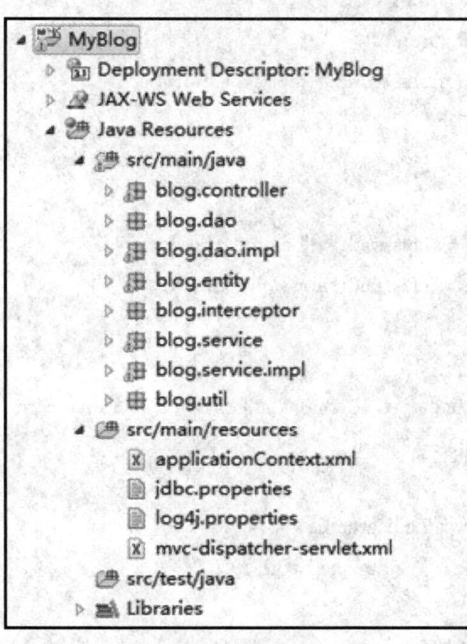

图 10-13　源代码包目录结构

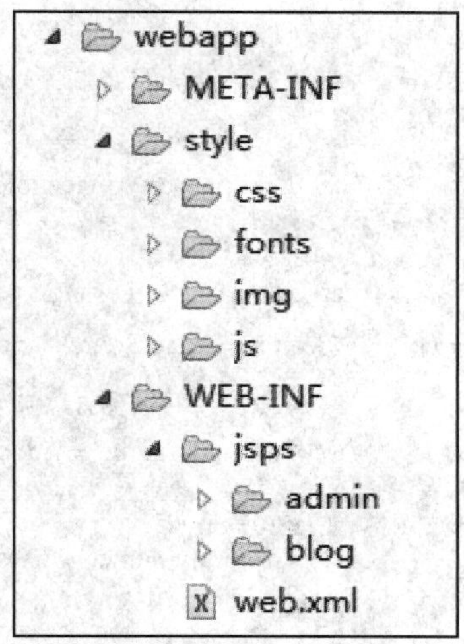

图 10-14　Web 目录结构

所有的源代码文件位于“src/main”文件夹中，在 main 文件夹中再规划两个子文件夹，其中，resources 文件夹专门用于放置系统配置文件，java 文件夹用于放置 Java 源代码文件。所有类位于 blog 包中，该类包下为每个分层提供一个相应的类包，如 dao 对应持久层、service 对应服务层。dao 和 service 接口的实现类都放在其下面的子包 impl 中。controller 对应 Web 层。由于 POJO 会在多个层中出现，因此我们为其提供了一个单独的 entity 包来对应我们的实体层。然后对于开发中常量的定义、加密和解密的工具类库等都统一放在 util 包下。整个 Web 应用程序拦截器的定义都放在 interceptor 包下，如权限的验证等。

在 resources 文件夹中存放了四个核心的配置文件：“applicationContext.xml”是 Spring 默认的配置文件，其中主要包括各类 Bean 的配置、数据库连接池的配置、Hibernate 的配置和引入其他配置文件等。“jdbc.properties”属性文件提供了数据库连接的信息。“Log4j.properties”属性文件用于设置系统日志输出的属性。“mvc-dispatcher-servlet.xml”是 Spring MVC 的配置文件，主要用于配置 Spring MVC 组件的扫描位置、配置视图解析器、配置上传文件的属性值、静态资源、拦截器的设置等。

Web 的目录结构很简单，我们将 JSP 文件放到“WEB-INF/jsps”目录中，防止用户直接通过 URL 调用这些文件。我们在 Web 根目录下建立 style 文件夹，在该文件夹下建立 css、fonts、img、js 目录，专门用来放置静态资源，如层叠样式表 CSS、字体、图片、JavaScript 脚本等。

10.3.3 配置文件说明

(1) “applicationContext.xml”配置文件：

```
<!--配置自动扫描 Controller 类-->
<context:component-scan base-package = "blog">
    <context:exclude-filter type = "annotation"
            expression = "org.springframework.stereotype.Controller"/>
</context:component-scan>

<!-- 引入外部的属性文件 -->
<context:property-placeholder location = "classpath*:jdbc.properties"/>
<context:property-placeholder location = "classpath*:log4j.properties"/>

<!-- 配置 c3p0 连接池 -->
<bean id = "dataSource" class = "com.mchange.v2.c3p0.ComboPooledDataSource">
    <property name = "driverClass" value = "${jdbc.driverClass}"/>
    <property name = "jdbcUrl" value = "${jdbc.url}"/>
    <property name = "user" value = "${jdbc.username}"/>
    <property name = "password" value = "${jdbc.password}"/>
</bean>
```

```
<!--  配置 hibernate SessionFactory 相关属性-->
<bean id = "sessionFactory"
        class = "org.springframework.orm.hibernate4.LocalSessionFactoryBean">
      <!--  注入连接池-->
      <property name = "dataSource" ref = "dataSource"></property>
      <!-- Hibernate  数据库相关属性  -->
      <property name = "hibernateProperties" >
            <props>
                  <prop key = "hibernate.show_sql">true</prop>
                  <prop key = "hibernate.dialect">
                        org.hibernate.dialect.MySQLDialect
                  </prop>
                  <prop key = "hibernate.format_sql">true</prop>
                  <prop key = "hibernate.hbm2ddl.auto">update</prop>
            </props>
      </property>
      <!-- hibernate  映射文件  -->
      <property name = "packagesToScan">
            <list>
                  <value>blog.entity</value>
            </list>
      </property>
</bean>

<!--  配置事务管理器  -->
<bean id = "transactionManager"
      class = "org.springframework.orm.hibernate4.HibernateTransactionManager">
      <property name = "sessionFactory" ref = "sessionFactory"></property>
</bean>

<!--  开启事务注解  -->
<tx:annotation-driven transaction-manager = "transactionManager"    />

<!--  配置 Hibernate 数据库操作模板  -->
<bean id = "hibernateTemplate"
        class = "org.springframework.orm.hibernate4.HibernateTemplate">
      <property name = "sessionFactory" ref = "sessionFactory"></property>
</bean>
```

(2) “jdbc.properties”配置文件：

```
jdbc.driverClass = com.mysql.jdbc.Driver
jdbc.url = jdbc:mysql://127.0.0.1:3306/myblog?characterEncoding = utf8&useSSL = true
jdbc.username = root
jdbc.password = 123456
```

(3) “log4j.properties”配置文件：

```
### Global logging configuration
log4j.rootLogger = ERROR, stdout
### Console output...
log4j.appender.stdout = org.apache.log4j.ConsoleAppender
log4j.appender.stdout.layout = org.apache.log4j.PatternLayout
log4j.appender.stdout.layout.ConversionPattern = %5p [%t] - %m%n
```

(4) “mvc-dispatcher-servlet.xml”配置文件：

```
    <!-- 配置自动扫描的包，组件扫描 -->
    <context:component-scan base-package = "blog">
        <!-- include 是扫描，exclude 是不扫描 -->
        <context:include-filter type = "annotation"
            expression = "org.springframework.stereotype.Controller" />
        <context:exclude-filter type = "annotation"
            expression = "org.springframework.stereotype.Service" />
        <context:exclude-filter type = "annotation"
            expression = "org.springframework.stereotype.Repository" />
    </context:component-scan>

<!-- 配置视图解析器，把 handler 方法返回值解析为实际的物理视图，jsp 路径的前缀和后缀 -->
    <bean
      class = "org.springframework.web.servlet.view.InternalResourceViewResolver">
        <property name = "prefix" value = "/WEB-INF/jsps/"></property>
        <property name = "suffix" value = ".jsp"></property>
    </bean>
    <!-- 上传文件 -->
    <bean id = "multipartResolver"
    class = "org.springframework.web.multipart.commons.CommonsMultipartResolver">
        <property name = "defaultEncoding" value = "utf-8" />
        <!-- 最大内存大小 -->
        <property name = "maxInMemorySize" value = "10240" />
        <!-- 最大文件大小，-1 为不限制大小 -->
        <property name = "maxUploadSize" value = "-1" />
```

```
    </bean>
    <!-- 静态资源 -->
    <mvc:resources mapping = "/style/**" location = "/style/" />
    <mvc:default-servlet-handler />

    <!-- 配置 LoginedInterceptor -->
    <mvc:interceptors>
        <mvc:interceptor>
            <mvc:mapping path = "/admin/**" />
            <mvc:exclude-mapping path = "/admin/login" />
            <bean class = "blog.interceptor.LoginedInterceptor"></bean>
        </mvc:interceptor>
    </mvc:interceptors>
    <mvc:annotation-driven></mvc:annotation-driven>
```

使用 mvc:annotation-driven 可代替 DefaultAnnotationHandlerMapping(注解映射器)和 AnnotationMethodHandlerAdapter(注解方法适配器配置)。mvc:annotation-driven 默认加载很多的参数绑定方法，例如，json 转换解析器就默认加载了。如果使用 mvc:annotation-driven，则不用配置 RequestMappingHandlerMapping 和 RequestMappingHandlerAdapter。实际开发时多使用 mvc:annotation-driven。

(5) “Web.xml”配置文件：

```
<display-name>MyBlog</display-name>
<!-- 防止中文参数乱码 放在前面 -->
<filter>
    <filter-name>SetCharacterEncoding</filter-name>
    <filter-class>
        org.springframework.web.filter.CharacterEncodingFilter
</filter-class>
        <init-param>
            <param-name>encoding</param-name>
            <param-value>UTF-8</param-value>
        </init-param>
        <init-param>
            <param-name>forceEncoding</param-name>
            <param-value>true</param-value>
            <!-- 强制进行转码 -->
        </init-param>
</filter>
<filter-mapping>
    <filter-name>SetCharacterEncoding</filter-name>
```

```
        <url-pattern>/*</url-pattern>
    </filter-mapping>

    <!-- spring  配置 Listener -->
    <listener>
        <listener-class>
            org.springframework.web.context.ContextLoaderListener
        </listener-class>
    </listener>
    <!--  配置 spring 上下文环境  -->
    <context-param>
        <param-name>contextConfigLocation</param-name>
        <param-value>classpath:applicationContext.xml</param-value>
    </context-param>

    <!-- Spring MVC 配置 dispatcherServlet -->
    <servlet>
        <servlet-name>springDispatcherServlet</servlet-name>
        <servlet-class>
            org.springframework.web.servlet.DispatcherServlet
        </servlet-class>
        <init-param>
        <param-name>contextConfigLocation</param-name>
            <param-value>classpath:mvc-dispatcher-servlet.xml</param-value>
        </init-param>
        <load-on-startup>1</load-on-startup>
    </servlet>

    <!-- Map all requests to the DispatcherServlet for handling -->
    <servlet-mapping>
        <servlet-name>springDispatcherServlet</servlet-name>
        <url-pattern>/</url-pattern>
    </servlet-mapping>
    <!--  默认网站的欢迎页面   -->
    <welcome-file-list>
        <welcome-file>/WEB-INF/jsps/blog/home.jsp</welcome-file>
    </welcome-file-list>
```

在“Web.xml”文件中，必须配置 DispatcherServlet，把所有的请求转发交由 Spring MVC 来处理。

10.4　持久层开发

一般来说，我们将 POJO 实体类和 DAO 层的类统一划归到持久层。持久层负责将 POJO 持久化到数据库中，也负责从数据库中加载数据到 POJO 对象中。

10.4.1　实体类

所有 POJO 实体类都直接或间接继承 BaseEntity 类。BaseEntity 类主要实现了序列化接口和 toString 的方法，这个实体基类的具体实现如代码清单 10-1 所示。

代码清单 10-1　BaseEntity.java：

```
package blog.entity;
import java.io.Serializable;
import org.apache.commons.lang.builder.ToStringBuilder;

public class BaseEntity implements Serializable{
    private static final long serialVersionUID = -1679678105511847175L;

    public String toString(){
    return ToStringBuilder.reflectionToString(this);
    }
}
```

一般情况下，POJO 实体类最好实现 Serializable 接口，这样 JVM 就能够方便地将 POJO 类实例化到硬盘中，或者通过流的方式进行发送，为缓存和集群等功能带来便利。然后在开发时，我们经常需要把 POJO 对象打印输出为字符串，如果使用默认的 toStirng 方法显示的只是该对象的地址和类型，为了显示 POJO 对象保存的数据信息，这里我们通过调用 Apache 的 ToStringBuilder 工具类来统一完成对 POJO 对象的信息显示。

下面我们通过文章实体类 Article.java 来看看，如何通过 Hibernate JPA 注解配置实体类，具体实现如代码清单 10-2 所示。

代码清单 10-2　Article.java：

```
@Entity
@Table(name = "t_article", schema = "myblog", catalog = "")
public class Article extends BaseEntity {
    private static final long serialVersionUID = 4968250252502230187L;
    @Id
    @GeneratedValue
```

```
    @Column(name = "id", nullable = false)
     private int id;

    @Column(name = "title", nullable = false, length = 100)
    private String title;

    @Column(name = "content", nullable = false, length = 100)
    private String content;

    @Basic
    @Column(name = "pub_date", nullable = false)
    private Date pubDate;

    @ManyToOne
    @JoinColumn(name = "articletype_id",referencedColumnName = "id")
    private ArticleType articletype;

    @ManyToOne
    @JoinColumn(name = "user_id",referencedColumnName = "id")
    private User user;
    .......
//省略属性的 getter 和 seeter 方法
}
```

每个持久化的 POJO 类都是一个实体 Bean，通过在类的定义中使用@entity 注解来进行声明。通过@Table 注解为 Article 指定对应的数据库表名和 schema 名。

通过@Id 注解可将 Article 中的 id 属性定义为主键，使用@GenerateValue 注解定义主键的生成策略(分别是 AUTO、IDENTITY、SEQUENCE、TABLE)。通过@Column 注解将 Article 各个属性映射到数据库表 t_article 中相应的列。具体分述如下：

- AUTO：JPA 自动选择合适的策略，是默认选项。
- IDENTITY：表自增键字段，Oracle 不支持这种方式。
- SEQUENCE：通过序列产生主键，通过@SequenceGenerator 注解指定序列名，MySql 不支持这种方式。
- TABLE：通过表产生主键，框架借由表模拟序列产生主键，使用该策略可以使应用更易于数据库移植。

通过@ManyToOne 注解定义多对一关系，通过@JoinColumn 注解定义多对一的关联关系。如果没有@JoinColumn 注解，则系统自动处理，在主表中创建连接列，列名为："主题的关联属性名+下划线+被关联端的主键列名"。

其他的 POJO 实体类和 Article 类似，都是先定义属性，然后通过 JPA 注解配置 POJO 类与数据表的映射关系。这里就不一一列出阐述了。

10.4.2 DAO 基类

在编写完 POJO 实体类后，我们开始着手编写负责持久化 POJO 的 DAO 类。由于每个 POJO 实体类的 DAO 类操作都需要执行一些相同的操作(如保存、更新、删除、查询等)，因此我们可以编写一个提供这些通用操作的基类，让所有 POJO 的 DAO 类都继承这个基类。如果有特殊操作的，再在自己的 DAO 类中定义。

我们将 DAO 层分为接口层和实现层。接口层的 BaseDao 类的具体实现如代码清单 10-3 所示。

代码清单 10-3 BaseDao.java：

```
public interface BaseDao<T> {
    //获取记录个数
    int findCount();
    //查询所有记录
    List<T> findAll();
    //分页查询记录
    List<T> findAll(int begin, int pageSize);
    //根据 id 查询记录
    T findById(int id);
    //更新记录
    void update(T t);
    //删除记录
    void delete(T t);
    //保存记录
    void save(T t);
    //根据查询语句，查找记录
    List<T> find(String hql);
    //带有参数的查询语句，查找记录
    List<T> find(String hql, Object... params);
}
```

实现层的 BaseDaoImpl 类的具体实现如代码清单 10-4 所示。

代码清单 10-4 BaseDaoImpl.java：

```
@Repository
public class BaseDaoImpl<T> implements BaseDao<T>{
    private Class<T> entityClass;

    @Autowired
    private HibernateTemplate hibernateTemplate;

    @SuppressWarnings("unchecked")
```

```
    public BaseDaoImpl(){
        Type genType = getClass().getGenericSuperclass();
        Type[] params = ((ParameterizedType) genType).getActualTypeArguments();
        entityClass = (Class<T>)params[0];
    }

    public int findCount(){
        String hql = "select count(*) from " + entityClass.getName();
        System.out.println("count: " + hql);
        @SuppressWarnings("unchecked")
        List<Long> list = (List<Long>) this.hibernateTemplate.find(hql);
        if(list.size() > 0){
            return list.get(0).intValue();
        }
        return 0;
    }

    public T findById(int id) {
        return (T) this.hibernateTemplate.get(entityClass, id);
    }

    public void update(T entity) {
        this.hibernateTemplate.update(entity);
    }

    public void save(T entity) {
        this.hibernateTemplate.save(entity);
    }

    public void delete(T entity) {
        this.hibernateTemplate.delete(entity);
    }

    public List<T> findAll() {
        return this.hibernateTemplate.loadAll(entityClass);
    }
//分页查询数据
    public List<T> findAll(int begin, int pageSize) {
        DetachedCriteria criteria = DetachedCriteria.forClass(entityClass);
                @SuppressWarnings("unchecked")
```

```
            List<T> list = (List<T>)
                    this.hibernateTemplate.findByCriteria(criteria,begin,pageSize);
            return list;
        }
        public List<T> find(String hql) {
            return (List<T>) this.hibernateTemplate.find(hql);
        }
    //执行代参的 HQL 查询
        public List<T> find(String hql, Object... parmas) {
            return (List<T>) this.hibernateTemplate.find(hql, parmas);
        }
    }
```

BaseDaoImpl 基类直接注入 Spring 为 Hibernate 提供的 HibernateTemplate 模板操作类，这样通过扩展 BaseDaoImpl 基类，子 DAO 类仅需要声明泛型对应的 POJO 类并实现非通用性方法即可，大大减少开发的重复工作量。

10.4.3　通过基类扩展子 DAO 类

下面我们来看一下 ArticleDao 类的代码，同样也分为接口层和实现层，分别如代码清单 10-5 和代码清单 10-6 所示。

代码清单 10-5　接口层 ArticleDao.java：

```
public interface ArticleDao extends BaseDao<Article>{
    //按标题查询
    public List<Article> findByTitle(String title);
}
```

代码清单 10-6　实现层 ArticleDao.java：

```
@Repository
public class ArticleDao extends BaseDaoImpl<Article> implements ArticleDao {
    //按标题查询
    public List<Article> findByTitle(String title){
        String hql = "from Article a where a.title like '%?%'";
        return super.find(hql, title);
    }
}
```

ArticleDao 是 Article 实体类的 DAO 类，它扩展了 BaseDaoImpl<T>，同时，指定泛型类型 T 为 Article，这样在基类定义的 save(T)和 update(T)等通用方法的入参就确定为 Article 类。由于通用方法已经在基类 BaseDaoImpl 实现了，因此 BaseDaoImpl 仅需要实现非通用的方法 findByTitle()就可以了，这个方法通过传入文章标题参数模糊查询返回文章列表。

另外，DAO 层还有四个 DAO 类，它们分别是 UserDao、ArticleTypeDao、PicturDao、ReplyDao。由于操作比较类似，读者可以根据功能模块要求自行编写实现代码。

10.5　服务层开发

服务层位于 Web 层和 DAO 层之间，服务层调用 DAO 层的类完成各项业务操作，并开放给 Web 层进行调用。在服务层中，我们也按照前面的设计思想又将其细分为服务接口层和服务实现层。在服务层中，我们定义了五个接口类和实现类，包括 ArticleService、ArticleTypeService、PictureService、ReplyService、UserService。

10.5.1　ArticleService 的开发

首先，我们来看一下 ArticleService 接口层的代码，具体实现如代码清单 10-7 所示。

代码清单 10-7　接口层 ArticleService.java：

```
public interface ArticleService {
    //分页查询文章
    PageBean<Article> findAll(Integer currPage);
    //根据 Id 查询文章
    Article findById(int article_id);
    //根据标题查询文章
    List<Article> findByTitle(String title);
    //更新文章内容
    void update(Article article);
    //删除文章
    void delete(Article article);
    //保存文章
    void save(Article article);
}
```

从 ArticleService 代码中，我们可以了解到该类共定义了六种操作的接口方法。除更新、删除、保存等基础操作外，还提供了三种查询定义：对所有文章的分页查询、根据文章编号进行查询和根据文章标题进行查询。

下面再看 ArticleService 实现层的代码，具体实现如代码清单 10-8 所示。

代码清单 10-8　实现层 ArticleService.java：

```
package blog.service.impl;
@Transactional
@Service
public class ArticleService implements blog.service.ArticleService {
    @Resource
    private ArticleDao articleDao;
```

```
    /**
     * 分页查询 article,service 实现
     */
    public PageBean<Article> findAll(Integer currPage) {
        PageBean<Article> pageBean = new PageBean<Article>();
        // 封装当前页数
        pageBean.setCurrPage(currPage);
        // 封装每页记录数
        int pageSize = 10;
        pageBean.setPageSize(pageSize);
        // 封装总记录数
        int totalCount = articleDao.findCount();
        pageBean.setTotalCount(totalCount);
        // 封装页数
        int totalPage;
        if (totalCount % pageSize == 0) {
            totalPage = totalCount / pageSize;
        } else {
            totalPage = totalCount / pageSize + 1;
        }
        pageBean.setTotalPage(totalPage);
        // 封装当前页记录
        int begin = (currPage - 1) * pageSize;
        List<Article> list = articleDao.findAll(begin, pageSize);
        pageBean.setList(list);
        return pageBean;
    }
    /**
     * 根据 id 查询 article
     */
    public Article findById(int article_id) {
        Article a = articleDao.findById(article_id);
        return a;
    }
    /**
     * 根据 title 查询 article
     */
    public List<Article> findByTitle(String title) {
        List<Article> list = articleDao.findByTitle(title);
```

```
            return list;
        }
        /**
         * 更新文章
         */
        public void update(Article article) {
            articleDao.update(article);


        }
        /**
         * 删除文章
         */
        public void delete(Article article) {
            articleDao.delete(article);
        }
        /**
         * 添加文章
         */
        public void save(Article article) {
            articleDao.save(article);
        }
}
```

ArticleService 是博客系统的核心服务类，它实现了博客系统文章发表的大部分功能。通过注解@Service 标记 ArticleService 为系统服务组件，便于在 Web 层进行调用。然后通过@Transactional 注解，开启对 ArticleService 所有方法的数据库事务管理。那我们又是如何在 ArticleService 中调用 DAO 层的方法呢？从代码中我们可以看到，我们只是定义了一个 ArticleDao 的接口对象，但却能完成对数据库的所有操作。原因就在于 Spring 框架强大的依赖注入特点，通过将 ArticleDao 接口对象标识为@Resource，自动激活 Spring 通过@Resource注解所提供名字或是默认的Bean Name来找到对应的Spring管理对象进行注入。因为在上一节中，我们将 ArticleDao 的实现类标记为@Repository，相当于是在 Spring 管理的 Bean 容器里面注册了一个名为“articleDao”的 Bean 对象。因此，Spring 使用默认的 BeanName(articleDao)来注入 ArticleDao 接口的实现类，来完成实际的数据库操作。在 Spring 中通过依赖注入的方式，充分体现了面向接口编程进行解耦的思想，在不同的开发层面都能很好体现。

由于大部分的服务方法都比较简单和类似，它们完成的业务逻辑也基本上是数据的持久化操作。因此剩下的 ArticleTypeService、PictureService、ReplyService、UserService 接口和实现类请读者自行补充完成。

10.6　Web 层开发

至此，DAO 和服务类都已经准备就绪。接下来，就是开发 Web 层将服务和页面关联起来的时候了。

10.6.1　用户注册

要想成为博主来发布博文，首先需要注册为我们博客系统的用户，因此用户注册是博客系统中一个非常重要的功能。下面来看看负责用户注册的 UserController，具体实现如代码清单 10-9 所示。

代码清单 10-9　UserController.java：

```
@Controller
public class UserController {
    //依赖注入 User 服务类
    @Resource
    private UserService userService;

    @RequestMapping(value = "/register")
    public String Register() {
        return "blog/register";
    }

    /**
     * 保存用户注册信息
     * @param user
     * @param req
     * @return
     */
    @RequestMapping(value = "/doRegister", method = RequestMethod.POST)
    public ModelAndView doRegister(User user, HttpServletRequest req) {
        ModelAndView view = new ModelAndView();
        if(userService.findUserByName(user.getUsername()) == null){
            userService.saveUser(user);
            System.out.println("博客注册成功！ ");
            view.setViewName("redirect:login");
        } else {
            view.addObject("errorMsg","用户名已经存在，请输入其他的名字！ ");
```

```
                view.setViewName("forward:register");
            }
            return view;
        }
    //后面的代码省略
    }
```

在 UserController 代码中，我们使用了@Controller 注解标记该类为一个控制类，负责对用户注册、登录、注销等操作请求的处理。对于某个操作请求和处理方法的映射关系，我们使用@RequestMapping 来进行标记。例如，保存注册用户信息的操作请求的映射关系是@RequestMapping(value="/doRegister",method=RequestMethod.POST)，对应处理的方法是 public ModelAndView doRegister(User user, HttpServletRequest req)。在该方法返回的数据类型使用了 ModelAndView 类，该类的作用一个是设置转向地址，其次是传递控制方法处理结果数据到结果页面。例如，用户注册失败以后，会返回一个名为 errorMsg 的字符串对象，用于在页面上告知注册用户，注册失败的原因。

在注册用户之前需要判断用户名是否已经存在，如果用户名存在必须告之用户，以便用户调整用户名。为了增强用户的使用体验，最好在页面端使用 Ajax 技术，当用户输入完用户名后，即可自动告之用户名是否重复，而不是要等到用户填写完所有信息提交注册表单后，再进行判断，一旦重复又要重新填写所有信息。当然不过不管注册用户名是否已经通过 Ajax 校验，还是有必要在服务端再验证一次。

最后剩下的工作就是用户注册的 JSP 页面，具体实现如代码清单 10-10 所示。

代码清单 10-10　register.jsp：

```
<%@ page language = "java" contentType = "text/html; charset = utf-8"
    pageEncoding = "utf-8"%>
<%@ taglib prefix = "c" uri = "http://java.sun.com/jsp/jstl/core" %>
<!DOCTYPE HTML>
<html>

<head>
    <title>blog-login</title>
</head>
<body id = "login">
    <div class = "login">
        <h2>博客注册信息</h2>
        <div class = "login-top">
            <c:if test = "${!empty errorMsg}">
              <h3 style = "color:red;">${errorMsg}</h3>
            </c:if>
            <form action = "<c:url value = "/doRegister" />" method = "post">
                <input type = "text" name = "username" placeholder = "用 户 名">
```

```
                    <input type = "password" name = "password" placeholder = "密  码">
                    <input type = "password" name = "pwd_db" placeholder = "密码确认">
                    <input type = "text" name = "email" placeholder = "email">
                    <input type = "text" name = "phone" placeholder = "phone">
                    <input type = "text" name = "qq" placeholder = "QQ">
                    <div class = "forgot">
                        <input type = "submit" value = "注册">
                    </div>
                </form>
            </div>
            <div class = "login-bottom">
                <h3><a href = "article/">返回博客</a></h3>
            </div>
        </div>
        <div class = "copyright">
            <p>Copyright © 2017 CUIT. All Rights Reserved.</p>
        </div>
    </body>
    </html>
```

用户注册页面的信息相对比较简单，包括用户名、密码、E-mail、电话、QQ。当表单提交后，Spring MVC 框架会将表单信息自动填充到一个 User 对象对应的属性中，在注册请求映射的方法中就可以直接使用该 User 对象，而不需要我们来手动编写代码。Spring 框架将程序设计人员从繁琐的数据封装解脱出来，让我们更好地关注如何处理业务的逻辑。

10.6.2 用户登录和注销

用户登录和注销是由 UserController 负责的。UserController 通过调用服务层的 UserService 类完成相应的业务操作，具体实现如代码清单 10-11 所示。

代码清单 10-11　UserController.java：

```
@Controller
public class UserController {
    //依赖注入 User 服务类
    @Resource
    private UserService userService;

    @RequestMapping(value = "/login")
    public String Login() {
        return "admin/login";
```

```
        }

        /**
         * 登录验证
         * @param user
         * @param req
         * @return
         */
        @RequestMapping(value = "/doLogin", method = RequestMethod.POST)
        public String doLogin(User user, HttpServletRequest req) {
                HttpSession session = req.getSession();
                User existUser = userService.login(user);
                System.out.println("博客主页登录成功");
                if (existUser != null)
                {
                        session.setAttribute("LOGINUSER", existUser);
                        return "admin/background";
                }
                return "redirect:login";
        }

        /**
         * 退出登录
         * @param req
         * @return
         */
        @RequestMapping(value = "/SignOut")
        public String SignOut(HttpServletRequest req) {
                HttpSession session = req.getSession(false);
                session.removeAttribute("LOGINUSER");
                return "redirect:login";
        }
    //后面的代码省略......
    }
```

在 UserController 中，doLogin()方法负责处理用户的登录请求，当用户不存在或者密码不匹配时，都直接转到登录页面并报告相关的错误信息。如果验证成功，会将查询所得的用户信息保存到 HTTP Session 中，然后转向后台管理页面。

用户的注销方法很简单，其主要工作就是将 User 对象从 Session 中移除，并转到登录页面中。

10.6.3　文章类别管理

文章类别管理由 ArticleTypeController 负责处理相应的操作请求。它的代码相对比较简单，主要是完成对文章类别的增、删、改、查等操作。具体实现如代码清单 10-12 所示。

代码清单 10-12　ArticleTypeController.java：

```
@Controller
public class ArticleTypeController {
    @Resource
    private ArticleTypeService articleTypeService;

    @RequestMapping(value = "admin/doPublish")
    public String findAllType(ModelMap map){
        List<ArticleType> typeList = articleTypeService.findAllType();
        map.put("typeList", typeList);
        return "admin/publish";
    }
    /**
     * 分页查询文章类别
     * @param currPage
     * @param model
     * @return
     */
    @RequestMapping(value = "admin/doCatagory")
    public String findAllArticleType(@RequestParam int currPage,Model model){
        PageBean<ArticleType> listType = articleTypeService.findAll(currPage);
        model.addAttribute("listType", listType);
        return "admin/catagory";
    }
    /**
     * 更新文章类别
     * @param at
     * @return
     */
    @RequestMapping(value = "/updateArticleT")
    public String goUpdate(ArticleType at){
        System.out.println("id:"+at.getId()+",type:"+at.getType());
        articleTypeService.update(at);
        return "redirect:admin/doCatagory?currPage = 1";
    }
```

```
    /**
     * 添加文章类别
     * @param at
     * @return
     */
    @RequestMapping(value =  "/addCatagory")
    public String addCatagory(ArticleType at){
        articleTypeService.save(at);
        return "redirect:admin/doCatagory?currPage = 1";
    }
    /**
     * 删除文章类别
     * @param articletype_id
     * @return
     */
    @RequestMapping(value = "/deleteArticleT")
    public String delete(@RequestParam int articletype_id){
        ArticleType at = articleTypeService.findById(articletype_id);
        articleTypeService.delete(at);
        return "redirect:admin/doCatagory?currPage = 1";
    }
}
```

10.6.4 文章管理

文章管理是博客系统的核心功能模块，它由 ArticleController 负责处理相应的操作请求，主要是完成对文章的增、删、改、查等操作。具体实现如代码清单 10-13 所示。

代码清单 10-13　ArticleController.java：

```
@Controller
public class ArticleController {
    @Resource
    private ArticleService articleService;
    @Resource
    private ArticleTypeService articleTypeService;
    @Resource
    private ReplyService replyService;

    /**
     * 分页查询所有文章
```

```
 * @param currPage
 * @param model
 * @return
 */
@RequestMapping(value = "admin/doMarticle")
public String findAllArticle(@RequestParam int currPage,Model model){ //
    if(currPage<1){
        currPage = 1;
    }
    // 查询当前展示页所有信息
    PageBean<Article> listArticle = articleService.findAll(currPage);
    // 查询所有分类
    List<ArticleType> typeList = articleTypeService.findAllType();
    // 值存储，绑定到 request 上
    model.addAttribute("listArticle", listArticle);
    model.addAttribute("typeList", typeList);
    return "admin/mArticle";
}
/**
 * 跳转到编辑文章页面
 * @param article_id url 后面的参数
 * @return
 */
@RequestMapping(value = "/doPublish")
public String editArticle(@RequestParam int article_id,ModelMap map){
    // 根据文章 id 查询
    Article article = articleService.findById(article_id);
    map.put("article",article);
    map.put("articletype", article.getArticleType());
    // 查询所有文章分类
    List<ArticleType> typeList = articleTypeService.findAllType();
    map.put("typeList",typeList);
    return "admin/updateArticle";
}
/**
 * 更新文章
 * @param article
 * @param articletype
 * @return
```

```
     */
    @RequestMapping(value = "/doUpdate", method = RequestMethod.POST)
    public String updateArticle(Article article,@RequestParam int articletype){
        // 更新 select 值
        article.getArticleType().setId(articletype);
        // 更新 article
        articleService.update(article);
        return "redirect:admin/doMarticle?currPage = 1";
    }
    /**
     * 删除文章
     * @param article_id
     * @return
     */
    @RequestMapping(value = "/doDelete")
    public String delete(@RequestParam int article_id){
        Article article = articleService.findById(article_id);
        articleService.delete(article);
        System.out.println("删除成功");
        return "redirect:admin/doMarticle?currPage = 1";
    }

    /**
     * 添加文章
     * @param article
     * @param articletype
     * @return
     */
    @RequestMapping(value = "/doSave", method = RequestMethod.POST)
    public String save(Article article,@RequestParam int articletype){
        // 获取当前时间
        java.util.Date nDate = new java.util.Date();
        SimpleDateFormat sdf = new SimpleDateFormat("yyyy-MM-dd");
        String sDate = sdf.format(nDate);
        java.sql.Date now = java.sql.Date.valueOf(sDate);

        ArticleType at = articleTypeService.findById(articletype);
        article.setPubDate(now);
        article.setArticleType(at);
```

```
            articleService.save(article);
            return "redirect:admin/doMarticle?currPage = 1";
        }
    //后面的代码省略......
    }
```

10.6.5 评论管理

评论管理是由 ReplyController 负责处理相应的操作请求的，它主要是完成对评论的保存、删除和查询操作。具体实现如代码清单 10-14 所示。

代码清单 10-14　ReplyController.java：

```
@Controller
public class ReplyController {
    @Resource
    private ReplyService replyService;
    @Resource
    private ArticleService articleService;
    /**
     * 分页查询 reply 页面
     * @return
     */
    @RequestMapping(value = "admin/doReply")
    public String reply(@RequestParam int currPage,Model model){
        PageBean<Reply> listReply = replyService.findAllReply(currPage);
        // 值存储，绑定到 request 上
        model.addAttribute("listReply",listReply);
        return "admin/reply";
    }

    /**
     * 删除评论
     * @param id
     * @return
     */
    @RequestMapping(value = "/deleteReply")
    public String delete(@RequestParam int id){
        replyService.delete(id);
        System.out.println("删除成功");
        return "redirect:admin/doReply?currPage = 1";
```

```
    }

    /**
     * 保存评论
     * @param content
     * @param article_id
     * @return
     */
    @RequestMapping(value = "blog/articleShow/reply", method = RequestMethod.GET)
    @ResponseBody
    public Map<String, Object> saveReply(@RequestParam String content,
                                          @RequestParam int article_id) {
        Map<String,Object> map = new HashMap<String,Object>();
        System.out.println("进入 getReply");
        // 创建 reply 对象
        Reply reply = new Reply();
        // 获取当前时间
        java.util.Date nDate = new java.util.Date();
        SimpleDateFormat sdf = new SimpleDateFormat("yyyy-MM-dd");
        String sDate = sdf.format(nDate);
        java.sql.Date now = java.sql.Date.valueOf(sDate);
        reply.setContent(content);
        reply.setTime(now);
        // 获取所评论文章
        Article article = articleService.findById(article_id);
        reply.setArticle(article);
        replyService.save(reply);
        map.put("reply", reply);
        return map;
    }
}
```

10.6.6　身份验证管理

虽然我们在博客系统中需要注册用户名、登录、验证身份后才能使用后台管理系统，但是这种方式不一定很安全。例如，如果有恶意用户知道了后台访问文章管理的请求链接，如果该请求没有做权限验证，那么他可以通过直接访问文章发布的链接，从而绕过系统登录。但是如果全部都对后台访问操作一个一个地做权限验证，在实际的开发项目中工作量会很大，并且难免会有疏漏，这样就会给系统安全留下漏洞，所以这里我们需要一个统一的、集中式的身份验证管理。

在这里我们需要再次回顾一下，Spring 框架的两大核心思想：一个是依赖注入(IoC)；另一个是面向切面编程(AOP)。依赖注入已经在前面的开发中大量使用，那么面向切面编程又是怎么体现的呢？上面的身份验证就是一个很好的例子，如果我们需要对后台请求做验证，那么就会造成在处理后台请求的 Controller 中包含大量重复的身份验证代码。为解决上述问题，我们可以利用 Spring 框架提供的拦截器来统一处理身份验证请求，也可以包括对用户提交的数据进行验证。具体实现如代码清单 10-15 所示。

代码清单 10-15　LoginedInterceptor.java：

```
public class LoginedInterceptor implements HandlerInterceptor {
    @Override
    public boolean preHandle(HttpServletRequest request,
            HttpServletResponse response, Object arg2) throws Exception {
        System.out.println("进入 Spring MVC 拦截器");
        Object user = request.getSession().getAttribute("LOGINUSER");
        if (user == null) {
            System.out.println("尚未登录，调到登录页面");
            // 跳转到登录页面
            request.getRequestDispatcher("/WEB-INF/jsps/admin/login.jsp")
                    .forward(request, response);
            return false;
        }
        return true;
    }
}
```

为只验证后台请求，我们加入了匹配请求路径的模板 path = "/admin/**"。拦截器的配置文件内容如下：

```
<!-- 配置 LoginedInterceptor -->
<mvc:interceptors>
    <mvc:interceptor>
        <mvc:mapping path = "/admin/**" />
        <mvc:exclude-mapping path = "/admin/login" />
        <bean class = "blog.interceptor.LoginedInterceptor"></bean>
    </mvc:interceptor>
</mvc:interceptors>
```

在 Spring AOP 中还有一个很重要的工具就是过滤器，一般来说，拦截器能做的，过滤器也能做(如权限管理和日志管理等)。但是它们之间存在如下区别：

(1) 拦截器是基于 Java 的反射机制的，而过滤器是基于函数回调。

(2) 拦截器不依赖于 Sservlet 容器，过滤器依赖于 Servlet 容器。

(3) 拦截器只能对 Action 请求起作用，而过滤器则可以对几乎所有的请求起作用。

(4) 拦截器可以访问 Action 上下文、值栈中的对象，而过滤器不能访问。

(5) 在 Action 的生命周期中，拦截器可以多次被调用，而过滤器只能在容器初始化时被调用一次。

(6) 拦截器可以获取 IoC 容器中的各个 Bean，而过滤器就不行，这点很重要，在拦截器中注入一个 Service，可以调用业务逻辑。

从灵活性上说，拦截器功能更强大，过滤器能做的事情，它都能做，而且可以在请求前、请求后执行，比较灵活。过滤器主要是针对 URL 地址做编码、过滤掉没用的参数、安全校验等用途。如果太细的话，建议还是用拦截器。

10.7　网站部署和运行测试

整个项目开发完成以后，我们需要将整个博客系统发布到线上进行试运行测试。我们采用 Tomcat 8 作为 Web 应用服务器，发布前我们需要在 Eclipse 中选择项目名，然后运行 Maven install，打包生成“MyBlog.war”文件，然后将其拷贝到 Tomcat 安装目录的 webapp 下即可，如图 10-15 所示。

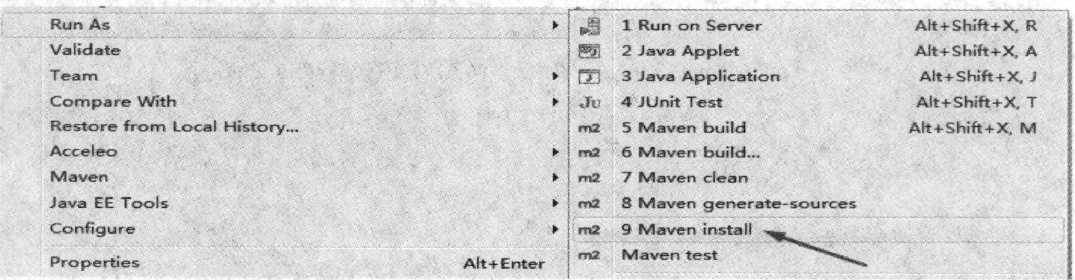

图 10-15　使用 Maven 进行项目打包

启动 Tomcat 服务器，在浏览器上输入“http://localhost:8080/MyBlog”，博客系统的欢迎界面如图 10-16 所示。

图 10-16　博客系统的欢迎页面

点击“Aritcle”链接后，将显示博文列表页面，如图 10-17 所示。

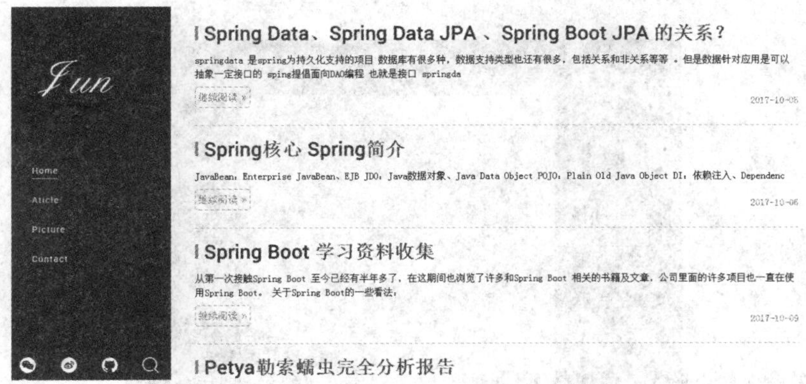

图 10-17　博文列表页面

点击文章标题或是继续阅读，可以查看博文的详细内容。然后在博文详情的下面，一般用户都可以进行发表评论，如图 10-18 所示。

图 10-18　查看博文详情页面

为了安全性考虑，我们没有在前台欢迎页面中添加后台登录链接，需要我们手动在浏览器中输入“http://localhost:8080/MyBlog/login”，显示的后台登录页面如图 10-19 所示。

图 10-19　后台登录页面

要想使用博客系统，需要先进行用户注册，点击注册链接后进入用户注册页面，如图10-20 所示。

图 10-20　用户注册页面

用户注册成功后将自动跳转到登录页面，在输入刚注册的用户名和密码后，将进入博客系统的后台管理页面，如图 10-21 所示。

图 10-21　后台管理页面

在后台管理页面中，我们可以完成用户基本信息修改、文章管理、评论管理、图片管理等功能模块。由于其操作界面类似，因此在这里就不一一列出，读者可以参考类似界面进一步完成系统功能。

本 章 小 结

本章我们开发了一个博客管理系统的应用案例，该案例的技术框架采用目前比较流行的“Spring + Hibernate + BootStrap”组合框架。我们从需求分析、功能设计、开发实现、网站部署等几个方面讲解了博客管理系统的整体开发过程。当然由于篇幅的关系，还有需要待完善的工作，如基于角色的权限控制、音视频文件的发布、博文收藏与转发、好友管理等。有兴趣的读者可以在本案例的基础上进一步完善这个系统，让它成为更接近实际应用的博客系统。